高等教育轨道交通"十二五"规划教材·土木工程类

地基基础

任权昌　主　编

董　鹏　刘　举　副主编

张建新　主　审

北京交通大学出版社

·北京·

内 容 简 介

《地基基础》是土木工程专业（建筑工程方向）的主干课程，是专业特色必修课。本书主要依据北京交通大学《地基基础》课程教学大纲编写。主要介绍房屋建筑工程中的天然地基浅基础、连续基础和箱形基础、桩基础的设计原理及相应知识。旨在使学生在理解土力学基本原理的基础上，学习应用土力学基本理论解决地基基础工程中的实际问题。

本书主要内容分为 5 章：第 1 章岩土工程地质勘察、第 2 章天然地基上浅基础的设计、第 3 章连续基础、第 4 章桩基础、第 5 章特殊土地基。在了解基本概念、基本理论、学习本书重点的同时应注意以下难点：勘察报告书的运用、扩展基础的抗冲切验算、箱基的内力分析、单桩竖向承载力的检验。

本书主要具有理论性与实践性结合紧密的特点，可作为土木工程专业本科生的学习教材，也可供从事相应工程建设的技术人员参考。

图书在版编目（CIP）数据

地基基础 / 任权昌主编. —北京：北京交通大学出版社，2012.10
（高等教育轨道交通"十二五"规划教材）
ISBN 978-7-5121-1232-2

Ⅰ. ①地… Ⅱ. ①任… Ⅲ. ①地基-基础（工程）-高等学校-教材 Ⅳ. ①TU47

中国版本图书馆 CIP 数据核字（2012）第 238893 号

责任编辑：吴嫦娥　　特邀编辑：李晓敏
出版发行：北京交通大学出版社　　邮编：100044　　电话：010-51686414　　http://press.bjtu.edu.cn
印 刷 者：北京市德美印刷厂
经　　销：全国新华书店
开　　本：185×260　　印张：14　　字数：350 千字
版　　次：2012 年 11 月第 1 版　　2012 年 11 月第 1 次印刷
书　　号：ISBN 978-7-5121-1232-2/TU·99
印　　数：1～3 000 册　　定价：32.00 元

总　　序

　　我国是一个内陆深广、人口众多的国家。随着改革开放的进一步深化和经济产业结构的调整，大规模的人口流动和货物流通使交通行业承载着越来越大的压力，同时也给交通运输带来了巨大的发展机遇。作为运输行业历史最悠久、规模最大的龙头企业，铁路已成为国民经济的大动脉。铁路运输有成本低、运能高、节省能源、安全性好等优势，是最快捷、最可靠的运输方式，是发展国民经济不可或缺的运输工具。改革开放以来，中国铁路积极适应社会的改革和发展，狠抓制度改革，着力技术创新，抓住了历史发展机遇，铁路改革和发展取得了跨越式的发展。

　　国家对铁路的发展始终予以高度重视，根据国家《中长期铁路网规划》（2005—2020 年）：到 2020 年，中国铁路网规模达到 12 万千米以上。其中，时速 200 千米及以上的客运专线将达到 1.8 万千米。加上既有线提速，中国铁路快速客运网将达到 5 万千米以上，运输能力满足国民经济和社会发展需要，主要技术装备达到或接近国际先进水平。铁路是个远程重轨运输工具，但随着城市建设和经济的繁荣，城市人口大幅增加，近年来城市轨道交通也正处于高速发展时期。

　　城市的繁荣相应带来了交通拥挤、事故频发、大气污染等一系列问题。在一些大城市和一些经济发达的中等城市，仅仅靠路面车辆运输远远不能满足客运交通的需要。城市轨道交通节约空间、耗能低、污染小、便捷可靠，是解决城市交通的最好方式。未来我国城市将形成地铁、轻轨、市域铁路构成的城市轨道交通网络，轨道交通将在我国城市建设中起着举足轻重的作用。

　　但是，在我国轨道交通进入快速发展的同时，解决各种管理和技术人才匮乏的问题已迫在眉睫。随着高速铁路和城市轨道新线路的不断增加以及新技术的开发与引进，管理和技术人员的队伍需要不断壮大。企业不仅要对新的员工进行培训，对原有的职工也要进行知识更新。企业急需培养出一支能符合企业要求、业务精通、综合素质高的队伍。

　　北京交通大学是一所以运输管理为特色的学校，拥有该学科一流的师资和科研队伍，为我国的铁路运输和高速铁路的建设作出了重大贡献。近年来，学校非常重视轨道交通的研究和发展，建有"轨道交通控制与安全"国家级重点实验室、"城市交通复杂系统理论与技术"教育部重点实验室，基于"通信的列车运行控制系统（CBTC）"取得了关键技术研究的突破，并用于亦庄城轨线。为解决轨道交通发展中人才需求问题，北京交通大学组织了学校有关院系的专家和教授编写了这套"高等教育轨道交通'十二五'规划教材"，以供高等学校学生教学和企业技术与管理人员培训使用。

本套教材分为交通运输、机车车辆、电气牵引和土木工程四个系列，涵盖了交通规划、运营管理、信号与控制、机车与车辆制造、土木工程等领域，每本教材都是由该领域的专家执笔，教材覆盖面广，内容丰富实用。在教材的组织过程中，我们进行了充分调研，精心策划和大量论证，并听取了教学一线的教师和学科专家们的意见，经过作者们的辛勤耕耘以及编辑人员的辛勤努力，这套丛书才得以成功出版。在此，我们向他们表示衷心的谢意。

希望这套系列教材的出版能为我国轨道交通人才的培养贡献绵薄之力。由于轨道交通是一个快速发展的领域，知识和技术更新很快，教材中难免会有诸多的不足和欠缺之处，在此诚请各位同仁、专家不吝批评指正，同时也方便以后教材修订工作。

编委会

2012 年 11 月

出 版 说 明

　　为促进高等轨道交通专业交通土建工程类教材体系的建设，满足目前轨道交通类专业人才培养的需要，北京交通大学交通机械与电子控制学院、远程与继续教育学院和北京交通大学出版社组织以北京交通大学从事轨道交通研究教学的一线教师为主体、联合其他交通院校教师，并在有关单位领导和专家的大力支持下，编写了本套"高等教育轨道交通'十二五'规划教材·土木工程类"。

　　本套教材的编写突出实用性。本着"理论部分通俗易懂，实操部分图文并茂"的原则，侧重实际工作岗位操作技能的培养。为方便读者，本系列教材采用"立体化"教学资源建设方式，配套有教学课件、习题库、自学指导书，并将陆续配备教学光盘。本系列教材可供相关专业的全日制或在职学习的本专科学生使用，也可供从事相关工作的工程技术人员参考。

　　本系列教材得到从事轨道交通研究的众多专家、学者的帮助和具体指导，在此表示深深的敬意和感谢。

　　本系列教材从 2012 年 1 月起陆续推出，首批包括：《材料力学》、《结构力学》、《土木工程材料》、《水力学》、《工程经济》、《工程地质》、《隧道工程》、《房屋建筑学》、《建设项目管理》、《混凝土结构设计原理》、《钢结构设计原理》、《建筑施工技术》、《施工组织及概预算》、《工程招投标与合同管理》《工程监理》、《铁路选线》、《土力学与路基》、《桥梁工程》、《地基基础》、《结构设计原理》。

　　希望本套教材的出版对轨道交通的发展、轨道交通专业人才的培养，特别是轨道交通土木工程专业课程的课堂教学有所贡献。

编委会

2012 年 11 月

前　言

　　《地基基础》是土木工程专业（建筑工程方向）的主干课程，是专业特色必修课。本书根据北京交通大学成人（网络）教育特点及人才培养目标，依据北京交通大学《地基基础》课程教学大纲，为进一步提高成人（网络）教育人才培养质量，建设和完善成人（网络）教育教材体系的精神编写。

　　本书旨在使学生在理解土力学基本原理的基础上，学习应用土力学基本理论解决地基基础工程中的实际问题。本书依据国家（部）最新规范、规程和标准，根据教学大纲要求，结合目前教学改革发展的需要及实际工程中专业最新动态编写。在编写过程中强调基本概念、基本原理和基本方法，注重理论联系实际，以应用为重点，进行了深入浅出的说明。内容包括岩土工程地质勘察、天然地基上浅基础的设计、连续基础、桩基础、特殊土地基。为便于自学，每章后附有复习参考题供读者练习，以加深对内容的理解和掌握。

　　本书由具有多年教学和实践经验的教师编写。全书分5章，第1章由刘寒鹏（天津城市建设学院土木系）编写，第2章由刘举（天津城市建设学院土木系）编写，第3章、第5章由任权昌（天津城市建设学院土木系）编写，第4章由董鹏（天津城市建设学院土木系）编写。全书由任权昌担任主编，负责统稿。董鹏、刘举担任副主编，天津城市建设学院张建新教授担任主审。

　　在编写过程中，编者所在单位的院系领导对本书的编写给予了大力支持和帮助。此外，北京交通大学出版社为本书的出版做了大量工作，在此一并表示衷心感谢。

　　由于编写水平和能力所限，加之时间仓促，书中难免有不妥之处，恳请读者批评指正。

编　者
2012 年 11 月

目　录

第1章

岩土工程地质勘察

【本章内容概要】

了解岩土工程勘察的任务、目的及勘察工作量与工作方法确定的依据，理解岩土工程勘察等级确定的依据；了解勘察各阶段的基本要求和工作要点，理解勘察点、线、网的布置及勘察孔深度的要求；了解钻探、触深、坑深等地质勘察方法，掌握静力触探试验、标准贯入试验、轻便触探试验等原位测试方法的工程用途；理解勘察报告书的内容，掌握勘察报告书的阅读和勘察资料的分析运用。

【本章学习重点与难点】

学习重点：地基勘察各阶段的基本要求和工作要点，几种原位测试方法的工程用途；

学习难点：勘察报告书的运用。

1.1 绪 论

岩土工程勘察的基本任务，就是按照建筑物或构筑物不同建设阶段的要求，为工程的设计、施工及岩土体治理加固、开挖支护和降水等工程提供地质资料和必要的技术参数，对有关的岩土工程问题作出论证、评价。

1.1.1 岩土工程勘察的任务

具体任务归纳如下。

（1）阐述建筑场地的岩土工程条件，指出场地内滑坡、岩溶、十洞等不良地质现象的发育情况及其对工程建设的影响，对场地稳定性作出评价。

（2）查明工程范围内岩土体的分布、性状和地下水活动条件，提供设计、施工和整治所需的地质柱状图、剖面图等资料和岩土体物理力学性质指标等技术参数。

（3）分析、研究建设项目有关的岩土工程问题，评价并作出结论。

（4）对场地内建筑总平面布置、各类岩土工程设计、岩土体加固处理、不良地质现象整治等具体方案作出论证和建议。

（5）预测工程施工和运行过程中对地质环境和周围建筑物的影响，并提出保护措施的建议。

1.1.2 岩土工程勘察的分级

按《岩土工程勘察规范》GB 50021—2001（以下简称《规范》）规定，岩土工程勘察的等级，是由工程安全等级、场地和地基的复杂程度三项因素决定的。首先应分别对三项因素进行分级，在此基础上再进行综合分析，以确定岩土工程勘察的等级划分。

1．工程安全等级

根据工程的规模和特征，以及由于岩土工程问题造成工程破坏或影响正常使用的后果（很严重、严重、不严重），可分为一级工程、二级工程、三级工程。

2．场地等级

根据场地的复杂程度可分为三个场地等级。

（1）对建筑抗震危险的地段、不良地质作用强烈发育、地质环境已经或可能受到强烈破坏、有影响工程的多层地下水、岩溶裂隙水或其他水文地质条件复杂场地，符合条件之一者为一级场地（复杂场地）。

（2）对建筑抗震不利的地段、不良地质作用一般发育、地质环境已经或可能受到一般破坏、地形地貌较复杂、基础位于地下水位以下的场地，符合条件之一者为二级场地（中等复杂场地）。

（3）抗震设防烈度等于或小于 6 度，或对建筑抗震有利的地段、不良地质作用不发育、地质环境基本未受破坏、地形地貌简单、地下水对工程无影响，符合条件之一者为三级场地（简单场地）。

3．地基等级

根据地基的复杂程度，可按下列规定分为三个地基等级。

（1）岩土体种类多，很不均匀，性质变化大，需特殊处理，或是分布有严重湿陷、膨胀、盐渍、污染的特殊性岩土体，以及其他情况复杂、需作专门处理的岩土，为一级地基（复杂地基）。

（2）岩土体种类较多，不均匀，性质变化较大，或是分布有除（1）规定以外的特殊性岩土体，为二级地基（中等复杂地基）。

（3）岩土种类单一、均匀、性质变化不大，或是分布有除（1）规定以外的特殊性岩土体，为三级地基（简单地基）。

根据以上工程重要性等级、场地复杂程度等级和地基复杂程度等级的判定，可按下列条件划分岩土工程勘察等级。

① 甲级，在工程重要性、场地复杂程度和地基复杂程度等级中，有一项或多项为一级。

② 乙级，除勘察等级为甲级和丙级以外的勘察项目。

③ 丙级，工程重要性、场地复杂程度和地基复杂程度等级均为三级。

1.2 岩土工程勘察的方法

工程地质测绘、勘探与取样、原位测试与室内试验是岩土工程勘察的主要方法或技术手段。

1.2.1　工程地质测绘

工程地质测绘是岩土工程勘察的基础工作，这一方法运用地质、工程地质理论，对地面的地质现象进行观察和描述，分析其性质和规律，并借以推断地下地质情况，为勘探、测试工作等其他勘察方法提供依据。

1．工程地质测绘的工作程序

工程地质测绘的工作程序和其他地质测绘工作相同。

（1）在室内查阅已有的资料，如区域地质资料（区域地质图、地貌图、构造地质图、地质剖面图及其文字说明）、遥感资料、气象资料、水文资料、地震资料、水文地质资料、工程地质资料及建筑经验。

（2）现场踏勘：在搜集研究资料的基础上进行的，其目的在于了解测绘区地质情况和问题，以便合理布置观察点和观察路线，正确选择实测地质剖面位置，拟定野外工作方法。

（3）编制测绘纲要：包括工作任务情况（目的、要求、测绘面积及比例尺）、工作区自然地理条件（位置、交通、水文、气象、地形、地貌特征）、工作区地质概括（地层、岩性、构造、地下水、不良地质现象）、工作量、工作方法及精度要求等。

2．现场测绘工作方法

工程地质测绘的方法即沿着一定的观察路线作沿途观察，在关键的点上进行详细观察和描述、测量和取样，选择典型地段测绘工程地质剖面，必要时还要进行简易的勘探。

观察线的布置应以最短的线路观察到最多的工程地质要素和现象为原则。范围较大的中、小比例尺工程地质测绘，一般以穿越岩层走向或地貌、物理地质现象单元来布置观测线路为宜。大比例尺的详细测绘，则应以穿越岩层走向与追索地质界线的方法相结合来布置观察路线，以便能较准确地圈定工程地质单元的边界。

在测绘工程中，最重要的是要把点与点、线与线之间所观察到的现象联系起来，克服只在孤立点上观察而不进行沿途的连续观察和不及时地对观察到的现象进行综合分析的倾向。同时还要将工程地质条件与拟进行的工程活动的特点联系起来，以便能确切地预测工程地质问题的性质和规模。测绘同时还要采取部分的岩土样品或水样。此外，还应在测绘过程中将实际资料和各种界线准确如实地反映到测绘手图上，并逐日清绘于室内底图上及时进行资料整理和分析，才能及时发现问题和进行必要的补充观察以提高测绘质量。

3．工程地质测绘和调查内容：

（1）查明地形、地貌特征及其与地层、构造、不良地质作用的关系，划分地貌单元。

（2）岩土的年代、成因、性质、厚度和分布；对岩层应鉴定其风化程度，对土层应区分新近沉积土、各种特殊性土。

（3）查明岩体结构类型各类，结构面（尤其是软弱结构面）的产状和性质，岩、土接触面和软弱夹层的特性等，新构造活动的形迹及其与地震活动的关系。

（4）查明地下水的类型、补给来源、排泄条件，井泉位置，含水层的岩性特征、埋藏深度、水位变化、污染情况及其与地表水体的关系。

（5）搜集气象、水文、植被、土的标准冻结深度等资料；调查最高洪水位及其发生时间、淹没范围。

（6）查明岩溶、土洞、滑坡、崩塌、泥石流、冲沟、地面沉降、断裂、地震震害、地裂缝、岸边冲刷等不良地质作用的形成、分布、形态、规模、发育程度及其对工程建设的影响。

（7）调查人类活动对场地稳定性的影响，包括人工洞穴、地下采空、大挖大填、抽水排水和水库诱发地震等。

（8）建筑物的变形和工程经验。

4．工程地质测绘和调查的成果

资料包括实际材料图、综合工程地质图、工程地质分区图、综合地质柱状图、工程地质剖面图及各种素描图、照片和文字说明等。

主要成果有：

- 野外调查实际材料图；
- 野外工程地质草图；
- 实测地层剖面图、工程地质柱状图及第四系综合剖面图；
- 各类观察点的记录卡片；
- 轻型山地工程（坑、槽探）记录表及素描图；
- 井、泉调查统计表及动态观测记录表；
- 外动力地质现象、地质灾害和主要工程地质现象等专题内容一览表；
- 岩、土、水样采样统计表及试验成果一览表；古生物化石采集登记表；孢粉、古地磁采样登记表；
- 地质照片图册；
- 文字总结。

1.2.2　勘探与取样

勘探工作包括直接勘探手段——钻探和坑探工程，能较可靠地了解地下地质情况，它是被用来调查地下地质情况的；并且还可利用勘探工程取样进行测试和监测。

地球物理勘探简称物探，是一种间接的勘探手段，它可以简便而迅速地探测地下地质情况，且具有立体透视性的优点。

1．钻探

钻探是岩土工程勘察中应用最为广泛的一种可靠的勘探方法，钻探是指用一定的设备、工具（即钻机）来破碎地壳岩石或土层，从而在地壳中形成一个直径较小、深度较大的钻孔（直径相对较大者又称为钻井），可取岩芯或不取岩芯来了解地层深部地质情况的过程。与坑探、物探相比较，钻探突出的优点是：它适用环境广，一般不受地形、地质条件的限制；能直接观察岩芯和取样，勘探精度较高；能提供进行原位测试和监测工作，最大限度地发挥综合效益；勘探深度大、效率较高。因此，不同类型、结构和规模的建筑物，不同的勘察阶段，不同环境和工程地质条件下，凡是布置勘探工作的地段，一般均需采用此类勘探手段。但钻探的缺点：耗费人力物力较多、平面资料连续性较差，钻进和取样有时技术难度较大。

1）钻探的目的和作用

工程地质钻探的目的和作用是随着勘察阶段的不同而不同，综合起来有如下几个方面。

（1）查明建筑场区的地层岩性、岩层厚度变化情况，查明软弱岩土层的性质、厚度、层数、产状和空间分布。

（2）了解基岩风化带的深度、厚度和分布情况。

（3）探明地层断裂带的位置、宽度和性质，查明裂隙发育程度及随深度变化的情况。

（4）查明地下含水层的层数、深度及其水文地质参数。

（5）利用钻孔进行灌浆、压水试验及土力学参数的原位测试。

（6）利用钻孔进行地下水位的长期观测、或对场地进行降水以保证场地岩（土）的相关结构的稳定性（如基坑开挖时降水或处理滑坡等地质问题）。

2）岩土工程常用的钻探方法

我国岩土工程勘探常用的钻探方法有冲击钻探、回转钻探、振动钻探和冲洗钻探，多采用机械化作业。其中机械回转钻探的钻进效率高、孔深大，又能采取岩芯，因此在岩土工程钻探中广泛应用。

上述四种方法各有特点，分别适应于不同的勘察要求和岩土层性质，《岩土工程勘察规范》对常用几种钻探方法的适用范围做出了明确的规定，详细情况见表 1-1。

表 1-1　钻探方法的适用范围

钻探方法		钻 进 地 层					勘 察 要 求	
		黏性土	粉土	砂土	碎石土	岩石	直观鉴别、采取不扰动试样	直观鉴别、采取扰动试样
回转	螺旋钻探	++	+	+	□	—	++	++
	无岩芯钻探	++	++	++	+	++	—	—
	岩芯钻探	++	++	++	+	++	++	++
冲击	冲击钻探	—	+	++	++	—	—	—
	锤击钻探	+	++	++	+	—	++	++
振动钻探		++	++	++	+	—	+	++
冲洗钻探		+	++	++	—	—	—	—

注：++，表示适用；+，表示部分适用；—，表示不适用。

2．坑探工程

坑探工程也称掘进工程、井巷工程，它是用人工或机械的方法在地下开凿挖掘一定的空间，以便直接观察岩土层的天然状态及各地层之间的接触关系等地质结构，并能取出接近实际的原状结构的岩土样或进行现场原位测试。它在岩土工程勘探中占有一定的地位。与一般的钻探工程相比较，其特点是：勘察人员能直接观察到地质结构，准确可靠，且便于素描；可不受限制地从中采取原状岩土样和用作大型原位测试。尤其对研究断层破碎带、软弱泥化夹层和滑动面（带）等的空间分布特点及其工程性质等，具有重要意义。

岩土工程勘探中常用的坑探工程有探槽、试坑、浅井、竖井（斜井）、平硐和石门（平巷）。

3．岩土试样采取

工程地质钻探的任务之一是采取岩土试样，取土样是岩土工程勘察中必不可少的、经常性的工作，通过采取土样，进行土类鉴别，测定岩土的物理力学性质指标，为定量评价岩土工程问题提供技术指标。

1）土样质量等级

土样的质量实质上是土样的扰动问题。土样扰动表现在土的原始应力状态、含水率、结构和组成成分等方面的变化，它们产生于取样之前、取样之中及取样之后直至试样制备的全过程之中。实际上，完全不扰动的真正原状土样是无法取得的。

"不扰动土样"或"原状土样"的基本质量要求：

- 没有结构扰动；
- 没有含水率和孔隙比的变化；
- 没有物理成分和化学成分的改变。

2）钻孔取土器类型及适用条件

取样过程中，对土样扰动程度影响最大的因素是所采用的取样方法和取样工具。从取样方法来看，主要有两种方法：一是从探井、探槽中直接取样；二是用钻孔取土器从钻孔中采取。目前各种岩土样品的采取主要是采用第二种方法，即用钻孔取土器采样的方法。

取土器是影响土样质量的重要因素，对取土器的基本要求是：取土过程中不掉样；尽可能使土样不受或少受扰动；能够顺利切入土层中，结构简单且使用方便。目前国内常用的取土器及其适用范围详见表 1-2。

表 1-2 国内常用的取土器及其适用范围

土试样质量等级	取样工具和方法		适用土类										
			黏性土					粉土	砂土				砾砂、碎石土、软岩
			流塑	软塑	可塑	硬塑	坚硬		粉砂	细砂	中砂	粗砂	
I	薄壁取土器	固定活塞	++	++	+	—	—	+	+	—	—	—	—
		水压固定活塞	++	++	+	—	—	+	+	—	—	—	—
		自由活塞	—	+	++	—	—	+	+	—	—	—	—
		敞口	+	—	—	—	—	+	+	—	—	—	—
	回转取土器	单动三重管	—	+	++	++	+	++	++	++	—	—	—
		双动三重管	—	—	—	+	++	—	—	—	++	++	+
	探井（槽）中刻取块状土样		++	++	++	++	++	++	++	++	++	++	++
II	薄壁取土器	水压固定活塞	++	++	+	—	—	+					
		自由活塞	+	++	++	—	—	+					
		敞口	++	++	++	—	—						
	回转取土器	单动三重管	—	+	++	++	+	++	++	++			
		双动三重管	—	—	—	+	++	—	—	—	++	++	++
	厚壁敞口取土器		+	++	++	++	++	+	+	+	+	+	
III	厚壁敞口取土器		++	++	++	++	++	++	++	++	++	++	
	标准贯入器		++	++	++	++	++	++	++	++	++	++	
	螺纹钻头		++	++	++	++	++	++					
	岩芯钻头		++	++	++	++	++	++					+

续表

土试样质量等级	取样工具和方法	适用土类										
		黏性土					粉土	砂土				砾砂、碎石土、软岩
		流塑	软塑	可塑	硬塑	坚硬		粉砂	细砂	中砂	粗砂	
IV	标准贯入器	++	++	++	++	++	++	++	++	++	++	—
	螺纹钻头	++	++	++	++	++	+	—	—	—	—	—
	岩芯钻头	++	++	++	++	++	++	++	++	++	++	++

注：① ++，适用；+，部分适用；□，不适用。

②　采取砂土试样应有防止试样失落的补充措施。

③　有经验时，可采用束节式取土器代替薄壁取土器。

1.2.3　土体原位测试

进行土体原位测试可以提供土体沿深度的分布范围，并通过测试结果的分析得到土体的某些力学指标。主要的原位测试技术方法有静力载荷试验、静力触探试验、动力触探试验、十字板剪切试验等。

土体原位测试的优点是：在拟建工程场地进行原位测试，无须取样，避免了因钻探取样所带来的一系列困难和问题，如原状样扰动问题等；原位测试所涉及的土尺寸较室内试验样品要大得多，因而更能反映土的宏观结构（如裂隙等）对土的性质的影响。

土体原位测试的缺点是：发展历史较短，对测试机理及应用的研究都有待于进一步深入；由于现场土体边界条件不易控制及其复杂性，使所测成果和数据与土的工程性质指标等对比时，目前仍主要是建立在大量统计的经验关系之上。

1. 静力载荷试验

平板静力载荷试验（PLT），简称载荷试验。在保持地基土的天然状态下，在一定面积的承压板上向地基土逐级施加荷载，并观测每级荷载下地基土的变形特性。利用其成果确定的地基承载力最可靠、最有代表性，可直接用于工程设计。测试反映了承压板以下大约 1.5～2.0 倍承压板宽的深度内土层的应力—应变—时间关系的综合性状。

1）静力载荷试验的仪器设备

静力载荷试验的主要仪器设备由承压板、加荷装置及沉降观测装置等部件组合而成。

（1）承压板。承压板一般为预制厚钢板（或硬木板），对承压板的要求是：要有足够的刚度，在加荷过程中承压板本身的变形要小，而且其中心和边缘不能产生弯曲和翘起；其形状宜为圆形（也有方形者），对密实黏性土和砂土，承压面积一般为 1000～5000 cm²。按道理讲，承压板尺寸应与基础相近，但不易做到。

（2）加荷装置。包括压力源、载荷台架或反力构架。加荷方式可分为两种：重物加荷；油压千斤顶与反力系统加荷。

（3）沉降观测装置。包括百分表、沉降传感器或水准仪等。

2）试验要点

（1）载荷试验一般在方形试坑中进行。

试坑底的宽度应不小于承压板宽度（或直径）的 3 倍，以消除侧向土自重引起的超载影响，使其达到或接近地基的半空间平面问题边界条件的要求。试坑应布置在有代表性地点，承压板底面应放置在基础底面标高处。

（2）为了保持测试时地基土的天然湿度与原状结构，应做到以下几点。

① 测试之前，应在坑底预留 20～30 cm 厚的原土层，待测试即将开始时再挖去，并立即放入载荷板。

② 对软黏土或饱和的松散砂，在承压板周围应预留 20～30 cm 厚的原土作为保护层。

③ 在试坑底板标高低于地下水位时，应先将水位降至坑底标高以下，并在坑底铺设 2 cm 厚的砂垫层，再放下承压板等，待水位恢复后进行试验。

（3）安装设备应做到以下几点。

① 安装承压板前应整平试坑底面，铺设 1～2 cm 厚的中砂垫层，并用水平尺找平，以保证承压板与试验面平整均匀接触。

② 安装千斤顶、载荷台架或反力构架。其中心应与承压板中心一致。

③ 安装沉降观测装置。其支架固定点应设在不受土体变形影响的位置上，沉降观测点应对称放置。

（4）加荷（压）。

设备安装完毕，即可分级加荷。测试的第一级荷载，应将设备的重量计入，且宜接近所卸除土的自重（相应的沉降量不计）。以后每级荷载增量，一般取预估测试土层极限压力的 1/8～1/10。当不宜预估其极限压力时，对较松软的土，每级荷载增量可采用 10～25 kPa；对较坚硬的土，采用 50 kPa；对硬土及软质岩石，采用 100 kPa。

（5）观测每级荷载下的沉降。其要求如下。

① 沉降观测时间间隔。加荷开始后，第 1 个 30 min 内，每 10 min 观测沉降一次；第 2 个 30 min 内，每 15 min 观测一次；以后每 30 min 进行一次。

② 沉降相对稳定标准。连续四次观测的沉降量，每小时累计不大于 0.1 mm 时，方可施加下一级荷载。

（6）尽可能使最终荷载达到地基土的极限承载力，以评价承载力的安全度。当测试出现下列情况之一时，即认为地基土已达极限状态，可终止试验。

① 承压板周围的土体出现裂缝或隆起。

② 在荷载不变情况下，沉降速率加速发展或接近一常数。压力—沉降量曲线出现明显拐点。

③ 总沉降量等于或大于承压板宽度（或直径）的 0.08 倍。

④ 在某一荷载下，24 h 内沉降速率不能达到稳定标准。

（7）若达不到极限荷载，则最大压力应达到预期设计压力的两倍或超过第一拐点至少三级荷载。

（8）当需要卸荷观测回弹时，每级卸荷量可为加荷量的 2 倍，历时 1 h，每隔 15 min 观测一次。荷载完全卸除后，继续观测 3 h。

3）静力载荷试验成果

载荷试验结束后，应对试验的原始数据进行检查和校对，整理出荷载与沉降量、时间与沉降量汇总表并绘图，如图 1-1 所示。

荷载 (kPa)	0	520	780	1 040	1 300	1 560	1 820	2 080	2 340	2 600
累计沉降 (mm)	0.00	3.19	5.41	7.21	9.73	12.47	15.35	18.75	23.23	43.43

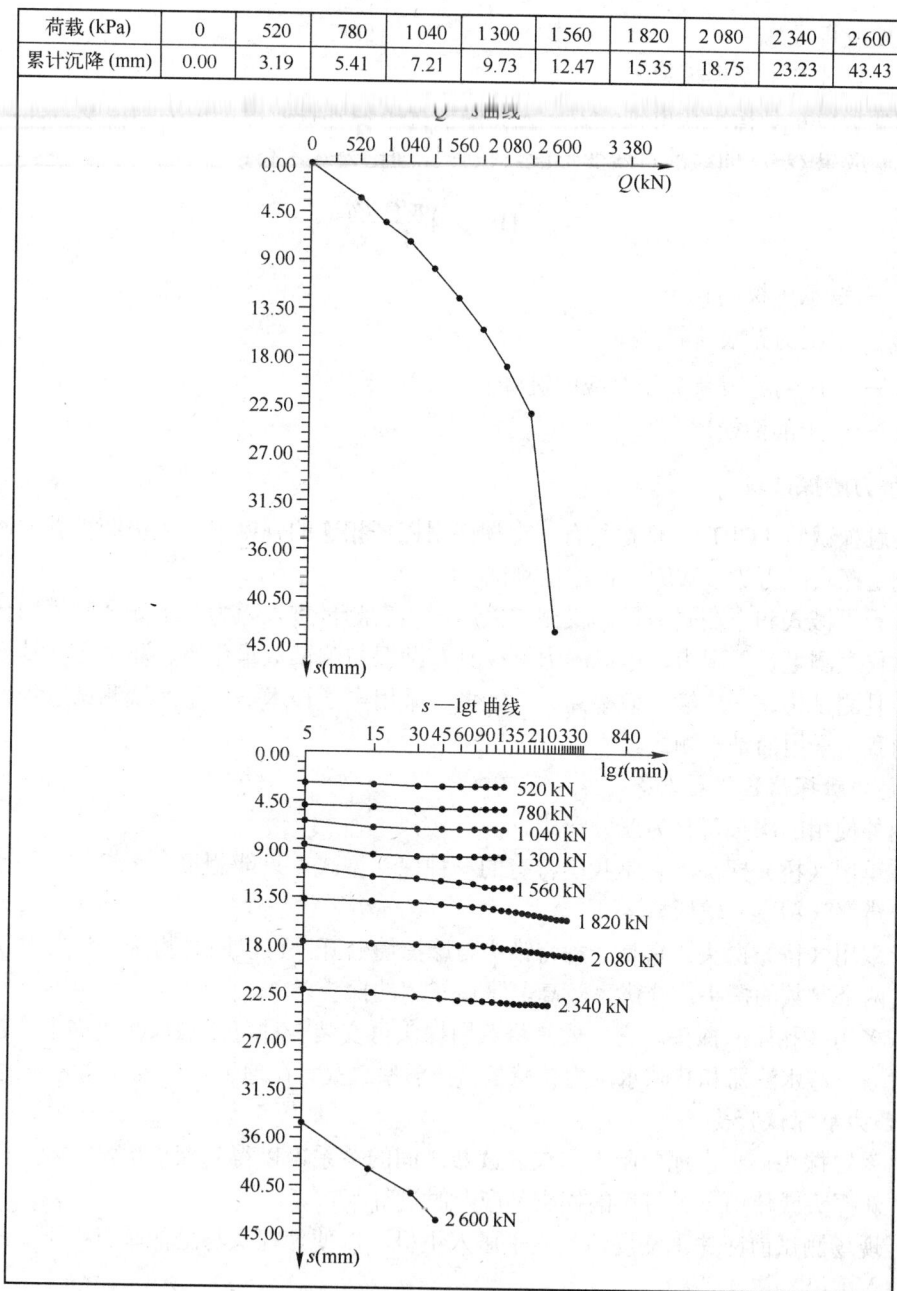

图 1-1　荷载与沉降量、时间与沉降量示意图

4）试验成果的应用

（1）确定地基土承载力基本值 f_0。

当 $Q—s$ 曲线上有明显的比例界限时，取该比例界限所对应的荷载值。如果极限荷载能确定，且该值小于对应比例界限的荷载值的 1/2 倍时，取荷载极限值的一半。不能按上述两点确定时，如承压板面积为 2 500～5 000 cm²，对低压缩性土和砂土，可取 $S/B = 0.01～0.015$ 所对应的荷载值；对中、高压缩性土，可取 $S/B=0.02$ 所对应的荷载值（S、B 分别为沉降量和承压板的宽度或直径）。

（2）计算地基土变形模量 E_0。

土的变形模量是指土在单轴受力、无侧限情况下似弹性阶段的应力与应变之比，其值可由载荷试验成果 Q—s 曲线的直线变形段，按弹性理论公式，得：

$$E_0 = \left(1 - \mu^2\right) \frac{\pi B}{4} \cdot \frac{p_0}{s_0}$$

式中，B —— 承压板的直径；

p_0 —— 比例界限荷载；

s_0 —— 比例界限荷载相对应的沉降；

μ —— 土的泊松比。

2. 静力触探试验

静力触探试验（CPT），是把具有一定规格用探杆相连的圆锥形探头借助机械匀速压入土中，以测定探头阻力等参数的一种原位测试方法。

它分为机械式和电测式两种。机械式采用压力表测量贯入阻力，电测式则采用传感器和电子测试仪表测量贯入阻力，电测静力触探具有勘探与测试双重作用、测试数据精度高，再现性好，且测试快速、连续、效率高、功能多、采用电子技术，便于实现测试过程自动化优点，目前我国采用的是电测式。

1）静力触探试验仪器设备

国内外使用的探头可分为三种形式。

（1）单用（桥）探头。它是我国特有的一种探头型式，只能测量一个参数，即比贯入阻力 p_s，分辨率（精度）较低。

（2）双用（桥）探头。它是一种将锥头与摩擦筒分开，可以同时测量锥头阻力 q_c 和侧壁摩阻力 f_s 两个参数的探头，分辨率较高，是最常用的探头。

（3）多用（孔压）探头。它一般是将双用探头再安装一种可测触探时所产生的超孔隙水压力装置——透水滤器和孔隙水压力传感器，分辨率最高，在地下水位较浅地区应优先采用。

2）静力触探试验要点

（1）率定探头，求出地层阻力和仪表读数之间的关系，以得到探头率定系数，一般在室内进行。新探头或使用一个月后的探头都应及时进行率定。

（2）现场测试前应先平整场地，放平压入主机，以便使探头与地面垂直；下好地锚，以便固定压入主机。

（3）将电缆线穿入探杆，接通电路，调整好仪器。

（4）边贯入，边测记，贯入速率控制在 $1 \sim 2\,\text{cm/s}$。此外，孔压触探还可进行超孔隙水压力消散试验，即在某一土层停止触探，记录触探时所产生的超孔隙水压力随时间变化（减小）情况，以求得土层固结系数等。

3）静力触探测试成果

目前静力触探测试的数据自动化处理程度较高，以双桥探头为例，简单介绍试验成果。

（1）对原始数据进行检查与校正，如深度和零飘校正。

（2）绘制锥尖阻力 q_c、侧壁摩擦力 f_s、摩阻比 F_R 随着深度（纵坐标）的变化曲线，如图 1-2 所示。

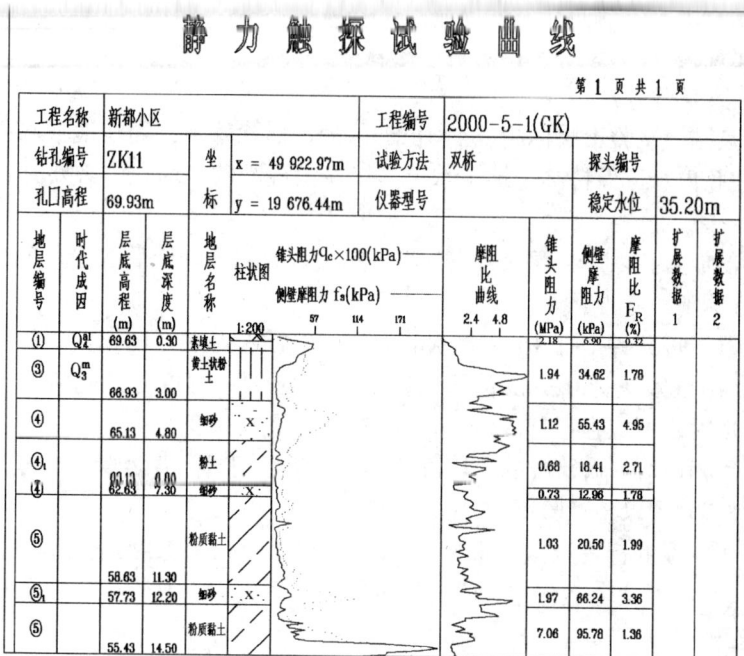

静 力 触 探 试 验 曲 线

第 1 页共 1 页

工程名称	新都小区				工程编号	2000-5-1(GK)		
钻孔编号	ZK11	坐标	x = 49 922.97m		试验方法	双桥	探头编号	
孔口高程	69.93m		y = 19 676.44m		仪器型号		稳定水位	35.20m

地层编号	时代成因	层底高程(m)	层底深度(m)	地层名称	柱状图 1:200	锥头阻力 $q_c \times 100$(kPa) 侧壁摩阻力 f_s(kPa)	摩阻比曲线	锥头阻力(MPa)	侧壁摩阻力(kPa)	摩阻比 F_R(%)	扩展数据1	扩展数据2
①	Q_4^{ml}	69.63	0.30	素填土				2.18	6.90	0.32		
③	Q_3^{m}	66.93	3.00	黄土状粉土				1.94	34.62	1.78		
④		65.13	4.80	细砂				1.12	55.43	4.95		
④₁		63.13	6.80	粉土				0.68	18.41	2.71		
④		62.63	7.30	细砂				0.73	12.96	1.78		
⑤		58.63	11.30	粉质黏土				1.03	20.50	1.99		
⑤₁		57.73	12.20	细砂				1.97	66.24	3.36		
⑤		55.43	14.50	粉质黏土				7.06	95.78	1.36		

图 1-2　静力触探试验成果图

4）静力触探试验成果应用

静力触探成果应用很广，根据测试得到的锥尖阻力 q_c、侧壁摩擦力 f_s、摩阻比 F_R，参考地区经验，可用来土体定名及土层划分、求取各土层工程性质指标，以及确定桩基参数。

3．动力触探试验

动力触探试验（DPT）是利用一定的锤击动能，将一定规格的探头打入土中，根据每打入土中一定深度的锤击数（或以能量表示）来判定土的性质，并对土进行粗略的力学分层的一种原位测试方法。其特点是设备简单且坚固耐用，操作及测试方法容易；适应性广，砂土、粉土、砾石土、软岩、强风化岩石及黏性土均可；快速、经济，能连续测试土层；有些动力触探测试（如标准贯入），可同时取样观察描述。动力触探应用历史悠久，积累的经验丰富，如已分别建立了动力触探锤击数与土层力学性质之间的多种相关关系和图表，使用方便；在评价地基液化势方面的经验也得到了广泛应用。

根据探头能否取样，动力触探试验可以归为两大类，即标准贯入试验和圆锥动力触探试验。后者不能取土样，根据所用穿心锤的重量将其分为轻型（锤重 10 kg）、重型（锤重 63.5 kg）及超重型（锤重 10 kg）动力圆锥触探试验。

1）标准贯入试验

标准贯入试验简称标贯试验（SPT），它和圆锥动力触探测试的区别主要是探头不同。标贯探头是空心圆柱形的，常称标准贯入器，通过标准贯入器可取得土样。

标贯的穿心锤质量为 63.5 kg，自由落距 76 m，配合岩土工程钻探，标贯试验间断贯入，每次测试只能按要求贯入 0.45 m，只计贯入 0.30 m 的锤击数 N，称标贯击数 N。

（1）试验仪器设备。

试验仪器设备主要由导向杆、提引器、穿心锤、锤座、探杆、标准贯入器构成，其动力设备要有钻机配合。

（2）标准贯入试验要点。

① 先用钻具钻至试验土层标高以上 0.15 m 处，清除残土。当在地下水位以下的土层进行试验时，应使孔内水位保持高于地下水位，以免出现涌砂和塌孔；必要时，应下套管或用泥浆护壁。

② 将贯入器放入孔内，注意保持贯入器、钻杆、导向杆联结后的铅直度。孔口宜加导向器，以保证穿心锤中心施力。

③ 将贯入器以每分钟击打 15～30 次的频率，先打入土中 0.15 m，不计锤击数；然后开始记录每打入 0.10 m 及累计 0.30 m 的锤击数 N，并记录贯入深度与试验情况。若遇密实土层，锤击数超过 50 击时，不应强行打入，并记录 50 击的贯入深度。

④ 提出贯入器，取贯入器中的土样进行鉴别、描述记录，并测量其长度。将需要保存的土样仔细包装、编号，以备试验用。

⑤ 进行下一深度的标贯测试，重复 1～4 步骤，直至所需深度。

需注意的是，此项试验不宜在含碎石层中进行，只宜用在黏性土、粉土和砂土中，以免损坏标贯器的管靴刃口。

（3）标贯测试成果。

① 求锤击数 N。将试验中后 30 cm 的锤击数进行求和，得到锤击数 N。

② 绘制标准贯入试验成果图。根据地层分布情况，按实际试验位置及锤击数 N 绘制成果图，如图 1-3 所示。

2）圆锥动力触探试验

（1）试验仪器设备。

除穿心锤重量、探头构成与标惯试验不同外，其他仪器设备基本相同。

（2）圆锥动力触探测试要点。

以轻型动力触探为例，本教材对圆锥动力触探测试要点进行简单介绍。

① 先用轻便钻具钻至试验土层标高以上 0.30 m 处，然后对所需试验土层连续进行触探。

② 试验时，穿心锤落距为（0.50±0.02）m，使其自由下落。记录每打入土层中 0.30 m 时所需的锤击数（最初 0.30 m 可以不记）。

③ 如遇密实坚硬土层，当贯入 0.30 m 所需锤击数超过 100 击或贯入 0.15 m 超过 50 击时，即可停止试验。如需对下卧土层进行试验时，可用钻具穿透坚实土层再贯入。

3）圆锥动力触探测试成果整理

① 检查核对现场记录。

② 实测击数校正及统计分析。

需要注意的是，对于重型、超重型动力触探，实测击数应按杆长校正，而轻型动力触探不考虑杆长修正，是否修正及修正方法，应按相关规范规定进行。

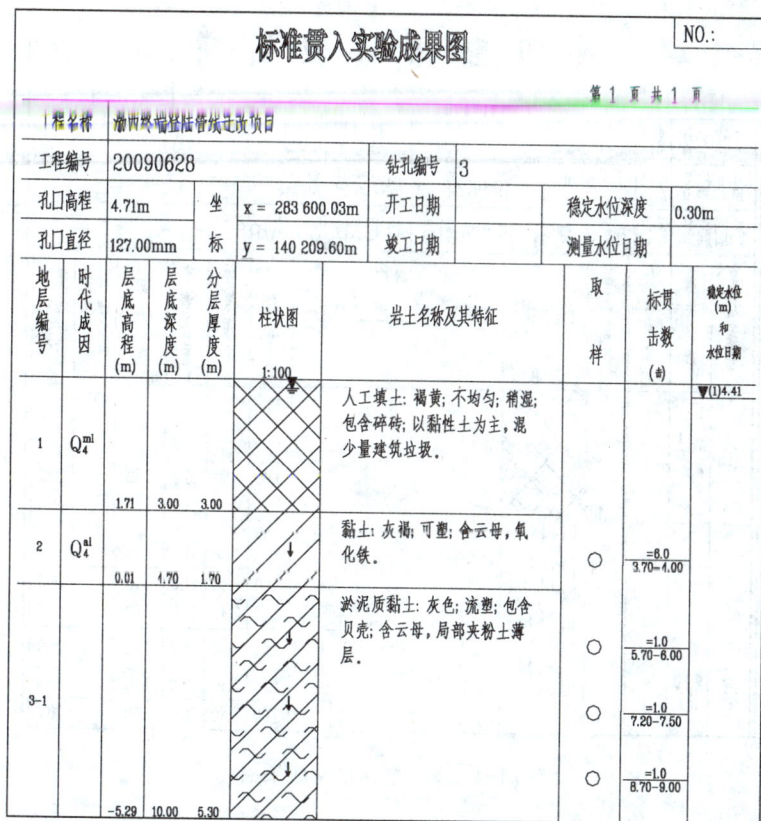

图 1-3　标准贯入试验成果图

③ 绘制动力触探锤击数与贯入深度关系曲线，如图 1-4 所示。

4）动力触探试验成果的应用

① 可粗略划分土类或土层剖面。

② 确定地基土承载力。

③ 求桩基承载力和确定桩基持力层。

④ 确定砂土密实度及液化势等。

利用动力触探试验得到的锤击数，根据国家相关标准，参考地方建筑经验，可查表（图）获得砂性土的密实度。

而采用标准贯入试验是目前一种判定砂土液化的一种主要原位测试手段，具体判定如下。

$$N_{cr} = N_0[1 + 0.1(d_s - 3) - 0.1(d_w - 2)]\sqrt{\frac{3}{\rho_c}}$$

式中，N_{cr} ——液化判别标准贯入锤击数临界值；

N_0 ——液化判别标准贯入锤击数基准值，对应于烈度为 7、8、9 时，考虑近震则采用 6、10、16，考虑远震则采用 8、12（远震无 9 度）；

动 力 触 探 试 验 曲 线

第 1 页 共 1 页

工程名称 新都小区		工程编号 2000-5-1(GK)	
钻孔编号 ZK12	坐标 x=49 962.63m	动探类型 轻型	
孔口高程 68.42m	y=19 676.41m	稳定水位 33.30m	

地层编号	地层名称	层底深度(m)	层底高程(m)	柱状图 1:50	动探图 N= 5.0 10.0 15.0 20.0	探杆长度(m)	触探深度(m)	实测击数 N	贯入度(cm/击)	杆长修正系数	修正后击数 N
①	素填土, 泥炭	1.30	67.12			3.00	1.80	16.0	1.88		16.0
						3.00	2.10	17.0	1.76		17.0
						3.00	2.40	19.0	1.58		19.0
③	黄土状粉土					3.00	2.80	21.0	1.43		21.0
						3.00	3.10	23.0	1.30		23.0
						3.00	3.40	20.0	1.50		20.0

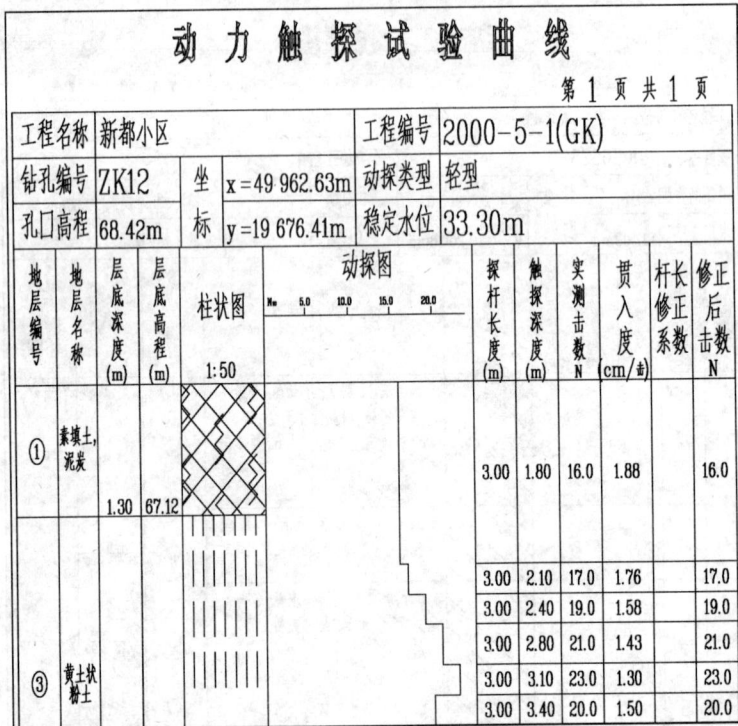

图 1-4　动力触探试验成果图

d_s ——标准贯入锤击数 N 所对应的土层埋深，m；

d_w ——场地地下水位；

ρ_c ——土中粘粒含量百分数，小于 3 时采用 3。

当实测标准贯入锤击数 $N < N_{cr}$ 时，相应的土层即应判为可能液化。

1.2.4　物探工程的分类及应用

物探工程是利用专门的仪器来探测各种地质体物理场的分布情况，并对其数据及绘制的曲线进行分析解释，从而划分地层、判定地质构造、水文地质条件及各种不良地质现象的勘探方法，又称为地球物理勘探。由于地质体具有不同的物理性质（导电性、弹性、磁性、密度、放射性等）和不同的物理状态（含水率、空隙性、固结状态等），它们是利用物探方法研究各种不同的地质体和地质现象的物理场的基础。通过量测这些物理场的分布和变化特征，结合已知的地质资料进行分析研究，就可以达到推断地质性状的目的。

物探工程的特点是速度快、设备轻便、效率高、成本低。但具有多解性，属于间接的方法。因此，在工程勘察中应与其他勘探工程（钻探和坑探）等直接方法结合使用。

1.3　各阶段勘察的内容与要求

《岩土工程勘察规范》明确规定勘察工作划分为可行性研究勘察、初步勘察和详细勘察三个阶段。基坑或基槽开挖后，岩土条件与勘察资料不符或发现必须查明的异常情况时，以及在工程施工或使用期间，当地基土、边坡体、地下水等发生未曾估计到的变化时，应进行施工勘察、监测，并对工程和环境的影响进行分析评价。

1.3.1　各阶段勘察的主要内容

1. 可行性研究勘察

可行性研究勘察也称为选址勘察，其目的是要强调在可行性研究时勘察工作的重要性，特别是对一些重大工程更为重要。

勘察的主要任务：对拟选场址的稳定性和适宜性作出岩土工程评价。

勘察方法：在搜集、分析已有资料的基础上进行现场踏勘，了解场地的工程地质条件。如果场地工程地质条件比较复杂，已有资料不足以说明问题时，应进行工程地质测绘和必要的勘探工作。

2. 初步勘察

初步勘察的目的：密切结合工程初步设计的要求，提出岩土工程方案设计和论证。

初步勘察的主要任务：在可行性研究勘察的基础上，对场地内建筑地段的稳定性作出岩土工程评价，并为确定建筑总平面布置，对主要建筑物的岩土工程方案和不良地质现象的防治工程方案等进行论证，以满足初步设计或扩大初步设计的要求。

本阶段的勘察方法：在分析已有资料基础上，根据需要进行工程地质测绘，并以勘探、物探和原位测试为主。

3. 详细勘察

勘察的目的：对岩土工程设计、岩土体处理与加固、不良地质现象的防治工程进行计算与评价，以满足施工图设计的要求。

此阶段应按不同建筑物或建筑群提出详细的岩土工程资料和设计所需的岩土技术参数。显然，该阶段勘察范围仅局限于建筑物所在的地段内，所要求的成果资料精细可靠，而且许多是计算参数。

本阶段勘察方法以勘探和原位测试为主。

1.3.2　各阶段勘察工作量布设要点

1. 初步勘察

1）初步勘察的勘探线及勘探点布设

（1）勘探线应垂直地貌单元、地质构造和地层界线布置。

（2）每个地貌单元均应布置勘探点，在地貌单元交接部位和地层变化较大的地段，勘探点应予加密。

（3）在地形平坦地区，可按网格布置勘探点。

（4）对岩质地基，勘探线和勘探点的布置、勘探孔的深度，应根据地质构造、岩体特性风化情况等按地方标准或当地经验确定。

当遇下列情形之一时，应适当增减勘探孔深度。

（1）当勘探孔的地面标高与预计整平地面标高相差较大时，应按其差值调整勘探孔深度。

（2）在预定深度内遇基岩时，除控制性勘探孔仍应钻入基岩适当深度外，其他勘探孔达到确认的基岩后即可终止钻进。

（3）在预定深度内有厚度较大，且分布均匀的坚实土层（如碎石土、密实砂、老沉积土等）时，除控制性勘探孔应达到规定深度外，一般性勘探孔的深度可适当减小。

（4）当预定深度内有软弱土层时，勘探孔深度应适当增加，部分控制性勘探孔应穿透软弱土层或达到预计控制深度。

（5）对重型工业建筑应根据结构特点和荷载条件适当增加勘探孔深度。

2）初步勘察勘探手段

（1）采取土试样和进行原位测试的勘探点应结合地貌单元、地层结构和土的工程性质布置，其数量可占勘探点总数的1/4～1/2。

（2）采取土试样的数量和孔内原位测试的竖向间距，应按地层特点和土的均匀程度确定；每层土均应采取土试样或进行原位测试，其数量不宜少于6个。

2. 详细勘察

1）详细勘察的勘探线及勘探点布设

（1）勘探点位置。

勘探点宜按建筑物周边线和角点布置，对无特殊要求的其他建筑物可按建筑物或建筑群的范围布置。勘探点间距根据地基复杂等级可参考表1-3确定。

表1-3　勘探点间距

地基复杂等级	勘探点间距/m	地基复杂等级	勘探点间距/m
一级（复杂）	10～15	三级（简单）	30～50
二级（中等复杂）	15～30		

（2）勘探点数量。

同一建筑范围内的主要受力层或有影响的下卧层起伏较大时，应加密勘探点，查明其变化；重大设备基础应单独布置勘探点，重大的动力机器基础和高耸构筑物，勘探点不宜少于3个。单栋高层建筑勘探点的布置，应满足对地基均匀性评价的要求，且不应少于4个；对密集的高层建筑群，勘探点可适当减少，但每栋建筑物至少应有1个控制性勘探点。

（3）勘察的勘探深度。

勘探深度自基础底面算起，应符合下列条件。

① 勘探孔深度应能控制地基主要受力层，当基础底面宽度不大于5 m时，勘探孔的深度对条形基础不应小于基础底面宽度的3倍，对单独柱基不应小于1.5倍，且不应小于5 m。

② 对高层建筑和需要作变形计算的地基，控制性勘探孔的深度应超过地基变形计算深度；高层建筑的一般性勘探孔应达到基底下0.5～1.0倍的基础宽度，并深入稳定分布的地层。

③ 对仅有地下室的建筑或高层建筑的裙房，当不能满足抗浮设计要求，需设置抗浮桩或

锚杆时，勘探孔深度应满足抗拔承载力评价的要求。

④ 当有大面积地面堆载或软弱下卧层时，应适当加深控制性勘探孔的深度。

⑤ 在上述规定深度内，当遇基岩或厚层碎石土等稳定地层时，勘探孔深度应根据情况进行调整。

除应符合以上要求外，尚应符合下列规定。

① 对中、低压缩性土可取附加压力等于上覆土层有效自重压力20%的深度；对于高压缩性土层可取附加压力等于上覆土层有效自重压力10%的深度。

② 建筑总平面内的裙房或仅有地下室部分（或当基底附加压力 $p_0 \leqslant 0$ 时）的控制性勘探孔的深度可适当减小，但应深入稳定分布地层，且根据荷载和土质条件不宜少于基底下0.5～1.0倍基础宽度。

③ 当需进行地基整体稳定性验算时，控制性勘探孔深度应根据具体条件满足验算要求。

④ 当需确定场地抗震类别而邻近无可靠的覆盖层厚度资料时，应布置波速测试孔，其深度应满足确定覆盖层厚度的要求。

⑤ 大型设备基础勘探孔深度不宜小于基础底面宽度的2倍。

⑥ 当需进行地基处理时，勘探孔的深度应满足地基处理设计与施工要求；当采用桩基时，勘探孔的深度应满足相关要求。

2）勘探手段

勘探手段宜采用钻探与触探相配合，在复杂地质条件、湿陷性土、膨胀岩土、风化岩和残积土地区，宜布置适量探井。

详细勘察采取土试样和进行原位测试应符合下列要求。

① 采取土试样和进行原位测试的勘探点数量，应根据地层结构、地基土的均匀性和设计要求确定，对地基基础设计等级为甲级的建筑物每栋不应少于3个。

② 每个场地每一主要土层的原状土试样或原位测试数据不应少于6件（组）。

③ 在地基主要受力层内，对厚度大于0.5 m的夹层或透镜体，应采取土试样或进行原位测试。

④ 当土层性质不均匀时，应增加取土数量或原位测试工作量。

1.4　岩土工程勘察报告

1.4.1　文字报告的基本内容

岩土工程勘察报告的内容，应根据任务要求、勘察阶段、地质条件、工程特点等情况确定，报告的基本内容一般应包括下列各项。

① 委托单位、场地位置、工作简况，勘察的目的、要求和任务，以往的勘察工作及已有资料。

② 勘察方法及勘察工作量布置，包括各项勘察工作的数量布置及依据，工程地质测绘、勘探、取样、室内试验、原位测试等方法的必要说明。

③ 场地工程地质条件分析，包括地形地貌、地层岩性、地质构造、水文地质和不良地质

现象等内容，对场地稳定性和适宜性作出评价。

④ 岩土参数的分析与选用，包括各项岩土性质指标的测试成果及其可靠性和适宜性，评价其变异性，提出其标准值，建议值。

⑤ 工程施工和运营期间可能发生的岩土工程问题的预测及监控、预防措施的建议。

⑥ 根据地质和岩土条件、工程结构特点及场地环境情况，提出地基基础方案、不良地质现象整治方案、开挖和边坡加固方案等岩土利用、整治和改造方案的建议，并进行技术经济论证。

⑦ 对建筑结构设计和监测工作的建议，工程施工和使用期间应注意的问题，下一步岩土工程勘察工作的建议等。

1.4.2　报告应附的图表

勘察报告应附必要的图表，主要包括以下几项。

① 场地工程地质图（附勘察点平面位置示意图见图 1-5）。

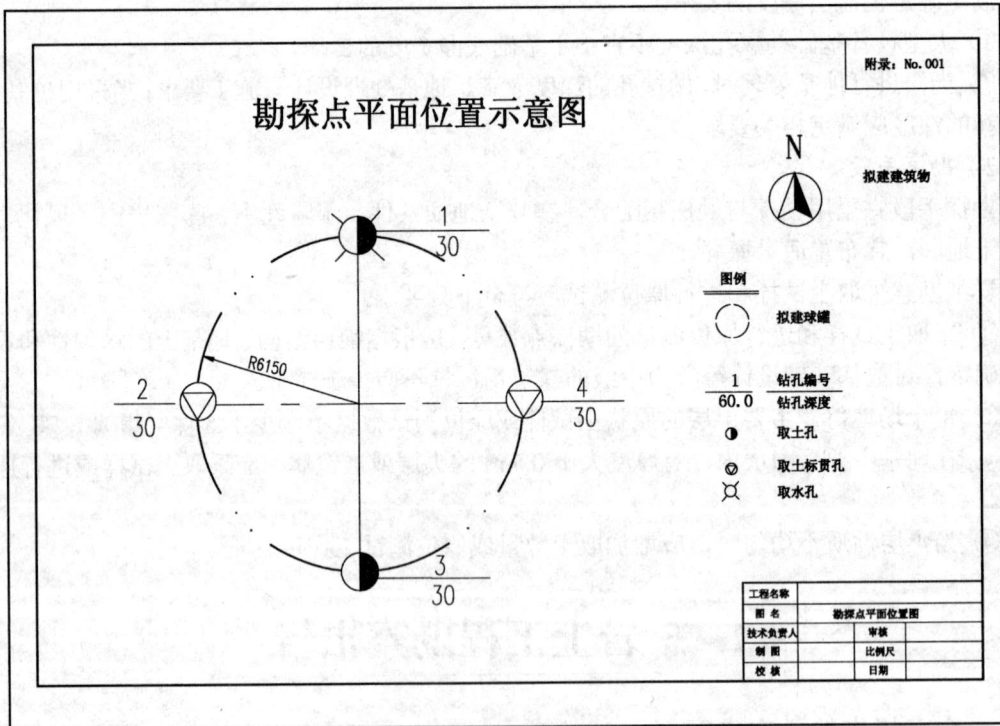

图 1-5　勘探点平面位置示意图

② 工程地质剖面图（图 1-6）、地质柱状图（图 1-7）或立体投影图。

③ 室内试验成果图（见图 1-8、表 1-4）和原位测试成果图（见 1.2.3 中相关内容）。

④ 岩土利用、整治、改造方案的有关图表。

⑤ 岩土工程计算简图及计算成果图表。

基于以上勘察结论及成果，技术人员可以充分了解场地的地质背景；利用地基土岩土参数及分析评价，参考相关结论及建议，结合工程实际进行相关工程设计。

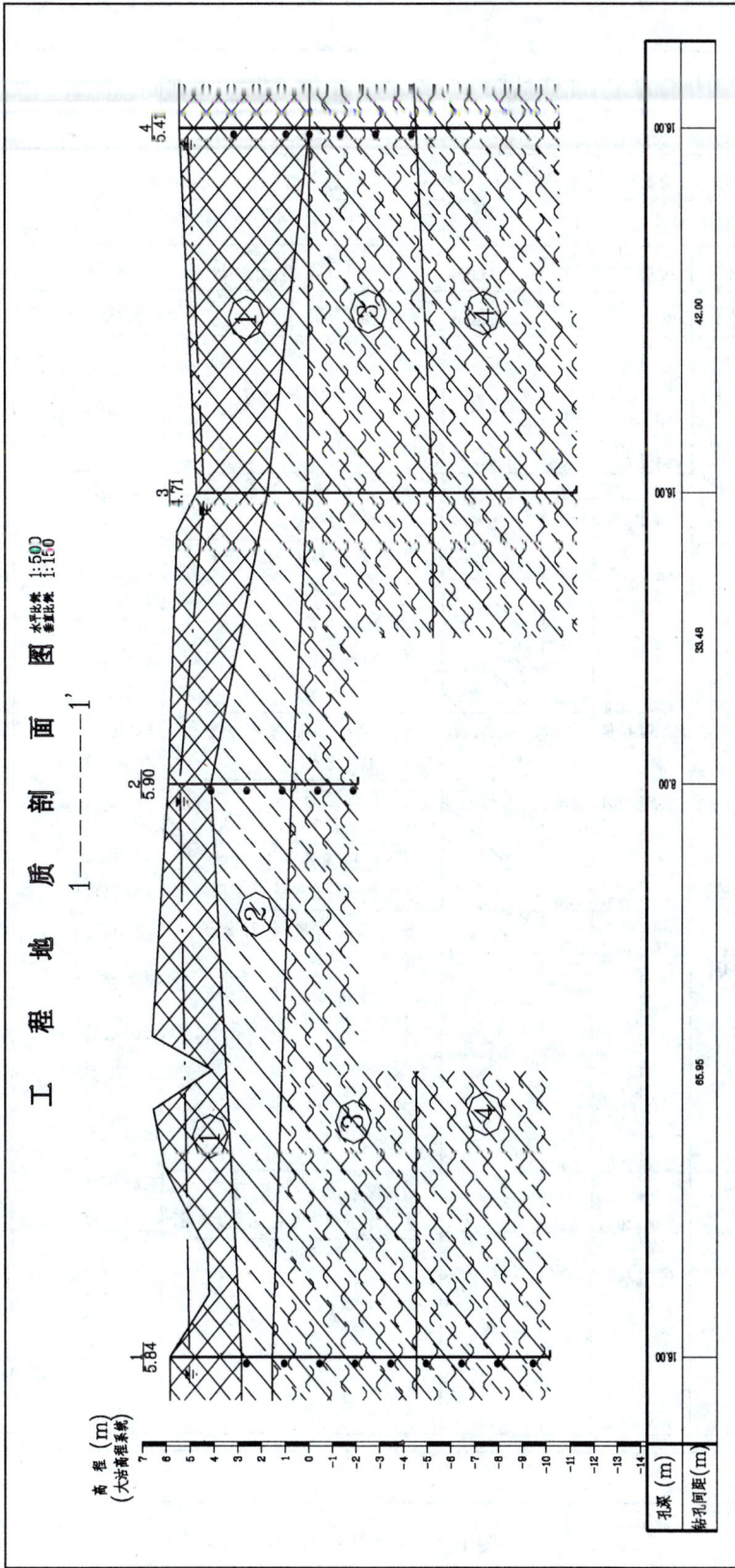

图 1-6 工程地质剖面图

钻 孔 柱 状 图

第 1 页 共 1 页

工程名称	河北鹏宇化工1号球罐工程						
工程编号	球罐			钻孔编号	3		
孔口高程	0.00m	坐标	x = 7.00m	开工日期	2001.07.18	稳定水位深度	2.50m
孔口直径	127.00mm		y = 0.00m	竣工日期	2001.07.18	测量水位日期	

地层编号	时代成因	层底高程(m)	层底深度(m)	分层厚度(m)	柱状图 1:200	岩土名称及其特征	取样	标贯击数(击)	稳定水位(m)和水位日期
1	Q_4^{ml}	-1.00	1.00	1.00		耕土：褐色；中密；湿；黏性土为主，多量植物根。			
2	Q_4^{al+m}	-4.20	4.20	3.20		粉土：黄褐；稍密；稍湿；含云母，夹黏性土薄。	1 1.00-1.20 2 1.90-2.10 3 2.70-2.90 4 4.00-4.20		▼(1)-2.50
3-1	Q_4^{al+m}	-9.50	9.50	5.30		粉质黏土：灰褐；饱和；软塑；含云母，夹粉土薄。	5 5.00-5.20 6 6.00-6.20 7 7.50-7.70 8 9.00-9.20		
3-2	Q_4^{al+m}	-10.40	10.40	0.90		粉土：灰褐；中密；稍湿；含云母，夹黏性土薄。	9 10.00-10.20		
3-3	Q_4^{al+m}	-13.30	13.30	2.90		粉质黏土：灰褐；饱和；可塑；含云母，夹粉土薄。	10 12.00-12.20		
4-1	Q_4^{al}	-17.30	17.30	4.00		粉质黏土：黄褐；饱和；可塑；含云母，夹粉土薄层，见姜石。	11 13.50-13.70 12 15.00-15.20 13 16.50-16.70		
4-2	Q_4^{al}	-19.00	19.00	1.70		粉土：黄褐；中密；稍湿；含云母，夹黏性土薄。	14 18.00-18.20		
4-3	Q_4^{al}	-27.60	27.60	8.60		粉砂：黄褐；密实；稍湿；含云母，石英，长石局，部夹粉土薄。	15 20.00-20.20 16 22.00-22.20 17 24.00-24.20 18 26.00-26.20		
5	Q_3^{al}	-30.00	30.00	2.40		粉质黏土：棕褐；饱和；坚硬；含云母，夹粉土薄层，见多量姜石。	19 28.00-28.20 20 30.00-30.20		

图 1-7 地质柱状图

击实试验成果图

附录号:48

工程名称

土样编号	1		试验日期	2010.01.08	土样名称	细砂	取样深度	1.0~1.3（m）
试验次数	1	2	3	4	5	6		
预定含水率（%）	4	6	8	10	12	14		
预定加水量（g）	100	150	200	250	300	350		
筒+土重（g）	4 095	415	4 220	4 260	4 290	4 270		
筒重（g）	2 220	2 220	2 220	2 220	2 220	2 220		
土重（g）	1 875	1 930	2 000	2 040	2 070	2 050		
湿密度（g/cm³）	1.88	1.94	2.01	2.05	2.08	2.06		
干密度（g/cm³）	1.80	1.83	1.86	1.87	1.86	1.81		
盒号	968	944	652	163	162	123		
湿土重（g）	27.62	23.32	23.88	31.33	30.75	30.62		
干土重（g）	26.43	22.03	22.10	28.65	27.50	26.91		
含水率（%）	4.5	5.9	8.1	9.4	11.8	13.8		
最大干密度（g/cm³）		1.87			最佳含水率（%）		10.1	

干密度—含水率曲线

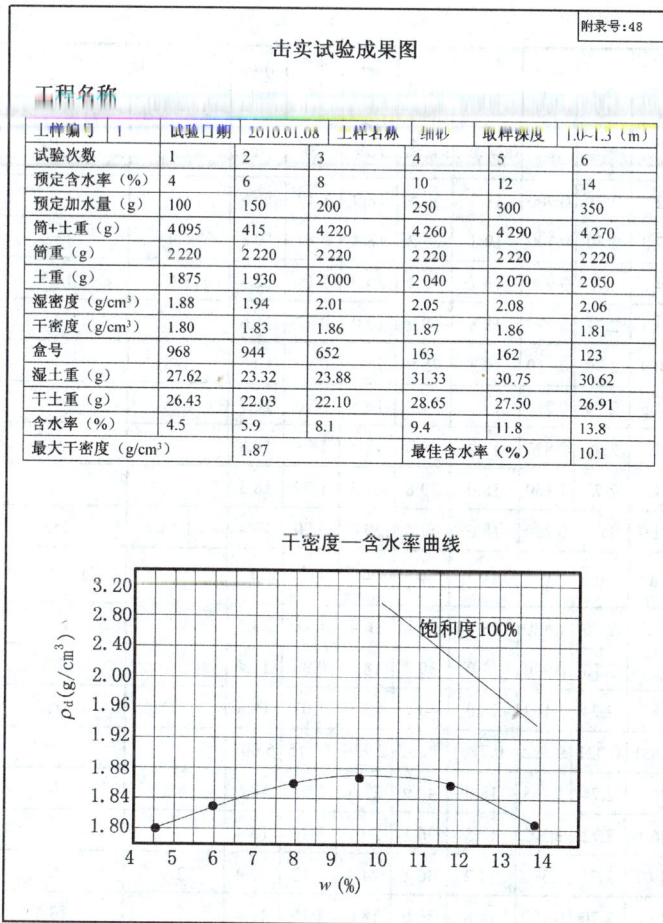

图 1-8 室内试验成果图

表 1-4 物理力学性质指标分层统计结果表

岩土编号	岩土名称	统计项目	天然含水率 w/%	土粒比重 Gs	天然孔隙比 e	重力密度 γ/(kN/m³)	液限 ω_L/%	塑限 ω_p/%	液性指数 IL	塑性指数 I_P	快 剪 内摩擦角 φq/(°)	快 剪 黏聚力 Cq/kPa	压缩系数 $\alpha_{0.1-0.2}$/(Mpa⁻¹)	压缩模量 $Es_{0.1-0.2}$/MPa
1-2	冲填土	统计个数	12	12	12	12	12	12	12	12	5	5	12	12
		最大值	41.5	2.73	1.150	20.5	39.8	21.5	1.26	18.3	19.4	25.5	0.720	5.35
		最小值	19.6	2.70	0.580	18.0	24.1	13.3	0.52	10.5	6.4	14.5	0.340	2.79
		平均值	28.7	2.71	0.818	19.3	29.5	17.7	0.92	11.9	13.6	20.0	0.452	4.22
		标准差	6.507	0.009	0.169	0.790	4.302	2.464	0.216	2.201			0.119	0.796
		推荐值	28.7	2.71	0.818	19.3	29.5	17.7	0.92	11.9	13.6	20.0	0.452	4.22
		标准值	32.1	2.71	0.906	18.9	27.3	16.4	1.43	10.7			0.514	3.80
		2-1	19.6	2.71	0.580	20.5	24.1	13.3	0.58	10.8	17.7	20.0	0.340	5.35
		2-2	30.1	2.71	0.840	19.2	27.3	16.6	1.26	10.7	15.1	25.5	0.400	4.58
		3-1	20.3	2.71	0.600	20.4	25.2	14.4	0.55	10.8			0.390	4.10

续表

岩土编号	岩土名称	统计项目	天然含水率 w /%	土粒比重 Gs	天然孔隙比 e	重力密度 γ /(kN/m³)	液限 ωL /%	塑限 ωp /%	液性指数 IL	塑性指数 IP	快剪 内摩擦角 φq /(°)	快剪 黏聚力 Cq /kPa	压缩系数 α0.1-0.2 /(Mpa⁻¹)	压缩模量 Es0.1-0.2 /MPa
1-2	冲填土	3-2	32.5	2.71	0.900	18.9	30.5	18.9	1.17	11.6			0.390	4.86
		4-1	27.8	2.70	0.790	19.3	29.2	18.4	0.87	10.8	6.4	15.0	0.370	4.82
		4-2	34.7	2.72	0.960	18.7	32.4	20.0	1.19	12.4	9.6	14.5	0.400	4.85
		6-1	29.7	2.71	0.870	18.8	30.6	19.0	0.92	11.6			0.540	3.48
		7-1	20.9	2.70	0.610	20.3	25.9	15.4	0.52	10.5			0.340	4.76
		7-2	24.6	2.70	0.710	19.7	27.2	16.5	0.76	10.7			0.430	4.03
		7-3	31.1	2.71	0.870	19.0	28.6	17.8	1.23	10.8			0.470	3.95
		8-1	41.5	2.73	1.150	18.0	39.8	21.5	1.09	18.3			0.720	2.79
		9-1	32.0	2.72	0.930	18.6	33.4	20.0	0.90	13.4	19.4	25.0	0.630	3.04
2-1	粉质黏土	统计个数	9	9	9	9	9	9	9	9	5	5	9	9
		最大值	49.5	2.76	1.420	18.8	50.8	26.4	1.18	24.4	7.7	13.5	0.960	4.74
		最小值	32.1	2.70	0.900	17.0	30.0	18.6	0.88	11.4	2.8	7.5	0.400	2.49
		平均值	41.3	2.74	1.163	18.0	40.9	22.3	1.03	18.6	6.2	10.2	0.731	3.13
		标准差	7.661	0.021	0.222	0.770	7.667	2.736	0.115	5.007			0.211	0.729
		推荐值	41.3	2.74	1.163	18.0	40.9	22.3	1.03	18.6	6.2	10.2	0.731	3.13
		标准值	46.1	2.72	1.302	17.5	36.1	20.6	1.10	15.4			0.863	2.68
		2-3	49.5	2.75	1.390	17.2	46.8	24.4	1.12	22.4	2.8	7.5	0.960	2.49
		2-4	32.1	2.70	0.900	18.8	30.0	18.6	1.18	11.4	7.3	13.5	0.400	4.74
		3-3	33.6	2.73	0.950	18.7	35.4	20.0	0.88	13.4			0.600	3.25
		4-3	33.2	2.71	0.920	18.8	31.6	20.0	1.14	11.6	7.3	10.0	0.520	3.67
		4-4	49.5	2.75	1.420	17.0	47.5	24.8	1.09	22.7	7.7	10.0	0.960	2.53
		6-2	48.1	2.76	1.360	17.3	50.8	26.4	0.89	24.4			0.900	2.62
		7-4	48.2	2.76	1.360	17.3	46.5	24.1	1.08	22.4			0.920	2.58
		8-2	41.8	2.74	1.170	17.9	43.3	22.6	0.93	20.7			0.710	3.05
		9-2	35.7	2.74	1.000	18.6	36.3	20.1	0.96	16.2	5.7	10.0	0.610	3.26
2-2	粉土	统计个数	7	5	5	5	6	6	6	6	1	1	5	5
		最大值	31.7	2.73	0.890	20.0	33.7	20.3	0.92	13.4	27.6	17.5	0.420	11.50
		最小值	23.0	2.68	0.650	19.0	26.5	17.0	0.46	6.8	27.6	17.5	0.150	4.51
		平均值	25.5	2.71	0.726	19.7	28.4	19.1	0.70	9.3	27.6	17.5	0.246	8.28
		标准差	3.108				2.668	1.381	0.180	2.406				
		推荐值	25.5	2.71	0.726	19.7	28.4	19.1	0.70	9.3	27.6	17.5	0.246	8.28
		标准值	27.8				26.2	17.9	0.85	7.3				
		1-r1	23.7											
		3-4	31.7	2.73	0.890	19.0	33.7	20.3	0.85	13.4			0.420	4.51

续表

岩土编号	岩土名称	统计项目	天然含水率 w /%	土粒比重 G_s	天然孔隙比 e	重力密度 γ /(kN/m³)	液限 ω_L /%	塑限 ω_P /%	液性指数 I_L	塑性指数 I_P	快 剪 内摩擦角 φ_q /(°)	快 剪 黏聚力 C_q /kPa	压缩系数 $a_{0.1-0.2}$ /(MPa⁻¹)	压缩模量 $E_{s0.1-0.2}$ /MPa
2-2	粉土	4-5	23.0	2.68	0.650	20.0	26.7	19.9	0.46	6.8	27.6	17.5	0.170	9.79
		6-3	25.6	2.72	0.750	19.5	27.8	17.0	0.80	10.8			0.330	5.34
		7-5	23.0	2.70	0.660	20.0	26.5	17.7	0.60	8.8			0.160	10.25
		8-3	24.4	2.70	0.680	20.0	28.0	19.4	0.58	8.6			0.150	11.50
		9-r1	27.1				27.7	20.1	0.92	7.6				
2-3	粉质黏土	统计个数	6	6	6	6	6	6	6	6	2	2	6	6
		最大值	37.5	2.74	1.040	19.3	39.8	21.4	1.12	18.4	7.4	11.0	0.760	4.62
		最小值	29.5	2.72	0.830	18.4	32.1	19.9	0.79	12.2	7.4	10.0	0.400	2.67
		平均值	33.1	2.73	0.932	18.8	34.6	20.4	0.90	14.1	7.4	10.5	0.527	3.90
		标准差	3.167	0.008	0.086	0.363	2.880	0.571	0.120	2.452			0.153	0.833
		推荐值	33.1	2.73	0.932	18.8	34.6	20.4	0.90	14.1	7.4	10.5	0.527	3.90
		标准值	35.8	2.72	1.003	18.5	32.2	19.9	1.00	12.1			0.653	3.21
		2-5	31.3	2.72	0.880	19.0	32.3	20.1	0.92	12.2	7.4	10.0	0.430	4.41
		3-5	36.5	2.74	1.030	18.4	39.8	21.4	0.82	18.4			0.760	2.67
		4-6	32.7	2.72	0.930	18.7	33.9	20.2	0.91	13.7	7.4	11.0	0.440	4.44
		6-4	31.4	2.72	0.880	19.0	33.5	20.8	0.83	12.7			0.450	4.23
		7-6	37.5	2.73	1.040	18.4	35.7	20.1	1.12	15.6			0.680	3.02
		7-7	29.5	2.73	0.830	19.3	32.1	19.9	0.79	12.2			0.400	4.62
2-4	粉质黏土	统计个数	23	22	22	22	22	22	22	22	7	7	22	22
		最大值	47.3	2.76	1.350	20.9	48.7	26.0	1.17	22.7	28.4	17.5	0.980	11.35
		最小值	19.3	2.68	0.530	17.3	21.3	13.5	0.64	5.6	4.3	9.0	0.140	2.37
		平均值	34.2	2.73	0.987	18.7	36.7	20.5	0.86	16.2	13.0	13.4	0.607	4.64
		标准差	9.593	0.024	0.264	1.160	9.128	3.648	0.104	5.618	9.972	3.338	0.291	3.219
		推荐值	34.2	2.73	0.987	18.7	36.7	20.5	0.86	16.2	13.0	13.4	0.607	4.64
		标准值	37.7	2.72	1.085	18.3	33.3	19.2	0.90	14.1	5.6	10.9	0.715	3.44
		2-6	47.3	2.76	1.350	17.3	48.7	26.0	0.94	22.7	4.3	9.0	0.980	2.40
		2-7	38.0	2.73	1.060	18.3	39.8	22.4	0.90	17.4	6.3	10.0	0.720	2.88
		2-8	21.6	2.70	0.620	20.3	23.9	15.6	0.72	8.3	26.3	17.5	0.170	9.68
		3-6	39.8	2.74	1.130	18.0	42.7	22.9	0.85	19.8			0.820	2.58
		3-7	35.7	2.74	1.000	18.6	39.6	20.9	0.79	18.7			0.630	3.16
		3-8	20.7	2.69	0.590	20.4	22.3	14.8	0.79	7.5			0.150	10.41
		4-7	45.3	2.76	1.290	17.5	46.6	24.4	0.94	22.2	7.6	11.0	0.910	2.51
		4-8	37.1	2.74	1.050	18.3	38.5	22.1	0.91	16.4	8.0	14.5	0.720	2.86
		4-9	19.3	2.68	0.530	20.9	21.3	15.7	0.64	5.6	28.4	16.5	0.140	11.33

岩土编号	岩土名称	统计项目	天然含水率 w /%	土粒比重 Gs	天然孔隙比 e	重力密度 γ /(kN/m³)	液限 ω_L /%	塑限 ω_p /%	液性指数 IL	塑性指数 I_P	快　剪 内摩擦角 ϕq /(°)	黏聚力 Cq /kPa	压缩系数 $\alpha_{0.1-0.2}$ /(Mpa⁻¹)	压缩模量 $Es_{0.1-0.2}$ /MPa
2-4	粉质黏土	4-10	35.8	2.74	1.020	18.4	37.8	21.4	0.88	16.4	10.2	15.0	0.600	3.38
		5-1	44.2	2.76	1.260	17.6	46.2	23.8	0.91	22.4			0.910	2.48
		5-2	36.8	2.74	1.030	18.5	39.7	21.3	0.84	18.4			0.660	3.09
		5-3	31.3	2.71	0.870	19.0	32.2	20.5	0.92	11.7			0.580	3.23
		6-5	34.4	2.74	0.970	18.7	36.6	20.2	0.87	16.4			0.660	3.01
		6-6	20.7	2.71	0.610	20.3	22.5	13.9	0.79	8.6			0.170	8.23
		7-8	44.6	2.75	1.270	17.5	41.4	22.1	1.17	19.3			0.850	2.67
		7-9	43.3	2.76	1.260	17.5	46.2	23.8	0.87	22.4			0.950	2.37
		7-10	39.4	2.74	1.110	18.1	40.8	21.0	0.93	19.8			0.750	2.81
		7-11	19.8	2.71	0.560	20.8	21.8	13.5	0.76	8.3			0.140	11.35
		8-4	44.6	2.75	1.260	17.6	47.4	25.0	0.87	22.4			0.820	2.76
		8-5	38.8	2.74	1.090	18.2	40.8	21.6	0.90	19.8			0.720	2.92
		8-6	27.9	2.71	0.780	19.5	30.6	19.0	0.77	11.6			0.300	5.96
		9-r2	19.5											
2-5	粉土	统计个数	8	5	5	5	5	5	5	5	1	1	5	5
		最大值	25.2	2.70	0.690	20.3	26.5	20.5	0.86	7.8	26.9	17.0	0.160	17.02
		最小值	22.1	2.68	0.620	19.8	23.0	16.7	0.60	5.5	26.9	17.0	0.100	10.48
		平均值	23.5	2.69	0.652	20.1	25.4	19.0	0.69	6.4	26.9	17.0	0.122	14.27
		标准差	0.759											
		推荐值	23.5	2.69	0.652	20.1	25.4	19.0	0.69	6.4	26.9	17.0	0.122	14.27
		标准值	25.5											
		1-r2	25.2											
		2-9	23.9	2.68	0.660	20.0	26.0	20.5	0.62	5.5	26.9	17.0	0.100	16.60
		3-9	24.4	2.69	0.690	19.8	26.5	19.8	0.69	6.7			0.130	13.31
		5-4	23.8	2.68	0.650	20.1	25.8	20.0	0.66	5.8			0.100	17.02
		5-r1	23.7											
		6-7	22.1	2.69	0.620	20.3	23.0	16.7	0.86	6.3			0.120	13.95
		7-12	22.8	2.70	0.640	20.2	25.9	18.1	0.60	7.8			0.160	10.48
		9-r3	22.2											
3	粉质黏土	统计个数	4	4	4	4	4	4	4	4	2	2	4	4
		最大值	23.6	2.72	0.660	20.4	26.5	15.8	0.76	10.8	18.3	25.5	0.370	5.71
		最小值	21.3	2.71	0.610	20.2	25.5	15.0	0.57	10.5	9.4	15.0	0.280	4.49
		平均值	22.5	2.71	0.635	20.3	26.1	15.4	0.66	10.7	13.9	20.3	0.328	5.04
		标准差												
		推荐值	22.5	2.71	0.635	20.3	26.1	15.4	0.66	10.7	13.9	20.3	0.328	5.04

续表

岩土编号	岩土名称	统计项目	天然含水率 w/%	土粒比重 Gs	天然孔隙比 e	重力密度 γ/(kN/m³)	液限 ω_L/%	塑限 ωp/%	液性指数 IL	塑性指数 I_P	快 剪 内摩擦角 ϕq/(°)	快 剪 黏聚力 Cq/kPa	压缩系数 $\alpha_{0.1-0.2}$/(MPa⁻¹)	压缩模量 $Es_{0.1-0.2}$/MPa
3	粉质黏土	标准值							)					
		2-10	21.3	2.71	0.610	20.4	25.5	15.0	0.60	10.5	9.4	15.0	0.280	5.71
		3-10	23.4	2.71	0.650	20.3	26.5	15.8	0.71	10.7			0.360	4.55
		4-11	21.7	2.72	0.620	20.4	26.3	15.5	0.57	10.8	18.3	25.5	0.300	5.39
		8-7	23.6	2.71	0.660	20.2	26.2	15.5	0.76	10.7			0.370	4.49
4	粉土	统计个数	8	5	5	5	5	5	5	5	2	2	5	5
		最大值	23.1	2.72	0.650	20.9	26.4	15.5	0.91	10.9	27.5	25.0	0.360	9.87
		最小值	19.2	2.69	0.550	20.2	22.2	13.2	0.43	7.5	18.8	17.0	0.160	4.62
		平均值	21.5	2.71	0.608	20.5	24.9	14.8	0.67	10.1	23.1	21.0	0.274	6.39
		标准差	1.510											
		推荐值	21.5	2.71	0.608	20.5	24.9	14.8	0.67	10.1	23.1	21.0	0.274	6.39
		标准值	22.5											
		1-r3	22.4											
4	粉土	2-11	21.5	2.69	0.620	20.2	22.2	14.7	0.91	7.5	27.5	17.0	0.160	9.87
		4-12	19.2	2.72	0.550	20.9	23.9	13.2	0.56	10.7	18.8	25.0	0.260	6.04
		5-5	23.0	2.71	0.650	20.2	26.1	15.4	0.71	10.7			0.360	4.62
		6-8	23.1	2.71	0.650	20.2	25.9	15.2	0.74	10.7			0.350	4.79
		7-13	20.2	2.72	0.570	20.8	26.4	15.5	0.43	10.9			0.240	6.61
		8-r1	22.4											
		9-r4	19.9											
5	粉砂	统计个数	19	11	11	11	10	10	10	10	5	5	11	11
		最大值	31.9	2.72	0.890	20.7	32.7	20.3	0.94	12.4	28.0	25.0	0.480	17.58
		最小值	19.0	2.66	0.550	19.0	21.7	16.3	0.49	4.5	18.8	17.0	0.090	3.92
		平均值	22.7	2.69	0.640	20.2	25.1	17.5	0.71	7.5	25.8	19.2	0.184	11.95
		标准差	3.230	0.020	0.102	0.498	3.700	1.233	0.145	2.925			0.129	5.031
		推荐值	22.7	2.69	0.640	20.2	25.1	17.5	0.71	7.5	25.8	19.2	0.184	11.95
		标准值	24.0	2.68	0.697	19.9	22.9	16.8	0.79	5.8			0.255	9.17
		1-r4	21.8											
		2-r1													
		3-11	22.2	2.68	0.620	20.2	23.2	17.3	0.83	5.9			0.150	11.18
		4-13	20.3	2.69	0.570	20.6	22.5	16.7	0.62	5.8	27.5	18.5	0.090	17.58
		4-14	20.6	2.69	0.580	20.5	22.7	18.1	0.54	4.6	27.9	18.0	0.090	16.78
		4-15	20.0	2.67	0.550	20.7	22.8	17.3	0.49	5.5	26.9	17.5	0.100	15.86
		4-16	20.2	2.67	0.560	20.6	21.7	17.2	0.67	4.5	28.0	17.0	0.100	15.33

续表

岩土编号	岩土名称	统计项目	天然含水率 w /%	土粒比重 Gs	天然孔隙比 e	重力密度 γ /(kN/m³)	液限 ω_L /%	塑限 ωp /%	液性指数 I_L	塑性指数 I_P	快剪 内摩擦角 ϕq /(°)	快剪 黏聚力 Cq /kPa	压缩系数 $\alpha_{0.1\text{-}0.2}$ /(MPa⁻¹)	压缩模量 $Es_{0.1\text{-}0.2}$ /MPa
5	粉砂	5-r2	19.0											
		5-7	23.5	2.70	0.660	20.1	25.4	16.9	0.78	8.5			0.150	10.91
		6-r1	26.1											
		6-r2	22.5											
		6-r3	22.6											
		6-r4	23.5											
		6-r5	26.3											
		7-14	21.6	2.69	0.620	20.2	22.7	16.3	0.83	6.4			0.130	12.55
		7-15	27.2	2.71	0.760	19.6	29.9	18.7	0.76	11.2			0.330	5.38
		7-16	20.6	2.66	0.580	20.3							0.100	16.46
		8-8	31.9	2.72	0.890	19.0	32.7	20.3	0.94	12.4			0.480	3.92
		9-3	22.6	2.72	0.650	20.2	27.0	16.3	0.59	10.7	18.8	25.0	0.300	5.52
		9-r5	19.1											
		统计个数	24	5	5	5	4	4	4	4	1	1	5	5
		最大值	31.3	2.72	0.870	21.0	34.1	20.4	0.81	13.7	14.6	20.0	0.460	16.86
		最小值	17.6	2.65	0.530	19.1	23.9	13.7	0.53	6.6	14.6	20.0	0.090	4.05
		平均值	22.2	2.70	0.654	20.2	27.6	17.1	0.69	10.4	14.6	20.0	0.258	8.98
		标准差	3.499											
		推荐值	22.2	2.70	0.654	20.2	27.6	17.1	0.69	10.4	14.6	20.0	0.258	8.98
		标准值	23.5											
6	粉砂	1-r5	22.5											
		1-r6	24.3											
		1-r7	18.9											
		1-r8	22.7											
		2-r2	23.3											
		2-r3	22.0											
		2-r4	27.7											
		2-r5	27.3											
		3-r2	24.4											
		3-r3	22.4											
		4-r1	22.2											
		4-r2	18.2											
		4-r3	17.6											
		4-r4	18.3											

续表

岩土编号	岩土名称	统计项目	天然含水率 w/%	土粒比重 Gs	天然孔隙比 e	重力密度 γ/(kN/m³)	液限 ωL/%	塑限 ωp/%	液性指数 IL	塑性指数 IP	快剪 内摩擦角 φq/(°)	快剪 黏聚力 Cq/kPa	压缩系数 α0.1-0.2/(Mpa⁻¹)	压缩模量 Es0.1-0.2/MPa
6	粉砂	4-17	19.3	2.71	0.540	21.0	24.3	13.7	0.53	10.6	14.6	20.0	0.240	6.34
		5-r3	20.2											
		5-8	21.4	2.69	0.600	20.4	23.9	17.3	0.62	6.6			0.120	13.12
		5-r4	19.5											
		5-9	25.9	2.71	0.730	19.7	28.0	17.2	0.81	10.8			0.380	4.52
		5-r5	22.3											
		6-r6												
		7-17	18.8	2.65	0.530	20.6							0.090	16.86
		8-9	31.3	2.72	0.870	19.1	34.1	20.4	0.80	13.7			0.460	4.05
		8-r2	25.1											
		9-r6	18.4											
7-1	粉质黏土	统计个数	13	12	12	12	12	12	12	12	2	2	12	12
		最大值	28.0	2.73	0.790	21.3	35.7	22.0	0.88	15.7	15.6	35.0	0.310	10.38
		最小值	17.1	2.67	0.490	19.3	22.8	12.7	0.38	5.9	14.6	31.0	0.160	5.07
		平均值	21.7	2.71	0.627	20.4	27.1	16.5	0.55	10.7	15.1	33.0	0.249	6.82
		标准差	3.593	0.016	0.096	0.624	4.141	3.139	0.164	2.623			0.050	1.636
		推荐值	21.7	2.71	0.627	20.4	27.1	16.5	0.55	10.7	15.1	33.0	0.249	6.82
		标准值	23.5	2.70	0.678	20.0	25.0	14.8	0.63	9.3			0.275	5.96
		2-12	20.8	2.71	0.590	20.6	26.4	15.7	0.48	10.7			0.250	6.36
		2-13	22.5	2.72	0.640	20.3	28.5	17.7	0.44	10.8	15.6	31.0	0.270	6.03
		2-14	24.4	2.72	0.690	20.0	28.5	17.6	0.62	10.9			0.280	6.06
		4-r5	17.3											
		4-18	25.5	2.71	0.720	19.8	34.0	20.3	0.38	13.7	14.6	35.0	0.300	5.85
		5-10	26.3	2.67	0.750	19.3	27.9	22.0	0.73	5.9			0.170	10.38
		5-11	18.1	2.72	0.520	21.1	23.9	13.1	0.46	10.8			0.250	6.02
		5-12	21.3	2.69	0.610	20.3	22.8	16.4	0.77	6.4			0.160	9.80
		5-13	17.1	2.71	0.490	21.3	23.6	12.8	0.40	10.8			0.210	7.23
		6-9	18.1	2.71	0.530	20.9	23.6	12.7	0.50	10.9			0.250	6.20
		7-18	20.0	2.70	0.560	20.8	26.5	15.7	0.40	10.8			0.310	5.07
		7-19	22.9	2.71	0.640	20.3	24.2	13.7	0.88	10.5			0.230	7.07
		7-20	28.0	2.73	0.790	19.5	35.7	20.0	0.51	15.7			0.310	5.71
7-2	粉砂	统计个数	4											
		最大值	18.5											
		最小值	2.3											

续表

岩土编号	岩土名称	统计项目	天然含水率 w/%	土粒比重 Gs	天然孔隙比 e	重力密度 γ/(kN/m³)	液限 ω_L/%	塑限 ωp/%	液性指数 I_L	塑性指数 I_P	快剪 内摩擦角 φq/(°)	快剪 黏聚力 Cq/kPa	压缩系数 $\alpha_{0.1-0.2}$/(Mpa⁻¹)	压缩模量 $Es_{0.1-0.2}$/MPa
7-2	粉砂	平均值	13.1											
		标准差												
		推荐值	13.1											
		标准值												
		2-r6	18.5											
		5-r6	16.6											
		7-r1	2.3											
		9-r7	14.8											
8	粉质黏土	统计个数	6	6	6	6	6	6	6	6	2	2	6	6
		最大值	31.1	2.75	0.900	20.8	40.5	21.3	0.81	19.2	16.4	41.0	0.370	15.35
		最小值	19.1	2.69	0.540	19.0	20.2	14.3	0.43	5.9	14.0	20.0	0.100	5.06
		平均值	26.8	2.73	0.763	19.6	32.5	19.1	0.59	13.4	15.2	30.5	0.287	7.23
		标准差	4.783	0.020	0.141	0.720	6.993	2.517	0.142	4.611			0.100	4.007
		推荐值	26.8	2.73	0.763	19.6	32.5	19.1	0.59	13.4	15.2	30.5	0.287	7.23
		标准值	30.7	2.71	0.879	19.1	26.7	17.1	0.71	9.5			0.369	3.92
		2-15	26.3	2.73	0.740	19.8	32.7	20.3	0.48	12.4	16.4	41.0	0.310	5.56
		2-16	30.7	2.73	0.880	19.0	35.9	20.2	0.67	15.7	14.0	20.0	0.360	5.17
		5-14	19.1	2.69	0.540	20.8	20.2	14.3	0.81	5.9			0.100	15.35
		5-15	23.5	2.72	0.670	20.1	29.9	18.7	0.43	11.2			0.260	6.33
		5-16	31.1	2.75	0.900	19.0	40.5	21.3	0.51	19.2			0.320	5.89
		7-21	30.0	2.73	0.850	19.2	35.8	20.1	0.63	15.7			0.370	5.06

1.5　验　槽

验槽是勘察工作中的一个必不可少的环节。天然地基的基坑（槽）开挖后，由建设、勘察、设计、施工、监理五个方面的主体单位技术负责人共同到施工现场进行验槽。

验槽的目的：检验开挖揭露的地基条件是否与勘察报告一致。如有异常情况，应提出处理措施或修改设计的建议。当与勘察报告出入较大时，应建议进行施工勘察。

1. 验槽的要求

（1）核对基槽施工位置、平面尺寸、基础埋深和槽底标高是否满足设计要求。

（2）槽底基础范围内若遇异常情况时，应结合具体地质、地形地貌条件提出处理措施。必要时可在槽底进行轻便钎探。当施工揭露的地基土条件与勘察报告有较大出入时，可有针对性地进行补充勘察。

（3）验槽后应写出检验报告，内容包括岩土描述、槽底土质平面分布图、基槽处理竣工图、现场测试记录地检验报告。验槽报告是岩土工程的重要技术档案，应做到资料齐全、计时归档。

2. 验槽的方法

验槽的方法是以肉眼观察或使用袖珍贯入仪等简易方法为主，以夯、拍或轻便勘探为辅的检验方法。

（1）观察：应重点注意柱基、墙角、承重墙下受力较大的部位。仔细观察基底土的结构、孔隙、湿度、包含物等，并与勘察资料对比，确定是否已挖到设计土层。对可疑之处应局部下挖检查。

（2）夯、拍：是用木锤、蛙式打夯机或其他施工机具对干燥的基底进行夯、拍（对潮湿和软土不宜），从夯、拍声音上判断土中是否存在空洞或墓穴。对可疑迹象应进一步采用轻便勘探仪查明。

（3）轻便勘探：是用钎探、轻便动力触探、手持式螺旋钻、洛阳铲等对地基主要持力层范围内的土层进行勘探，或对上述观察、夯、拍发现的异常情况进行探查。

钎探：采用钢钎（用Φ22~25 的钢筋做成，钎尖成 60° 锥尖，钎长 1.8~2.0 m）用 8~10 磅的锤打入土中，进行钎探，根据每打入土中 30 cm 所需的锤击数，判断地基土好坏、是否均匀一致。钎探孔一般在坑底按梅花形或行列式布置，孔距为 1~2 m。钎探完毕后，对钎探孔应灌砂处理，并应全面分析钎探记录，进行统计分析。如发现基底土质与原设计不符或有其他异常时，应及时处理。

手持螺旋钻：它是小型的螺旋钻具，钻头呈螺旋形，上接一 T 形把手，由人力旋入土中，钻杆可接长，钻探深度一般为 6 m，软土中可达 10 m，孔径约 70 mm。每钻入土中 300 mm后将钻竖直拔出，根据附在钻头上的土了解土层情况。

3. 验槽中常见工程问题的处理方法

坑底如发现有泉眼涌水，应立即堵塞（如用短木棒塞住泉眼）或排水加以处理，不得任其浸泡基坑。

对需要处理的墓穴、松土坑等，应将坑中虚土挖除到坑底和四周都见到老土为止，而后用与老土压缩性相近的材料回填；在处理暗浜等时，先把浜内淤泥杂物清除干净，而后用石块或砂土分层夯填。如浜较深，则底层用块石填平，然后再用卵石或砂土分层夯实。

基底土处理妥善后，进行基底抄平，做好垫层，再次抄平，并弹出基础墨线，以便砌筑基础。

复习参考题

1. 简述工程地质勘察的主要任务、目的。
2. 简述静力触探试验、标准贯入试验、轻便触探试验的主要测试成果及其在工程上的用途。
3. 勘察报告书包括哪些主要内容？
4. 验槽的目的是什么？

第2章 天然地基上浅基础的设计

【本章内容概要】

了解地基基础方案的类型，掌握地基基础设计的基本原则。理解基础埋置深度选择的依据条件。了解地基承载力的各种确定方法，掌握按现行《建筑地基基础设计规范》确定地基承载力的方法。理解承载力标准值、特征值的定义、掌握其计算公式。理解按地基承载力确定基底尺寸的原理和方法；理解软弱下卧层的概念，掌握其验算方法。理解刚性基础、扩展基础的常规设计方法和计算步骤。

【本章学习重点与难点】

学习重点：基础的埋置深度和地基承载力的确定、基础尺寸的设计和变形验算及各类浅基础的常规设计方法。

学习难点：扩展基础的抗冲切验算。

2.1 概 述

工程设计都是从选择方案开始的。地基基础设计方案有天然地基或人工地基上的浅基础、深基础、深浅结合的基础（如桩-筏、桩-箱基础等）。上述每种方案中各有多种基础类型和做法，可根据实际情况加以选择。

地基基础设计是建筑物结构设计的重要组成部分。基础的型式和布置，要合理地配合上部结构的设计，满足建筑物整体的要求，同时要做到便于施工、降低造价。天然地基上结构比较简单的浅基础最为经济，如能满足要求，宜优先选用。

本章将讨论天然地基上浅基础设计的各方面的问题。这些问题与土力学、工程地质学、砌体结构和钢筋混凝土结构及建筑施工课程关系密切。天然地基上浅基础设计的原则和方法，也适用于人工地基上的浅基础，只是采用后一种方案时，尚需对所选的地基处理方法进行设计，并处理好人工地基与浅基础的相互影响。

2.1.1 地基基础的设计等级

建（构）筑物的安全和正常使用，不仅取决于上部结构的安全储备，还要求地基基础有一定的安全度。因为地基基础是隐蔽工程，所以不论地基或基础哪一方面出现问题或发生破坏，很难修复，轻者影响使用，重者导致建（构）筑物破坏，甚至酿成灾害。因此，地基基础设计在建（构）筑物设计中举足轻重。根据地基复杂程度、建筑物规模和功能、特征，以及由于地基问题可能造成建筑物破坏或影响正常使用的程度，《建筑地基基础设计规范》（GB 50007—2011）将地基基础设计分为三个设计等级，设计时应根据具体情况按表 2-1 选用。

《公路桥涵地基与基础设计规范》（JTG D63—2007)中虽然没有明确地在基础设计中划分建（构）筑物安全等级，但在实际应用中是根据公路等级与桥涵跨径分类相结合的原则来区分建（构）筑物等级的。

表 2-1 地基基础设计等级

设计等级	建筑和地基类型
甲 级	重要的工业与民用建筑物 30 层以上的高层建筑 体型复杂，层数相差超过 10 层的高低层连成一体建筑物 大面积的多层地下建筑物（如地下车库、商场、运动场等） 对地基变形有特殊要求的建筑物 复杂地质条件下的坡上建筑物（包括高边坡） 对原有工程影响较大的新建建筑物 场地和地基条件复杂的一般建筑物 位于复杂地质条件及软土地区的二层及二层以上地下室的基坑工程 开挖深度大于 15m 的基坑工程 周边环境条件复杂、环境保护要求高的基坑工程
乙 级	除甲级、丙级以外的工业与民用建筑物 除甲级、丙级以外的基坑工程
丙 级	场地和地基条件简单、荷载分布均匀的七层及七层以下民用建筑及一般工业建筑；次要的轻型建筑物 非软土地区且场地地质条件简单、基坑周边环境条件简单、环境保护要求不高且开挖深度小于 5.0m 的基坑工程

2.1.2 地基基础的设计原则、荷载取值与设计内容

1. 地基基础的设计原则

基础工程设计的目的是设计一个安全、经济和可行的地基与基础，保证上部结构物的安全和正常使用。因此，基础工程的基本设计计算原则如下。

① 地基设计应具有足够的强度，满足地基承载力的要求。

② 地基与基础的变形满足建筑物正常使用的允许要求。

③ 地基与基础的整体稳定性有足够保证。

④ 基础本身有足够的强度、刚度和耐久性。

地基与基础方案的确定主要取决于地基土层的工程地质与水文地质条件、上部结构类型与荷载条件、使用要求、材料与施工技术等因素。基础方案应作不同方案的比较，选择较为适宜与合理的设计方案与施工方案。

《建筑地基基础设计规范》（GB 50007—2012）规定，地基基础的设计与计算应满足承载力极限状态和正常使用极限状态的要求。根据建筑物地基基础设计等级及长期荷载作用下地基变形对上部结构的影响程度，地基基础设计应符合以下规定。

① 所有建筑物的地基计算均应满足承载力计算的有关规定。

② 设计等级为甲级、乙级的建筑物均应按地基变形设计。

③ 建筑物情况和地基条件复杂的丙级建筑物地基，尚应做变形验算，以保证建筑物不因地基沉降影响正常使用。

④ 对经常受水平荷载作用的高层建筑高耸结构和挡土墙等,以及建造在斜坡上或边坡附近的建筑物和构筑物,尚应验算其稳定性。

⑤ 基坑工程应进行稳定性验算。

⑥ 当地下水埋藏较浅,建筑地下室或地下构筑物存在上浮问题时,尚应进行抗浮验算。

2. 地基基础的荷载取值规定

《建筑地基基础设计规范》(GB 50007—2011)规定,地基基础设计时,荷载取值应符合现行国家标准《建筑结构荷载规范》(GB 50009—2012)的规定,所采用的荷载效应最不利组合与相应的抗力限值应满足下列规定。

(1)按地基承载力确定基础底面积及埋深,或按单桩承载力确定桩数时,传至基础或承台底面上的荷载效应应按正常使用极限状态下荷载效应的标准组合。相应的抗力应采用地基承载力特征值或单桩承载力特征值。

(2)计算地基变形时,传至基础底面上的荷载效应应按正常使用极限状态下荷载效应的标准永久组合,不应计入风荷载和地震作用。相应的限值应为地基变形允许值。

(3)计算挡土墙土压力、地基或斜坡稳定及滑坡推力时,荷载效应应按承载能力极限状态下荷载效应的基本组合,但其分项系数均为1.0。

(4)在确定基础或桩台高度、支挡结构截面、计算基础或支挡结构内力、确定配筋和验算材料强度时,上部结构传来的荷载效应组合和相应的基底反力,应按承载能力极限状态下荷载效应的基本组合,采用相应的分项系数。

(5)当需要验算基础裂缝宽度时应按正常使用极限状态荷载效应标准组合。

(6)基础设计安全等级、结构设计使用年限、结构重要性系数应按有关规范的规定采用,但结构重要性系数 γ_0 不应小于1.0。

3. 地基基础设计内容和一般步骤

① 选择基础的材料、类型,确定平面布置。

② 选择基础的埋置深度,即确定地基持力层。

③ 确定地基承载力特征值。

④ 根据传至基础底面上的荷载效应和地基承载力特征值,确定基础底面积。

⑤ 根据传至基础底面上的荷载效应进行相应的地基验算(变形和稳定性验算)。

⑥ 根据传至基础底面上的荷载效应确定基础结构尺寸,进行必要的结构计算。

⑦ 绘制基础施工图。

2.2　浅基础的类型

天然地基上的浅基础,根据基础形状和大小可以分为独立基础、条形基础(包括十字交叉条形基础)、筏板基础、箱形基础等。根据基础所用材料的性能可分为刚性基础和柔性扩展基础。

2.2.1　刚性基础

刚性基础(无筋扩展基础)通常是由砖、块石、毛石、素混凝土、三合土和灰土等材料建造的且不需要配置钢筋的基础，这些材料有较好的抗压性能，但抗拉、抗剪强度不高，设计时要求限定基础的扩展宽度和基础高度的比值，以避免基础内的拉应力和剪应力超过其材料强度。相应的，基础的相对高度一般都比较大，几乎不会发生弯曲变形，习惯上称为刚性基础。

刚性基础可用于六层和六层以下（三合土基础不宜超过四层）的民用建筑和砌体承重的厂房，其特点是稳定性好、施工简便、能承受较大的荷载，主要缺点是自重大，且当基础持力层为软弱土时，由于扩大基础面积有一定限制，须对地基进行处理或加固后才能采用。对于荷载大或上部结构对沉降差较敏感的情况，当持力层为深厚软土时，刚性基础作为浅基础是不适宜的。

砖基础是应用最广泛的一种刚性基础，基剖面图如图 2-1 所示。砖基础各部分的尺寸应符合砖的模数。砖基础一般做成台阶式，俗称"大放脚"。其砌筑方式有两皮一收和二一间隔收（又称两皮一收与一皮一收相间）两种。两皮一收是每砌两皮砖，即 120 mm，收进 1/4 砖长，即 60 mm；二一间隔收是从底层开始，先砌两皮砖，收进 1/4 砖长，再砌一皮砖，收进 1/4 砖长，如此反复。

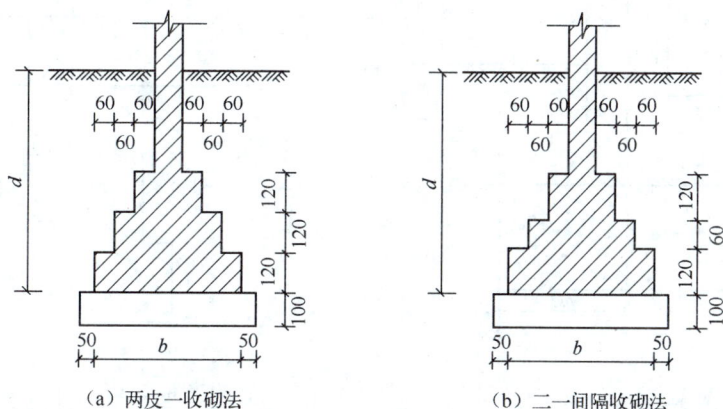

图 2-1　砖基础剖面图（单位：mm）

毛石基础是用未经人工加工的石材和砂浆砌筑而成，如图 2-2 所示。其优点是易于就地取材、价格低，但施工劳动强度大。

三合土基础是用石灰、砂、骨料（矿渣、碎砖或碎石）三合一材料加适量的水分充分搅拌均匀后，铺在基槽内分层夯实而成，如图 2-3 所示。三合土基础常用于我国南方地区，地下水位较低的四层及四层以下的民用建筑工程中。灰土基础由熟化后的石灰和黏性土按比例拌和并夯实而成，如图 2-4 所示。施工时每层需铺灰土 220～250 mm，夯实至 150 mm，称为"一步灰土"。根据需要可设计成二步灰土或三步灰土。

混凝土和毛石混凝土基础的强度、耐久性与抗冻性都优于砖石基础，因此，当荷载较大或位于地下水位以下时，可考虑选用混凝土基础，如图 2-5 所示。混凝土基础水泥用量大，造价稍高，当基础体积较大时，可设计成毛石混凝土基础。毛石混凝土基础是在浇筑混凝土过程中，掺入 20%～30%（体积比）的毛石，以节约水泥用量。由于施工质量控制较困难，使用并不广泛。

无筋扩展基础也可由两种材料叠合组成，例如，上层用砖砌体，下层用混凝土。

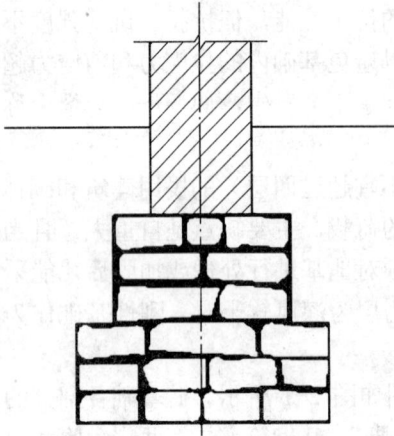

图 2-2 毛石基础

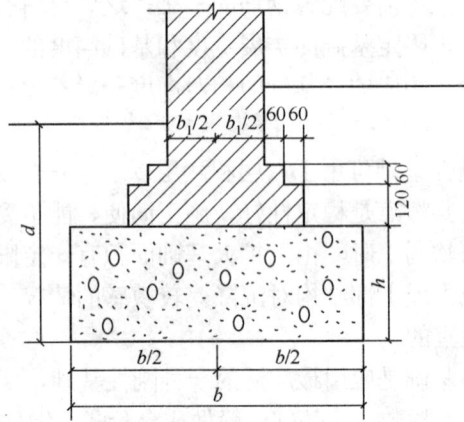

图 2-3 三合土基础（单位：mm）

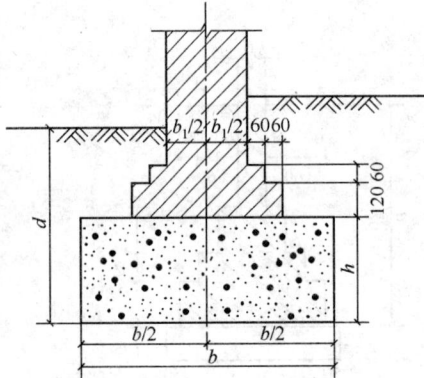

图 2-4 灰土基础

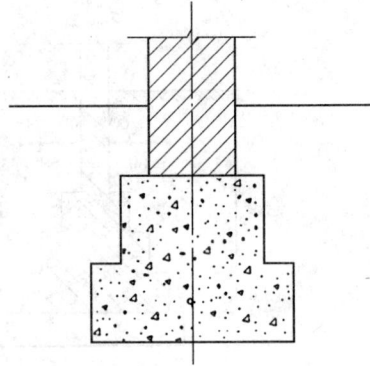

图 2-5 混凝土基础

2.2.2 钢筋混凝土扩展基础（柔性扩展基础）

当基础承受外荷载较大且存在弯矩和水平荷载作用，同时地基承载力又较低、刚性基础不能满足地基承载力和基础埋深的要求时，可以考虑采用钢筋混凝土基础。钢筋混凝土基础可用扩大基础底面积的方法来满足地基承载力的要求，而不必增加基础的埋深，能得到合适的基础埋深。钢筋混凝土基础常见的有柱下独立基础、条形基础和十字交叉条形基础、筏板与箱形基础，其整体性能较好，抗弯和抗剪性能好。

1. 柱下独立基础

柱下独立基础又称单独基础，基础截面可设计成台阶形或锥形，预制柱下一般采用杯口形基础，如图 2-6 所示。轴心受压柱下的基础底面形状一般为方形，偏心受压柱下的基础底面形状一般为矩形。桥梁基础中常把相邻两柱相连，又称作联合基础或双柱联合基础，如图 2-7 所示。房屋建筑中，当一边柱靠近建筑边线、或二柱间距较小，而出现基底面积不足或偏心过大等情况时，也采用双柱联合基础。

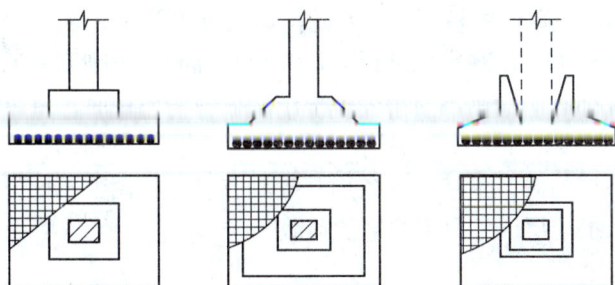

图2-6 柱下独立基础图

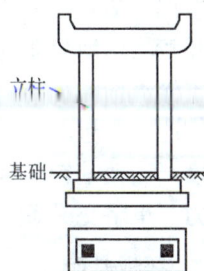

图2-7 双柱联合基础

2．条形基础

条形基础是指单向条状的基础，钢筋混凝土条形基础可分为墙下钢筋混凝土条形基础（图2-8）、柱下钢筋混凝土条形基础（图2-9）和柱下十字交叉钢筋混凝土条形基础（图2-10）。

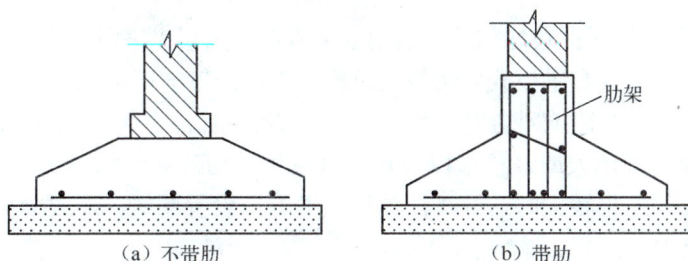

（a）不带肋 （b）带肋

图2-8 墙下钢筋混凝土条形基础

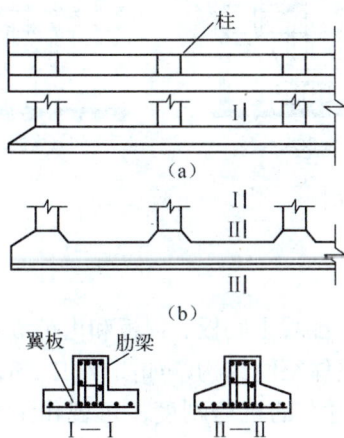

图2-9 柱下钢筋混凝土条形基础

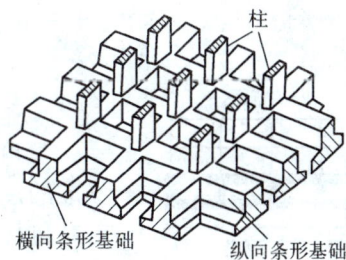

图2-10 柱下十字交叉钢筋混凝土条形基础

（1）墙下钢筋混凝土条形基础，横截面根据受力条件分为不带肋和带肋两种，其设计计算属于平面应变问题，只考虑基础横向受力发生破坏的情况。

（2）当地基承载力较低且柱下钢筋混凝土独立基础的底面积不能承受上部结构荷载作用

时，常把一个方向柱基础连成一条，形成单向的柱下条形基础，如图 2-9 所示。将承受的集中荷载较均匀地分布到条形基础底面积上，以减小地基反力，利用基础的整体刚度来调整可能产生的不均匀沉降。当单向条形基础底面积仍不能承受上部结构荷载的作用时，将纵横柱基础均连在一起，形成十字交叉条形基础，如图 2-10 所示。这种基础在纵横方向均具有一定的刚度，当地基较弱且荷载与土质不均匀时，十字交叉条形基础具有良好的调整不均匀沉降的能力。十字交叉条形基础一般可承担十层以下民用住宅的荷载。

3. 筏板基础

当荷载很大且地基土较软弱，采用十字交叉条形基础也不能满足要求时，可采用筏板基础。筏板基础类似一块倒置的楼盖，基底面积大，可减小基底压力，提高地基土的承载力，能更有效地增强基础的整体刚度，有利于调节地基的不均匀沉降，较能适应上部结构荷载分布的变化。特别是对于有地下室的房屋或大型储液结构，如水池、油库等，筏板基础是一种比较理想的基础结构。

按所支承上部结构的类型，可分为砌体结构的墙下筏板基础和框架、剪力墙结构的柱下筏板基础，如图 2-11 所示。墙下筏板基础板厚 200～300 mm，埋深较浅，适用于具有硬持力层（包括人工处理地基）、比较均匀的软弱地基上六层及六层以下承重横墙较密的民用建筑。柱下筏板基础分为平板式和梁板式。平板式筏板基础的厚度一般为 0.5～2.5 m，常根据经验确定，用于柱荷载较小和柱排列均匀、间距较小的情况，如图 2-11（a）所示。当柱荷载较大时，可将柱下板厚局部加大或设柱墩以防止筏板发生冲切破坏，如图 2-11（b）所示。当柱间距较大，柱荷载相差也较大时，可在柱轴线纵横方向设置肋梁，形成梁板式筏板基础，如图 2-11（c）、（d）所示。

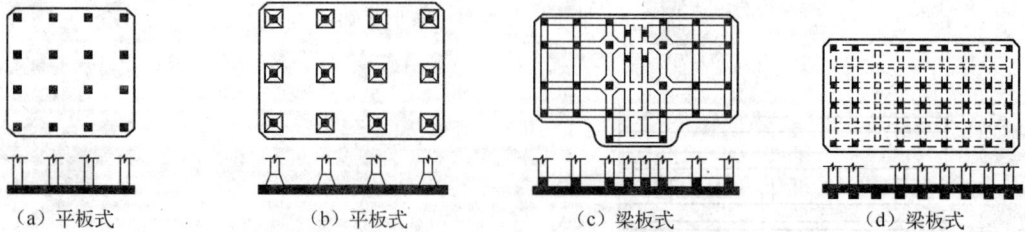

（a）平板式　　　　（b）平板式　　　　（c）梁板式　　　　（d）梁板式

图 2-11　柱下筏板基础

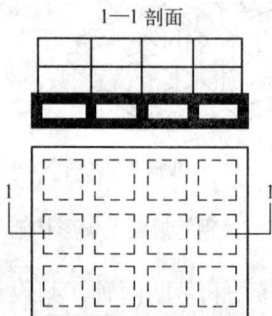

图 2-12　箱形基础

4. 箱形基础

箱形基础是由钢筋混凝土底板、顶板和内外纵横隔墙组成的，有一定高度的整体空间结构，如图 2-12 所示。箱形基础比筏板基础具有更大的抗弯刚度，可视作绝对刚性基础。箱形基础埋深较深，基础空腹，开挖卸除基底原有的自重应力，减小了作用于基础底面的附加应力，降低了基础的沉降，箱基的抗震性能较好。

除了上述各种类型外，还有壳体基础等形式，这里不再赘述。

2.3 基础的埋置深度

基础埋置深度一般是指设计地面到基础底面的距离。选择合适的基础埋置深度关系到地基的稳定性、施工的难易、工期的长短及造价的高低，是地基基础设计中的重要环节。

基础埋置深度的合理确定必须考虑建筑物的用途、基础的形式和构造、作用在地基上的荷载大小和性质、工程地质和水文地质条件、相邻建筑物的基础埋深、地基土冻胀和融陷等因素的影响，应综合加以确定。确定浅基础埋深的基本原则是：在满足地基稳定和变形要求及有关条件的前提下，基础应尽量浅埋。考虑到地表一定深度内，由于气温变化、雨水侵蚀、动植物生长及人为活动的影响，除岩石地基外，基础的最小埋置深度不宜小于 0.5 m，基础顶面应低于设计地面 0.1 m 以上，以避免基础外露，如图 2-13 所示。

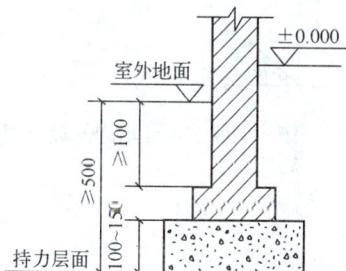

图 2-13 基础的最小埋置深度
（单位：mm）

2.3.1 建筑物的有关条件

1. 建筑功能

建筑物的使用功能和用途，常常成为基础埋深选择的先决条件。当建筑物设有地下室、带有地下设施、属于半埋式结构物等时，都需要较大的基础埋深。有地下室时，基础埋深要受地下室地面标高的影响，在平面上仅局部有地下室时，基础可按台阶形式变化埋深或整体加深，台阶的高宽比一般为 1:2，每级台阶高度不超过 0.5 m，如图 2-14 所示。在确定基础埋深时，需考虑给排水、供热等管道的标高。原则上不允许管道从基础底下通过，一般可以在基础上设洞口，且洞口顶面与管道之间要留有足够的净空高度，以防止基础沉降压裂管道，造成事故。当确定冷藏库或高温炉窑基础埋深时，应考虑热传导引起地基土因低温而冻胀或因高温而干缩的不利影响。

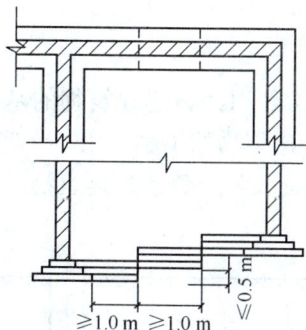

图 2-14 墙基础埋深变化时的台阶做法

2. 荷载效应

对于竖向荷载大、地震力和风力等水平荷载作用也大的高层建筑，基础埋深应适当增大，以满足稳定性要求。在抗震设防区，除岩石地基外，天然地基上的箱形基础和筏板基础埋置深度不宜小于建筑物高度的1/15，桩箱或桩筏基础的埋置深度（不计桩长）不宜小于建筑高度的1/20～1/8，位于岩石地基上的高层建筑，其基础埋深应满足抗滑要求。对于受上拔力的结构（如输电塔）基础，应有较大的埋深以满足抗拔要求，对于室内地面荷载较大或有设备基础的厂房、仓库，应考虑对基础内侧的不利作用。

中、小跨度的简支梁桥，对确定基础埋深的影响不大。但对超静定结构，基础即使发生较小的不均匀位移也会使内力产生一定的变化，如拱桥桥台。为减少可能产生的水平位移和沉降差，基础有时需设置在埋藏较深的坚实土层上。

2.3.2   工程地质条件及水文地质条件

工程地质条件是影响基础埋深的最基本条件之一。直接支承基础的土层称为持力层，其下的各土层称为下卧层。基础埋深的选择实质上就是确定基础的持力层。

当地基上层土承载力大于下层土时，宜取上层土作持力层，减小基础埋深。若上层土承载力低于下层土时，则需要区别对待。当上层软弱土较薄时，可将基础置于下层坚实土上；当上层软弱土较厚时，基础埋深应从施工难易、材料用量等方面进行分析比较决定。

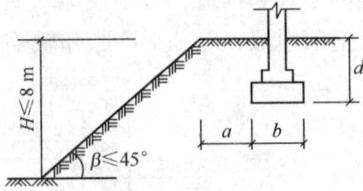

图 2-15   土坡坡顶处基础的最小埋深图

位于稳定边坡之上的拟建工程，要保证地基有足够的稳定性。如图 2-15 所示，当坡高 $H \leqslant 8$ m、坡角 $\beta \leqslant 45°$，且 $b \leqslant 3$ m、$a \geqslant 2.5$ m 时，基础埋深 d 符合下列条件，可以认为已满足稳定性要求。

条形基础：$d \geqslant (3.5b - a)\tan\beta$ （2-1）

矩形基础：$d \geqslant (2.5b - a)\tan\beta$ （2-2）

选择基础埋深时应考虑水文地质条件的影响。基础宜埋置在地下水位以上，当必须埋在地下水位以下时，应采取地基土在施工时不受扰动的措施。

当基础埋置在易风化的岩层上时，施工时应在基坑开挖后立即铺筑垫层。

在有冲刷的河流中，为了防止桥梁墩、台基础四周和基底下土层被水流淘空以致倒塌，基础必须埋置在设计洪水最大冲刷线以下一定深度，以保证基础的稳定性。基础在设计洪水冲刷总深度以下的最小埋深与河床地层的抗冲刷能力、计算设计流量的可靠性、选用计算冲刷深度的方法、桥梁的重要性和破坏后修复的难易程度等因素有关。其确定可参阅有关的设计手册与规范。

2.3.3   相邻建筑物基础埋深的影响

在城市建筑密集的地方，为保证原有建筑物的安全和正常使用，新建建筑物的基础埋深不宜深于原有建筑物基础的埋深，并应考虑新加荷载对原有建筑物的不利作用。当新建建筑物荷重大、楼层高、基础埋深要求大于原有建筑物基础埋深时，为避免新建建筑物对原有建筑物的影响，设计时应考虑与原有基础保持一定的净距，如图 2-16 所示。距离大小根据原有建筑荷载大小、土质情况和基础形式确定，一般可取相邻基础底面高差的 1～2 倍，即 $L \geqslant (1\sim 2)\Delta H$。当不能满足净距方面的要求时，应采取分段施工，或设临时支撑、打板桩、地下连续墙等措施，或加固原有建筑物地基。

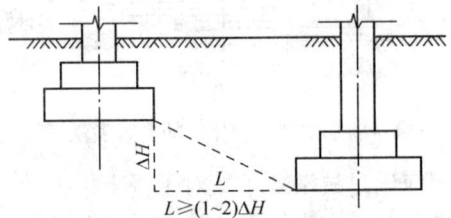

图 2-16   相邻建筑基础的埋深

2.3.4   地基冻融条件的影响

季节性冻土，是指一年内冻结与解冻交替出现的土层，在全国分布很广，季节性冻土层厚度在 0.5 m 以上，最厚达 3 m。

如果基础埋于冻胀土内，当冻胀力和冻切力足够大时（图 2-17），就会导致建筑物发生不均匀的上抬，导致门窗不能开启，严重时墙体开裂；当温度升高解冻时，冰晶体融化，含水率增大，土的强度降低，使建筑物产生不均匀的沉陷。在气温低，冻结深度大的地区，由于冻害使墙体开裂的情况较多，应引起足够的重视。

影响冻胀的因素主要是土的情况、土中含水率的多少及地下水补给条件。对于黏粒含量很少的细砂以上的土，孔隙集中、毛细作用极小，基本不存在冻胀问题，在相同条件下，黏性土的冻胀就不容忽视。《建筑地基基础设计规范》根据冻土层的平均冻胀率的大小，把地基土冻胀性分为不冻胀、弱冻胀、冻胀、强冻胀和特强冻胀五个等级，见表 2-2。

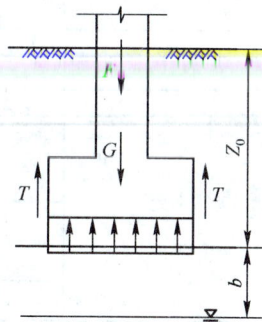

图 2-17　作用在基础上的冻胀力 P 和冻切力 T

表 2-2　地基土冻胀性分类

土 的 名 称	冻前天然含水率 w /%	冻结期间地下水位低于冻深的最小距离/m	平均冻胀率 η/%	冻胀等级	冻胀类别
碎（卵）石，砾、粗、中砂（粒径小于 0.075 mm，颗粒含量大于 15%），细砂（粒径小于 0.075 mm，颗粒含量大于 10%）	$w \leq 12$	>1.0	$\eta \leq 1$	I	不冻胀
		≤ 1.0	$1 < \eta \leq 3.5$	II	弱冻胀
	$12 < w \leq 18$	>1.0			
		≤ 1.0	$3.5 < \eta \leq 6$	III	冻胀
	$w > 18$	>0.5			
		≤ 0.5	$6 < \eta \leq 12$	IV	强冻胀
粉砂	$w \leq 14$	>1.0	$\eta \leq 1$	I	不冻胀
		≤ 1.0	$1 < \eta \leq 3.5$	II	弱冻胀
	$14 < w \leq 19$	>1.0			
		≤ 1.0	$3.5 < \eta \leq 6$	III	冻胀
	$19 < w \leq 23$	>1.0			
		≤ 1.0	$6 < \eta \leq 12$	IV	强冻胀
	$w > 23$	不考虑	$\eta > 12$	V	特强冻胀
粉土	$w \leq 19$	>1.5	$\eta \leq 1$	I	不冻胀
		≤ 1.5	$1 < \eta \leq 3.5$	II	弱冻胀
	$19 < w \leq 22$	>1.5			
		≤ 1.5	$3.5 < \eta \leq 6$	III	冻胀
	$22 < w \leq 26$	>1.5			
		≤ 1.5	$6 < \eta \leq 12$	IV	强冻胀
	$26 < w \leq 30$	>1.5			
		≤ 1.5	$\eta > 12$	V	特强冻胀
	$w > 30$	不考虑			
黏性土	$w \leq w_p + 2$	>2.0	$\eta \leq 1$	I	不冻胀
		≤ 2.0	$1 < \eta \leq 3.5$	II	弱冻胀
	$w_p + 2 < w \leq w_p + 5$	>2.0			

土 的 名 称	冻前天然含水率 w /%	冻结期间地下水位低于冻深的最小距离/m	平均冻胀率 η/%	冻胀等级	冻胀类别
黏性土	$w_p+2<w\leqslant w_p+5$	≤2.0	$3.5<\eta\leqslant6$	III	冻胀
		>2.0			
	$w_p+5<w\leqslant w_p+9$	≤2.0	$6<\eta\leqslant12$	IV	强冻胀
		>2.0			
	$w_p+9<w\leqslant w_p+15$	≤2.0	$\eta>12$	V	特强冻胀
	$w>w_p+15$	不考虑			

注：① w_p 为塑限含水率，%；w 为在冻土层内冻前天然含水率的平均值。

② 盐渍化冻土不在表列。

③ 塑性指数大于 22 时，冻胀性降低一级。

④ 粒径小于 0.005 mm 的颗粒含量大于 60% 时，为不冻胀土。

⑤ 碎石类土当充填物大于全部质量的 40% 时，其冻胀性按充填物土的类别判断。

⑥ 碎石土、砾砂、粗砂、中砂（粒径小于 0.075 mm，颗粒含量不大于 15%）、细砂（粒径小于 0.075 mm，颗粒含量不大于 10%）均按不冻胀考虑。

对于冻胀性地基，基础最小埋深应满足：

$$d_{min}=Z_d-h_{max} \tag{2-3}$$

$$Z_d=Z_0\cdot\psi_{zs}\cdot\psi_{zw}\cdot\psi_{ze} \tag{2-4}$$

式中，　　　Z_d——设计冻深；

Z_0——地区标准冻深，按《建筑地基基础设计规范》（GB 50007—2011）采用；

ψ_{zs}、ψ_{zw}、ψ_{ze}——影响系数，分别按表2-3、表2-4、表2-5确定；

h_{max}——基础底面下允许残留冻土层的最大厚度，按表2-6采用。

表2-3　土的类别对冻深的影响系数

土 的 类 别	影响系数 ψ_{zs}	土 的 类 别	影响系数 ψ_{zs}
黏性土	1.00	中、粗、砾砂	1.30
细砂、粉砂、粉土	1.20	碎石土	1.40

表2-4　土的冻胀性对冻深的影响系数

冻 胀 性	影响系数 ψ_{zw}	冻 胀 性	影响系数 ψ_{zw}
不冻胀	1.00	强冻胀	0.85
弱冻胀	0.95	特强冻胀	0.80
冻胀	0.90	—	—

表2-5　环境对冻深的影响系数

周围环境	影响系数 ψ_{ze}	周围环境	影响系数 ψ_{ze}
村、镇、旷野	1.00	城市市区	0.90
城市近郊	0.95	—	—

注：环境对冻深的影响系数一项，当城市市区人口为 20 万～50 万时，按城市近郊取值；当城市市区人口大于 50 万且小于或等于 100 万时，按城市市区取值；当城市市区人口超过 100 万时，按城市市区取值，5 km 以内的郊区应按城市近郊取值。

表 2-6　建筑基底下允许残留冻土层的最大厚度 h_{max}　　　　单位：m

冻胀性	基础形式	采暖情况	基底平均压力（kPa）下的残留冻土层厚度						
			90	110	130	130	170	190	210
弱冻胀土	方形基础	采暖	—	0.94	0.99	1.04	1.11	1.15	1.20
		不采暖	—	0.78	0.84	0.91	0.97	1.04	1.10
	条形基础	采暖		>2.50	>2.50	>2.50	>2.50	>2.50	>2.50
		不采暖		2.20	2.50	>2.50	>2.50	>2.50	>2.50
冻胀土	方形基础	采暖		0.64	0.70	0.75	0.81	0.86	
		不采暖		0.55	0.60	0.65	0.69	0.74	
冻胀土	条形基础	采暖		1.55	1.79	2.03	2.26	2.50	
冻胀土	条形基础	不采暖		1.15	1.35	1.55	1.75	1.95	
强冻胀土	方形基础	采暖		0.42	0.47	0.51	0.56	—	—
		不采暖		0.36	0.40	0.43	0.47		
强冻胀土	条形基础	采暖		0.74	0.88	1.00	1.13	—	—
		不采暖		0.56	0.66	0.75	0.84		
特强冻胀土	方形基础	采暖	0.30	0.34	0.38	0.41	—	—	
		不采暖	0.24	0.27	0.31	0.34			
	条形基础	采暖	0.43	0.52	0.61	0.70			
		不采暖	0.33	0.40	0.47	0.53			

注：① 本表只计算法向冻胀力，如果基侧存在切向冻胀力，应采取防切向力措施。
　　② 本表不适用于宽度小于 0.6 m 的基础，矩形基础可取短边尺寸按方形基础计算。
　　③ 表中数据不适用于淤泥、淤泥质土和欠固结土。
　　④ 表中基底平均压力数值为永久荷载标准值乘以 0.9，可以内插。

2.3.5　补偿性基础

在软弱地基上建造采用浅基础的高层建筑时，常常会遇到地基承载力或地基沉降不满足要求的情况。采用补偿性基础设计是解决这一问题的有效途径之一。

补偿性基础，是指通过增加建筑物的基础埋深，利用建筑物的重力使得产生的基底压力（扣除地下水的浮托力）等于该处原有的土体自重应力，即建筑物（包括基础上覆土）的全部质量替换了开挖基坑移去的土体质量（旧称重量）。这样，就不会改变地基内原有的应力状态。建筑物的沉降是与基底附加压力成比例的。理论上，当基底附加压力为零时，建筑物的沉降也为零。按照上述原理进行的地基基础设计，可称为补偿性基础设计，这样的基础，称为补偿性基础。当基底实际平均压力 p（已扣除水的浮力）等于基底平面处土的自重应力 σ_c 时，称全补偿性基础；p 小于 σ_c，称超补偿；p 大于 σ_c，称为欠补偿。

只要把建筑物的基础或地下部分做成中空、封闭的形式，那么被挖去的土重就可以用来补偿上部结构的部分甚至全部质量。箱形基础和具有地下室的筏形基础是常见的补偿性基础类型。迄今为止，国外已成功地在深厚的软土地基上采用补偿性基础建造了不少高层建筑。例如，美国纽约的 Albany 电话大楼，上部结构为 11 层，由于电话交换系统对沉降很敏感，要求建筑物不能有不均匀沉降。经过方案比较，最后采用了筏板基础上设置 3 层地下室的补偿性基础方案。

虽然补偿性基础设计使得基底附加压力 p_0 大为减小，由 p_0 产生的地基沉降自然也大大减小，甚至可以不予考虑，但基础仍然存在沉降问题，因为在深基坑开挖过程中所产生的坑底回弹及随后修筑基础和上部结构的再加荷可能引起显著的沉降。

2.4   地基承载力的确定

地基承载力，是指地基承受荷载的能力，地基基础设计首先必须保证荷载作用下地基应具有足够的安全度。在保证地基稳定的条件下，使建筑物的沉降量不超过允许值的地基承载力称为地基承载力特征值。地基承载力特征值可由荷载试验或其他原位测试、公式计算并结合工程实践经验等方法综合确定。

1. 按地基荷载试验确定

荷载试验主要有浅层平板荷载试验和深层平板荷载试验。浅层平板荷载试验的承压板面积不应小于 0.25 m²，对于软土不应小于 0.5 m²，可测定浅部地基土层在承压板下应力主要影响范围内的承载力。深层平板荷载试验的承压板一般采用直径为 0.8 m 的刚性板，紧靠承压板周围外侧的土层高度应不少于 80 cm，可测定深部地基土层在承压板下应力主要影响范围内的承载力。

对于密实砂土、硬塑黏土等低压缩性土，荷载试验成果 p—s 曲线通常有比较明显的起始直线段和极限值，即呈急进破坏的"陡降型"，如图 2-18（a）所示。对于松砂、填土、可塑黏土等中、高压缩性土，其 p—s 曲线往往无明显的转折点，呈现渐进破坏的"缓变型"，如图 2-18（b）所示。由于中、高压缩性土的沉降量较大，其承载力特征值一般受允许沉降量控制。

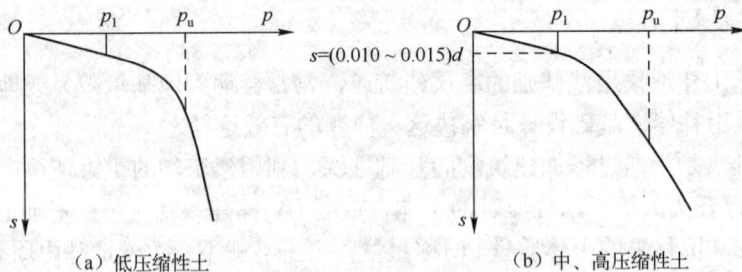

（a）低压缩性土   （b）中、高压缩性土

图 2-18　按荷载试验确定地基承载力

根据荷载试验成果 p—s 曲线确定承载力特征值 f_{ak} 的规定如下。

① 当 p—s 曲线上有比例界限时，取该比例界限所对应的荷载值。

② 当极限荷载小于比例界限荷载值的 2 倍时，取其极限荷载值的一半。

③ 当不能按以上方法确定时，可取 $s/d = 0.01 \sim 0.015$ 所对应的荷载值，但其值不应大于最大加载量的一半。

④ 同一土层参加统计的试验点不应少于三点，当试验实测值的极差不超过其平均值的 30% 时，取其平均值作为该土层的地基承载力特征值 f_{ak}。

2．按动力、静力触探等原位测试方法确定

除静荷载试验外，还有动力触探、静力触探、十字板剪切试验和旁压试验等方法。动力触探有轻型（N_{10}）、重型（$N_{63.5}$）和超重型（N_{120}）之分，静力触探有单桥探头和双桥探头之分，各地应以荷载试验数据为基础，积累和建立相应的测试数据与地基承载力的相关关系。这种相关关系具有地区性、经验性，对于大量建设的丙级地基基础是非常适用、经济和迅速的，对于设计等级为甲、乙级的地基基础应按确定承载力特征值的多种方法综合确定。当基础宽度大于 3 m 或埋置深度大于 0.5 m 时，从荷载试验或其他原位测试方法等确定的地基承载力特征值 f_{ak}，应考虑基础埋深（超载）和基底尺寸的效应，《建筑地基基础设计规范》（GB 50007—2011）规定应按下式进行修正：

$$f_a = f_{ak} + \eta_b \gamma (b-3) + \eta_d \gamma_m (d-0.5) \tag{2-5}$$

式中，f_a——修正后的地基承载力特征值；

$\quad\quad f_{ak}$——地基承载力特征值；

$\quad \eta_b$、η_d——基础宽度和埋深的地基承载力修正系数，按基底下土的类别查表 2-7 得到；

$\quad\quad \gamma$——基底以下土的重度，地下水位以下取有效重度；

$\quad\quad b$——基础底面宽度，当基底宽度小于 3 m 时按 3 m 考虑，大于 6 m 时按 6 m 考虑；

$\quad\quad \gamma_m$——基础底面以上土的加权平均重度，地下水位以下取有效重度；

$\quad\quad d$——基础埋置深度，一般自室外地面标高算起，在填方整平地区，可自填土地面标高算起，但填土在上部结构施工后完成时，应从天然地面标高算起。对于地下室，如采用箱形基础或筏基时，基础埋置深度自室外地面标高算起，当采用独立基础或条形基础时，应从室内地面标高算起。

表 2-7　地基承载力修正系数

土 的 类 别		η_b	η_d
淤泥和淤泥质土		0	1.0
人工填土 e 或 $I_L \geqslant 0.85$ 的黏性土		0	1.0
红黏土	含水比 $a_w > 0.8$	0	1.2
	含水比 $a_w \leqslant 0.8$	0.15	1.4
大面积压实填土	压实系数大于 0.95、黏粒含量 $\rho_c \geqslant 10\%$ 的粉土	0	1.5
	最大干密度大于 2 100 kg/m³ 的级配砂石	0	2.0
粉土	黏粒含量 $\rho_c \geqslant 10\%$ 的粉土	0.3	1.5
	黏粒含量 $\rho_c < 10\%$ 的粉土	0.5	2.0
e 及 I_L 均小于 0.85 的黏性土		0.3	1.6
粉砂、细砂（不包括很湿与饱和时的稍密状态）		2.0	3.0
中砂、粗砂、砾砂和碎石土		3.0	4.4

注：① 强风化的岩石可参照所风化成的相应土类取值。

　　② 含水比 $a_w = w/w_L$，其中 w 为土的天然含水率，w_L 为土的液限。

【例2-1】在 $e = 0.727$，$I_L = 0.50$，$f_{ak} = 240.7$ kPa 的黏性土上修建一基础，其埋深为 1.5 m，底宽为 2.5 m，埋深范围内土的重度 $\gamma_m = 17.5$ kN/m³，基底下土的重度 $\gamma = 18$ kN/m³，试确定

该基础的地基承载力设计值。

解： 基底宽度小于 3 m，不作宽度修正。因该土的孔隙比及液性指数均小于 0.85，查表 2-7 得 $\eta_d = 1.6$，故地基承载力设计值为：

$$f_a = f_{ak} + \eta_b \gamma (b-3) + \eta_d \gamma_m (d-0.5)$$
$$= 240.7 + 1.6 \times 17.5 \times (1.5 - 0.5)$$
$$= 268.7(\text{kPa}) > 1.1\text{kPa}$$

3. 按规范推荐的土体强度理论公式确定

《建筑地基基础设计规范》规定对于重要建筑物需进行地基稳定验算，并建议当荷载偏心距小于或等于 0.033 倍基础底面宽度时，根据土的抗剪强度指标确定地基承载力，可按下式计算：

$$f_a = M_b \gamma \cdot b + M_d \gamma_m d + M_c c_k \tag{2-6}$$

式中，
$\qquad f_a$ ——由土的抗剪强度指标确定的地基承载力设计值；

M_b、M_d、M_c ——承载力系数，由土的内摩擦角标准值 φ_k 查表 2-8 确定；

$\qquad b$ ——基础底面宽度，m，大于 6 m 时按 6 m 取值，对于砂土小于 3 m 时按 3 m 取值；

$\qquad d$ ——基础埋置深度，m；

$\qquad \gamma$ ——基础底面以下土的重度，地下水位以下取有效重度，kN/m³；

$\qquad \gamma_m$ ——基础底面以上土的加权平均重度，地下水位以下取有效重度，kN/m³；

$\qquad c_k$ ——基底下一倍基宽深度内土的黏聚力标准值。

式（2-6）与 $p_{1/4}$ 公式稍有差别。根据砂土地基的荷载试验资料，按 $p_{1/4}$ 公式计算的结果偏小较多，因此对于砂土地基，当 b 小于 3 m 时按 3 m 计算；当 $\varphi_k \geqslant 24°$ 时，采用比 M_b 的理论值大的经验值。对偏心距的限制，主要是避免基底压力分布很不均匀的情况出现。

按土的抗剪强度确定的地基承载力特征值没有考虑建筑物对地基变形的要求，因此在基础底面尺寸确定后，还应进行地基变形验算。按理论公式计算地基承载力时，对计算结果影响最大的是土的抗剪强度指标 φ_k 的取值。

表 2-8　承载力系数 M_b、M_d、M_c

土的内摩擦角标准值 $\varphi_k/(°)$	M_b	M_d	M_c	土的内摩擦角标准值 $\varphi_k/(°)$	M_b	M_d	M_c
0	0	1.00	3.14	22	0.61	3.44	6.04
2	0.03	1.12	3.32	24	0.80	3.87	6.45
4	0.06	1.25	3.51	26	1.10	4.37	6.90
6	0.10	1.39	3.71	28	1.40	4.93	7.40
8	0.14	1.55	3.93	30	1.90	5.59	7.95
10	0.18	1.73	4.17	32	2.60	6.35	8.55
12	0.23	1.94	4.42	34	3.40	7.21	9.22
14	0.29	2.17	4.69	36	4.20	8.25	9.97
16	0.36	2.43	5.00	38	5.00	9.44	10.83

续表

土的内摩擦角标准值 $\varphi_k/(°)$	M_b	M_d	M_c	土的内摩擦角标准值 $\varphi_k/(°)$	M_b	M_d	M_c
18	0.43	2.72	5.31	40	5.80	10.81	11.73
20	0.51	3.06	5.66				

注：φ_k—基底下一倍短边宽度的深度范围内土的内摩擦角标准值，（°）。

对于设计等级为丙级中的次要、轻型建筑物，可根据临近建筑物的经验来确定地基承载力特征值。还可采用地基极限荷载作为地基承载力计算公式，即：

$$f \leqslant p_u / K \qquad (2\text{-}7)$$

式中，p_u——地基极限荷载；

　　　　K——安全系数。

【例 2-2】　某场地地基如图 2-19 所示，试按理论公式计算地基承载力。

解：根据持力层粉土 $\varphi_k = 22°$，查表 2-8，得：

$$M_b = 0.61，\quad M_d = 3.44，\quad M_c = 6.04$$

$$
\begin{aligned}
f_a &= M_b \gamma b + M_d \gamma_m d + M_c c_k \\
&= 0.61 \times (18.1 - 10) \times 1.5 + 3.44 \times \frac{17.8 \times 1.0 + (18.1 - 10) \times 0.5}{1 + 0.5} \times 1.5 + 6.04 \times 1.0 \\
&= 7.41 + 75.16 + 6.04 = 88.6 (\text{kPa})
\end{aligned}
$$

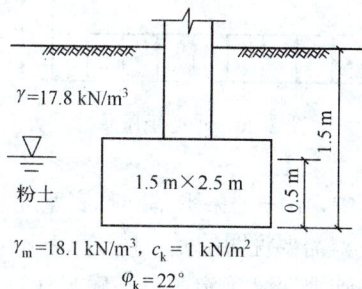

图 2-19　某场地地基

在初步选择基础类型和埋深后，就可以根据持力层的承载力特征值计算基础底面尺寸。如果地基受力层范围内存在着承载力明显低于持力层的下卧层，则所选择的基底尺寸尚须满足对软弱下卧层验算的要求。

2.5　基础尺寸设计

2.5.1　按持力层地基承载力计算

1. 轴心受压基础

当基础承受轴心荷载作用时，地基反力为均匀分布，如图 2-20 所示，按地基持力层承载力计算基底尺寸时，要求基底压力满足下式要求：

$$p_k = \frac{F_k + G_k}{A} \leqslant f_a \qquad (2\text{-}8)$$

式中，f_a——修正后的地基持力层承载力特征值；

　　　p_k——相应于荷载效应标准组合时，基础底面处的平均压力值；

　　　A——基础底面面积；

　　　F_k——相应于荷载效应标准组合时，上部结构传至基础顶面的竖向力值；

　　　G_k——基础自重和基础上的土重，一般实体基础，可近似地取 $G_k = \gamma_G A d$（γ_G 为基础

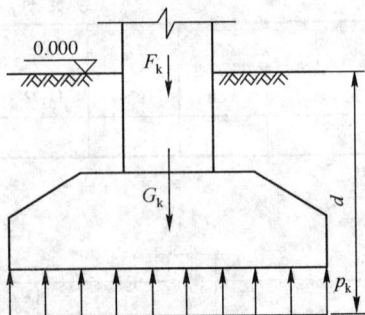

图 2-20　轴心受压基础

及回填土的平均重度，可取 $\gamma_G = 20\ kN/m^3$），但在地下水位以下部分应扣去浮力。

根据式（2-8）确定基础底面尺寸时，基础底面积应满足：

$$A \geqslant \frac{F_k}{f_a - \gamma_G d} \qquad (2-9)$$

对条形基础，沿基础长度方向取单位长度（1 m）计算，故上式可改写为：

$$b \geqslant \frac{F_k}{f_a - \gamma_G d} \qquad (2-10)$$

式中，b——条形基础基底宽度。

需要说明的是，按式（2-8）、式（2-9）和式（2-10）计算时，承载力特征值 f_a 只能先按基础埋深 d 确定。待基底尺寸算出之后，再看基底宽度 b 是否超过 3.0 m，若 $b > 3.0$ m 时，需重新修正承载力特征值，再验算基底尺寸是否满足地基承载力要求。

2. 偏心受压基础

在确定浅基础的基底尺寸时，可暂不考虑基础底面的水平荷载，仅考虑基底形心处的竖向荷载和力矩。设基础底面压力按直线变化（图 2-21），则基底最大和最小压力设计值可按下式计算：

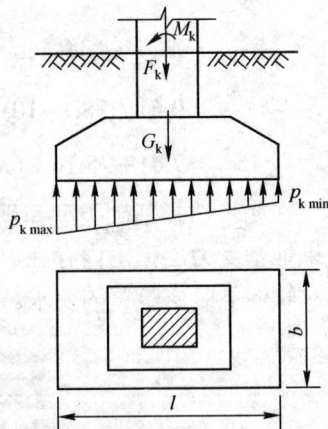

$$\left.\begin{array}{c} p_{k\,max} \\ p_{k\,min} \end{array}\right\} = \frac{F_k + G_k}{A} \pm \frac{M}{W} \qquad (2\text{-}11a)$$

对矩形基础，也可按下式计算：

$$\left.\begin{array}{c} p_{k\,max} \\ p_{k\,min} \end{array}\right\} = \frac{F_k + G_k}{A}\left(1 \pm \frac{6e}{l}\right) \qquad (2\text{-}11b)$$

式中，e——偏心距，m，$e = \dfrac{M}{F_k + G_k}$；

图 2-21　偏心受压基础

M——基础所有荷载对基底形心的和力矩。

承受偏心荷载作用的基础，除应符合式（2-8）的要求外，尚应符合下式的要求：

$$p_{k\,max} \leqslant 1.2 f_a \qquad (2\text{-}12)$$

根据按承载力计算的要求，在确定基底尺寸时，可按下述步骤进行。

（1）进行深度修正，初步确定地基承载力设计值 f_a。

（2）根据偏心情况，将按轴心荷载作用计算得到的基底面积增大 10%～40%。

（3）对矩形基础选取基底长边 l 与短边 b 的比值 n（一般取 $n \leqslant 2$），可初步确定基底长边和短边尺寸。

（4）考虑是否应对地基土承载力进行宽度修正。如果需要，在承载力修正后，重复上述步骤（2）～（3），使所取宽度前后一致。

（5）计算基底最大压力设计值，并应符合式（2-12）的要求。

（6）通常，基底最小压力的设计值不应出现负值，即要求偏心距 $e \leqslant 1/6$ 或 $p_{k\min} \geqslant 0$，只是低压缩性土或短暂作用的偏心荷载时，才可放宽至 $e = l/4$。

（7）若 l、b 取值不适当（太大或太小），可调整尺寸，重复步骤（5）、（6），重新验算。如此反复一两次，便可定出合适的尺寸。

【例 2-3】 试确定图 2-22 所示的某框架柱下基础底面尺寸。

解：（1）试估基础底面积。

深度修正后的持力层承载力特征值：

$$f_a = f_{ak} + \eta_d \gamma_m (d - 0.5) = 200 + 1.0 \times 16.5 \times (2 - 0.5)$$
$$= 200 + 24.75 = 224.75 (kPa)$$

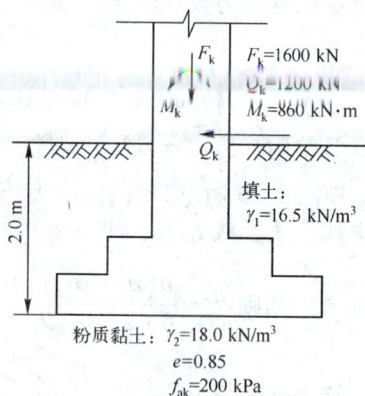

图 2-22　某框架柱下基础

$$A = (1.1 \sim 1.4) \frac{F_k}{f_a - \gamma_G d}$$
$$= (1.1 \sim 1.4) \times \frac{1\,600}{224.75 - 20 \times 2.0} = (9.5 \sim 12)(m^2)$$

由于力矩较大，底面尺寸可取大些，取 $b = 3.0$ m，$l = 4.0$ m。

（2）计算基底压力。

$$p_k = \frac{F_k}{bl} + \gamma_G d = \frac{1\,600}{3 \times 4} + 20 \times 2 = 173.3 (kPa)$$

$$p_{k\max}_{k\min} = p_k \pm \frac{M_k}{W} = 173.3 \pm \frac{860 + 120 \times 2}{3 \times 4^2 / 6} = \frac{310.8}{35.8}(kPa)$$

（3）验算持力层承载力。

$$p_k = 173.3 kPa < f_a = 224.8 kPa$$
$$p_{k\max} = 310.8 kPa > 1.2 f_a = 1.2 \times 224.8 = 269.8 kPa$$

不满足要求。

（4）重新调整基底尺寸再验算，取 $l = 4.5$ m，则：

$$p_k = \frac{1\,600}{3 \times 4.5} + 20 \times 2 = 158.5 (kPa) < f_a = 224.8 kPa$$

$$p_{k\max} = p_k + \frac{860 + 120 \times 2}{3 \times 45^2 / 6} = 158.5 + 108.6 = 267.1 (kPa) < 1.2 f_a = 269.8 kPa$$

因此 $l = 4.5$ m，$b = 3.0$ m，满足要求。

2.5.2　软弱下卧层承载力验算

在多数情况下，随着深度的增加，同一土层的压缩性降低，抗剪强度和承载力提高。但在成层地基中，有时却可能遇到软弱下卧层。如果在持力层以下的地基范围内，存在压缩性高、抗剪强度和承载力低的土层，则除按持力层承载力确定基底尺寸外，尚应对软弱下卧层进行验算。要求软弱下卧层顶面处的附加应力设计值 σ_z 与土的自重应力 σ_{cz} 之和不超过软弱下卧层的承载力设计值 f_{az}，即：

$$\sigma_z + \sigma_{cz} \leqslant f_{az} \tag{2-13}$$

式中，f_{az}——软弱下卧层顶面处经深度修正后的地基承载力，kPa。

计算附加应力 σ_z 时，一般按压力扩散角的原理考虑，如图 2-23 所示。当上部土层与软弱下卧层的压缩模量比值大于或等于 3 时，σ_z 可按下式计算：

条形基础 $\sigma_z = \dfrac{b(p_k - \sigma_{cd})}{b + 2z \cdot \tan\theta}$ (2-14)

矩形基础 $\sigma_z = \dfrac{lb(p_k - \sigma_{cd})}{(l + 2z \cdot \tan\theta)(b + 2z \cdot \tan\theta)}$ (2-15)

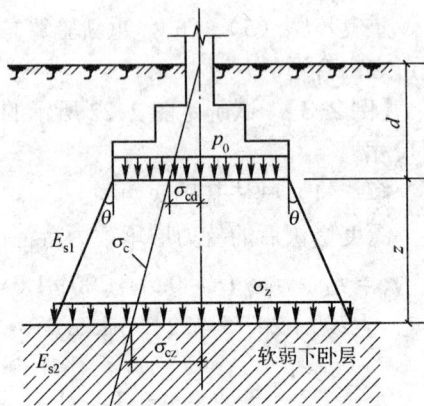

图 2-23　软弱下卧层承载力验算

式中，p_k——基础底面平均压力设计值，kPa；

σ_{cd}——基础底面处土的自重应力，kPa；

b——条形和矩形基础底面宽度，m；

l——矩形基础底长度，m；

z——基础底面至软弱下卧层顶面的距离，m；

θ——地基压力扩散线与垂线的夹角，（°），按表 2-9 采用。

表 2-9 未列出 $E_{s1}/E_{s2} < 3$ 的资料。对此，可认为：当 $E_{s1}/E_{s2} < 3$ 时，意味着下层土的压缩模量与上层土的压缩模量差别不大，即下层土不"软弱"；当 $E_{s1} = E_{s2}$ 时，不存在软弱下卧层。

表 2-9 同时适用于条形基础和矩形基础，二者的压力扩散角差别一般小于 2°。当基础底面为偏心受压时，可取基础中心点的压力作为扩散前的平均压力。

表 2-9　地基压力扩散角 θ

E_{s1}/E_{s2}	$z = 0.25b$	$z = 0.5b$
3	6°	23°
5	10°	25°
10	20°	30°

注：① E_{s1} 为上层土的压缩模量；E_{s2} 为下层土的压缩模量。

② $z < 0.25b$ 时一般取 $\theta = 0°$，必要时，宜由试验确定；$z > 0.50b$ 时 θ 值不变。

如果软弱下卧层的承载力不满足要求，则该基础的沉降可能较大，或者可能产生剪切破坏。这时应考虑增大基础底面尺寸，或改变基础类型，减小埋深。如果这样处理后仍未能符合要求，则应考虑采用其他地基基础方案。

【例 2-4】　如图 2-24 中的柱下矩形基础底面尺寸为 5.4 m×2.7 m，试根据图中各项参数验算持力层和软弱下卧层的承载力是否满足要求。

解：（1）持力层承载力验算。

先对持力层承载力特征值 f_{ak} 进行修正。查表 2-8，得 $\eta_b = 0$、$\eta_d = 1.0$，由式（2-5），得：

$$f_a = 209 + 1.0 \times 18.0 \times (1.8 - 0.5) = 232.4 (kPa)$$

基底处的总竖向力为：

$F_k + G_k = 1\,800 + 220 + 20 \times 2.7 \times 5.4 \times 1.8 = 2\,545\text{(kN)}$

基底处的总力矩为：

$M_k = 950 \times 180 \times 1.2 + 220 \times 0.62 = 1\,302\text{(kN · m)}$

基地平均压力为：

$$p_k = \frac{F_k + G_k}{A} = 2545 / (2.7 \times 5.4)$$

$= 174.6\text{(kPa)} < f_a = 232.4\text{kPa}$，满足要求。

偏心距为：

$$e = \frac{M_k}{F_k + G_k} = \frac{1\,302}{2\,545} = 0.512\text{(m)} < \frac{b}{6} = 0.9\text{m}$$

满足要求。

基底最大压力为：

$$p_{k\,max} = p_k\left(1 + \frac{6e}{b}\right) = 174.6 \times \left(1 + \frac{6 \times 0.512}{5.4}\right)$$

$$= 273.9\text{(kPa)} < 1.2 f_a = 278.9\text{kPa}$$

满足要求。

（2）软弱下卧层承载力验算。

由 $E_{s1}/E_{s2} = 7.5/2.5 = 3$，$z/b = 2.5/2.7 > 0.50$（说明，本例中上部结构荷载有弯矩作用，下卧层验算查表求扩散角时取基底短边长 l），查表 2-9 得 $\theta = 23°$，$\tan\theta = 0.424$。下卧层顶面处的附加应力为：

$$\sigma_z = \frac{lb(p_k - \sigma_{cd})}{(l + 2z\tan\theta)(b + 2z\tan\theta)}$$

$$= \frac{5.4 \times 2.7 \times (174.6 - 18.0 \times 1.8)}{(5.4 + 2 \times 2.5 \times 0.424)(2.7 + 2 \times 2.5 \times 0.424)} = 57.2\text{(kPa)}$$

下卧层顶面处的自重应力为：

$$\sigma_{cz} = 18.0 \times 1.8 + (18.7 - 10) \times 2.5 = 54.2\text{(kPa)}$$

下卧层承载力特征值为：

$$\gamma_m = \frac{\sigma_{cz}}{d + z} = \frac{54.2}{4.3} = 12.6\text{(kN/m}^3)$$

$$f_{az} = 75 + 1.0 \times 12.6 \times (4.3 - 0.5) = 122.9\text{(kPa)}$$

$$\sigma_{cz} + \sigma_z = 54.2 + 57.2 = 111.4\text{(kPa)} < f_{az}$$

满足要求。

经验算，基础底面尺寸满足持力层与软弱下卧层承载力要求。

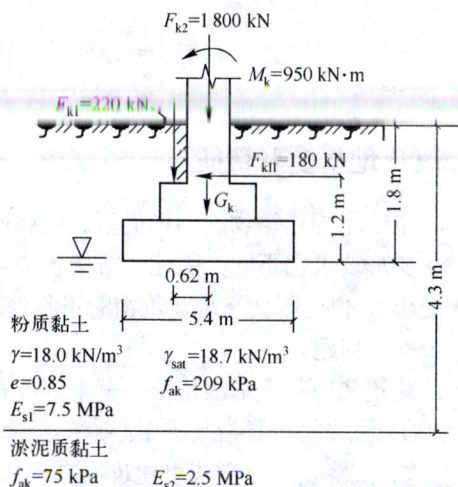

图 2-24　柱下矩形基础

2.6 地基变形的验算

2.6.1 地基变形特征

由于不同建筑物的结构类型、整体刚度、使用要求的差异，对地基变形的敏感程度、危害、变形要求也不同。因此，对于各类建筑物，如何控制对其不利的沉降形式（称为地基特征变形），使之不会影响建筑物的正常使用甚至破坏，这也是地基基础设计中必须予以考虑的一个基本问题。

建筑物地基变形的特征，有下列 4 种。

① 沉降量，是指基础中心点的沉降值。

② 沉降差，是指同一建筑物中相邻两个基础沉降量的差。

③ 倾斜，是指基础倾斜方向两端点的沉降差与其距离的比值。

④ 局部倾斜，是指砌体承重结构沿纵墙 6～10 m 内基础两点的沉降差与其距离的比值。

2.6.2 地基变形验算

对于大量中小型建筑来说，在满足按承载力计算的要求之后，不一定需要进行地基变形验算。对丙级建筑物中某些常用的建筑类型，根据地基主要受力层的情况，列出了不必进行变形验算的范围，见表 2-10。

表 2-10 丙级建筑物可不作地基变形验算的范围

地基主要受力层的情况			地基承载力标准值 f_{ak} /kPa	$60 \leqslant f_{ak}$ <80	$80 \leqslant f_{ak}$ <100	$100 \leqslant f_{ak}$ <130	$130 \leqslant f_{ak}$ <160	$160 \leqslant f_{ak}$ <200	$200 \leqslant f_{ak}$ <300
			各土层坡度/%	≤5	≤5	≤10	≤10	≤10	≤10
建筑类型	砌体承重结构、框架结构（层数）			≤5	≤5	≤5	≤6	≤6	≤7
	单层排架结构（6 m柱距）	单跨	吊车额定起重量/t	5～10	10～15	15～20	20～30	30～50	50～100
			厂房跨度/m	≤12	≤18	≤24	≤30	≤30	≤30
		双跨	吊车额定起重量/t	3～5	5～10	10～15	15～20	20～30	30～75
			厂房跨度/m	≤12	≤18	≤24	≤30	≤30	≤30
		烟囱	高度/m	≤30	≤40	≤50	≤75	≤75	≤100
		水塔	高度/m	≤15	≤20	≤30	≤30	≤30	≤30
			容积/m³	≤50	50～100	100～200	200～300	300～500	500～1 000

注：① 地基主要受力层系指条形基础底面下深度为 3b（b 为基础底面宽度），独立基础下为 1.5b，厚度均不小于 5 m 的范围（二层以下的民用建筑除外）。

② 地基主要受力层中如有承载力标准值小于 130 kPa 的土层时，表中砌体承重结构的设计，应符合规范有关规定。

③ 表中砌体结构和框架结构均指民用建筑，对于工业建筑可按厂房高度、荷载情况折合成与其相当的民用建筑层数。

④ 表中额定吊车起重量、烟囱高档商品和水塔容积的数值均指最大值。

但是，甲级建筑物和不属表 2-10 范围的丙级建筑物，以及有下列情况之一的丙级建筑物，地基承载力标准值小于 130 kPa，且体型复杂的建筑；某些对地基承载力要求不高，但在生产工艺上或正常使用方面对地基变形有特殊要求的厂房、试验室或构筑物；在基础及其附近有大量填土或地面堆载；相邻基础的荷载差异较大或距离过近的软弱地基上的相邻建筑物等，必须进行地基变形验算。要求地基的变形值在允许的范围内，即：

$$s \leqslant |s| \tag{2-16}$$

式中，　s——建筑物地基在长期荷载作用下的变形，mm；

　　　　$[s]$——建筑物地基变形允许值，mm，见表 2-11。

如果地基变形验算不符合要求，则应通过改变基础类型或尺寸、采取减弱不均匀沉降危害措施、进行地基处理或采用桩基础等方法来解决。

在计算地基变形时，一般应遵守下列规定。

（1）由于地基不均匀、建筑物荷载差异大或体型复杂等因素引起的地基变形，对于砌体承重结构，应由局部倾斜控制；对于框架结构和单层排架结构，应由相邻柱基的沉降差控制。

（2）对于多层或高层建筑和高耸结构应由倾斜控制。

（3）必要时应分别预估建筑物在施工期间和使用期间的地基变形值，以便预留建筑物有关部分之间的净空，考虑连接方法论和施工顺序。就一般建筑而言，在施工期间完成的沉降量，对于砂土，可认为其已接近最终沉降量；对于低压缩性黏土，可认为已完成最终沉降量的 50%～80%；对于中压缩性黏土，可认为已完成最终沉降量的 20%～50%；对于高压缩性黏土，可认为已完成最终沉降量的 5%～20%。

必须指出，地基的变形计算，目前还比较粗略。至于地基变形的允许值则更难准确确定。我国规范根据对各类建筑物沉降观测资料的分析综合和对某些结构附加内力的计算，以及参考一些国外资料，提出了地基变形的允许值（表 2-11）。对表中未包括的其他建筑物的地基变形允许值，可根据上部结构对地基变形的适应能力和使用上的要求来确定。

表 2-11　建筑物的地基变形允许值

变　形　特　征		地　基　土　类　别	
		中、低压缩性土	高压缩性土
砌体承重结构基础的局部倾斜		0.002	0.003
工业与民用建筑相邻柱基的沉降差	框架结构	0.002l	0.003l
	砌体墙填充的边排柱	0.0007l	0.001l
	当基础不均匀沉降时不产生附加应力的结构	0.005l	0.005l
单层排架结构(柱距为 6m)柱基的沉降量(mm)		(120)	200
桥式吊车轨面的倾斜(按不调整轨道考虑)	纵　向	0.004	
	横　向	0.003	
多层和高层建筑的整体倾斜 2	Hg≤24	0.004	
	24<Hg≤60	0.003	
	60<Hg≤100	0.0025	
	Hg>100	0.002	
体型简单的高层建筑基础的平均沉降量(mm)		200	
高耸结构基础的倾斜	Hg≤20	0.008	
	20<Hg≤50	0.006	
	50<Hg≤100	0.005	
	100<Hg≤150	0.004	
	150<Hg≤200	0.003	

续表

变 形 特 征		地 基 土 类 别	
		中、低压缩性土	高压缩性土
砌体承重结构基础的局部倾斜		0.002	0.003
高耸结构基础的倾斜	200<Hg≤250	0.002	
高耸结构基础的沉降量(mm)	Hg≤100	400	
	100<Hg≤200	300	
	200<Hg≤250	200	

注：① 本表数值为建筑物地基实际最终变形允许值；

② 有括号者仅适用于中压缩性土；

③ *l* 为相邻柱基的中心距离，mm；Hg 为自室外地面起算的建筑物高度，m；

④ 倾斜指基础倾斜方向两端点的沉降差与其距离的比值；

⑤ 局部倾斜指砌体承重结构沿纵向 6～10m 内基础两点的沉降差与其距离的比值。

2.7 刚性基础设计

2.7.1 刚性基础适用范围

刚性基础可用于六层和六层以上（三合土基础不宜超过四层）的民用建筑和墙承重的厂房。

2.7.2 刚性基础的构造要求

刚性基础的抗拉强度和抗剪强度较低，因此必须控制基础内的拉应力和剪应力，使得在压力分布线范围内的基础主要承受压应力，而弯曲应力和剪应力则很小。如图 2-25 所示，基础底面宽度为 b，高度为 H_0，基础台阶挑出墙或柱外的长度为 b_2。基础顶面与基础墙或柱的交点的垂线与压力线的夹角称为压力角，刚性基础中压力角的极限值称为刚性角。它随基础材料不同而有不同的数值。由此可知，刚性基础是指将基础尺寸控制在刚性角限定的范围内，一般由基础台阶的高宽比控制，要求：

$$\tan \alpha = \frac{b_2}{H_0} \leqslant \left[\frac{b_2}{H_0} \right] \tag{2-17}$$

即

$$b \leqslant b_0 + 2H_0 \tan \alpha \tag{2-18}$$

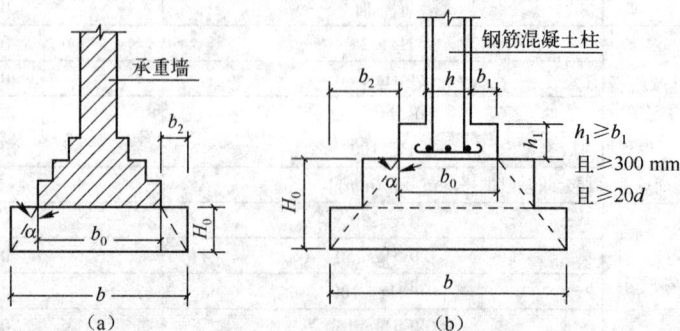

图 2-25 刚性基础示意图

式中，α——基础的刚性角，(°)；

　　b——基础底面宽度，m；

　　b_0——基础顶面处的墙体宽度或柱脚宽度，m；

$\tan\alpha$——刚性基础台阶宽高比的允许值，查表 2-12 可得。

表 2-12　刚性基础台阶宽高比的允许值

基础材料	质量要求	台阶宽高比的允许值		
		$p_k \leq 100$	$100 < p_k \leq 200$	$200 < p_k \leq 300$
混凝土基础	C15 混凝土	1：1.00	1：1.00	1：1.25
毛石混凝土基础	C15 混凝土	1：1.00	1：1.25	1：1.50
砖基础	砖不低于 MU10、砂浆不低于 M5	1：1.50	1：1.50	1：1.50
毛石基础	砂浆不低于 M5	1：1.25	1：1.50	
灰土基础	体积比为 3：7 或 2：8 的灰土其最小密度：粉土 1.55 t/m³；粉质黏土 1.50 t/m³；黏土 1.45 t/m³	1：1.25	1：1.50	
三合土基础	体积比为 1：2：4～1：3：6（石灰：砂：骨料）每层约虚铺 220 mm，夯实至 150 mm	1：1.50	1：2.00	

注：① p_k 为基础底面处平均压力，kPa。

　　② 阶梯形毛石基础的每阶伸出宽度不宜大于 200 mm。

　　③ 当基础由不同材料叠合组成时，应对接触部分作抗压验算。

　　④ 对混凝土基础，当基础底面处平均压力超过 300 kPa 时，尚应进行抗剪验算。

采用无筋扩展基础的钢筋混凝土柱，其柱脚高度 h_1 不得小于 b_1（图 2-25（b）），且不应小于 300 mm，即不小于 20d（d 为柱中的纵向受力钢筋的最大直径）。当柱纵向钢筋在柱脚内的竖向锚固长度不满足锚固要求时，可沿水平方向弯折，弯折后的水平锚固长度不应小于 10d，也不应大于 20d。

由于台阶宽高比的限制，无筋扩展基础的高度一般都较大，但不应大于基础埋深，否则，应加大基础埋深，或选择刚性角较大的基础类型（如混凝土基础）。如仍不满足，可采用钢筋混凝土基础。

为保证基础材料有足够的强度和耐久性，根据地基的潮湿程度和地区的气候条件不同，砖、石料、砂浆最低强度等级应符合表 2-13 的要求。

表 2-13　基础用砖、石料及砂浆最低强度等级

地基土潮湿程度	黏土砖		混凝土砌块	石材	混合砂浆	水泥砂浆
	严寒地区	一般地区				
稍潮湿的	MU10	MU10	MU5	MU20	MU5	MU5
很潮湿的	MU15	MU10	MU7.5	MU20		MU5
含水饱和的	MU20	MU15	MU7.5	MU30		MU7.5

注：① 石材的重度不应低于 18 kN/m³。

　　② 地面以下或防潮层紧下的砌体，不宜采用空心砖。当采用混凝土空心砖砌体时，其孔洞应采用强度等级不低于 C15 的混凝土灌实。

　　③ 各种硅酸盐材料及其他材料制作的块体，应根据相应材料标准的规定选择采用。

为节约材料和施工方便，砖、毛石、灰土、混凝土等材料的基础常做成阶梯形。每一台阶除应满足台阶宽高比的要求外，还需符合有关的构造规定。

　　砖基础采用的砖强度等级应不低于 MU7.5，砂浆强度等级应不低于 M2.5，在地下水位以下或地基土比较潮湿时，应采用水泥砂浆砌筑。基础底面以下一般先做 100 mm 厚的灰土垫层或混凝土垫层，混凝土强度等级为 C7.5 或 C10。

　　三合土基础一般按 1:2:4～1:3:6 体积比配制，经加入适量水拌和后，均匀铺入基槽，每层虚铺 200 mm，再压实至 150 mm，铺至一定高度后再在其上砌砖大放脚，三合土基础厚度不应小于 300 mm。

　　灰土基础常用 3:7 或 2:8 的体积比比例配制，加入适量水拌匀，分层夯实。施工时每层需铺灰土 220～250 mm，夯实至 150 mm，称为"一步灰土"。设计成二步灰土或三步灰土时，厚度为 300 mm 或 450 mm。施工中应严格控制灰土比例和拌和均匀的问题，每层压实结束后，按规定取灰土样，测定其干密度。压实后的灰土最小干密度：粉土 1.55 t/m^3、粉质黏土 1.50 t/m^3、黏土 1.40 t/m^3。

　　毛石基础采用的材料为未加工或仅稍做修正的未风化的硬质岩石，毛石形状不规则时，其高度不应小于 150 mm。毛石基础每阶高度一般不小于 200 mm，通常取 400～600 mm，并由两层毛石错缝砌成。毛石基础的每阶伸出宽度不宜大于 200 mm。毛石基础底面以下一般铺设 100 mm 厚的混凝土垫层，混凝土强度等级为 C10。

　　混凝土基础一般用 C10 以上的素混凝土做成，每阶高度不应小于 200 mm。毛石混凝土基础中用于砌筑的毛石直径不宜大于 300 mm，每阶高度不应小于 300 mm。

2.8　扩展基础设计

　　扩展式基础的底面向外扩展，基础外伸的宽度大于基础高度，基础材料承受拉应力。因此，扩展基础必须采用钢筋混凝土材料。扩展基础分为柱下独立基础和墙下条形基础两类。

2.8.1　扩展基础的适用范围

　　扩展基础适用于上部结构荷载较大，有时用于偏心荷载或承受弯矩和水平荷载的建筑物的基础。当地基表层土质较好，下层土质较差的情况，利用表层好土质浅埋，最适合采用扩展基础。

2.8.2　墙下钢筋混凝土条形基础设计

　　墙下钢筋混凝土条形基础的截面设计包括基础高度和基础底板配筋计算。在这些计算中，可不考虑基础及其上面土的重力，因为由这些重力所产生的那部分地基反力将与重力相抵消。当然，在确定基础底面尺寸或计算基础沉降时，基础及其上面土的重力是要考虑的。仅由基础顶面的荷载设计值所产生的地基反力，称为净反力，以 p_j 表示。沿墙长度方向取 1 m 作为计算单元。

1. 构造要求

　　（1）梯形截面基础的边缘高度，一般不小于 200 mm；基础高度小于或等于 250 mm 时，可做成等厚度板。

（2）基础下的垫层厚度不宜小于 70 mm，每边伸出基础 50～100 mm，垫层混凝土强度等级应为 C10。

（3）底板受力钢筋的最小直径不宜小于 10 mm，间距不宜大于 200 mm，也不宜小于 100 mm。当有垫层时，混凝土的保护层厚度不宜小于 40 mm，无垫层时不宜小于 70 mm。纵向分布钢筋直径不小于 8 mm，间距不大于 300 mm，每延米分布钢筋的面积应不小于受力钢筋面积的 1/10。

（4）混凝土强度等级不宜低于 C20。

（5）当基础宽度大于或等于 2.5 m 时，底板受力钢筋的长度可取基础宽度的 0.9 倍，并交错布置。

（6）基础底板在 T 形及十字形交接处，底板横向受力钢筋仅沿一个主要受力方向通长布置，另一方向的横向受力钢筋可布置到主要受力方向底板宽度 1/4 处，如图 2-26（a）、（b）所示。在拐角处底板横向受力钢筋应沿两个方向布置，如图 2-26（c）所示。

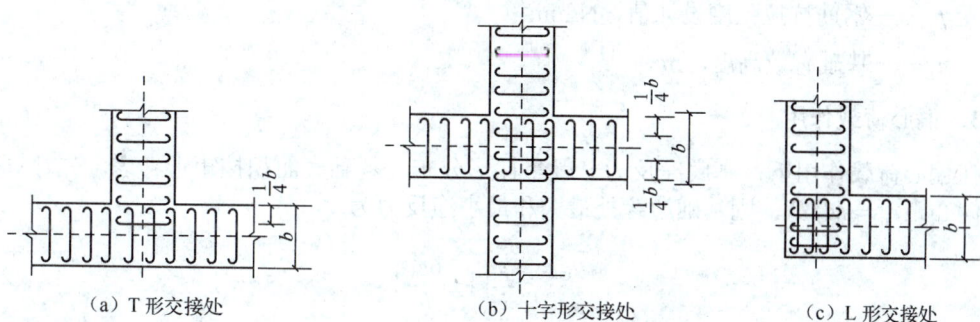

（a）T 形交接处　　　　（b）十字形交接处　　　　（c）L 形交接处

图 2-26　墙下条形基础底板配筋构造

（7）当地基软弱时，为了减小不均匀沉降的影响，基础截面可采用带肋的板，肋的纵向钢筋和箍筋按经验确定。

2. 轴心荷载作用

地基净反力为：

$$p_j = \frac{F}{b} \tag{2-19}$$

符号同前。

1）基础高度

在轴心荷载作用下，墙下条形基础基底压力为均匀分布，设计中可初选基础高度 $h = b/8$，基础内不配箍筋和弯筋，故基础高度由混凝土的抗剪切条件确定：

$$V \leqslant 0.7 f_t h_0 \tag{2-20}$$

式中，V——剪力设计值，kN，$V = p_j b_1$，其中 b_1 为基础悬臂部分计算截面的挑出长度（图 2-27），m。当墙体为混凝土材料时，b_1 为基础边缘至墙面的距离；当为砖墙时且墙脚伸出 1/4 砖长时，b_1 为基础边缘至墙面距离加上 0.06 m。

h_0——基础有效高度，m。

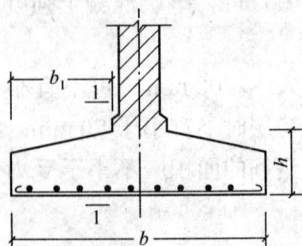

图 2-27　墙下条形基础

f_t——混凝土轴心抗压强度设计值，kPa。

2）基础底板配筋

悬臂根部的最大弯矩为：

$$M = \frac{1}{2} p_j b_1^2 \qquad (2\text{-}21)$$

式中，M——基础底板悬臂根部处的由地基净反力引起的最大弯矩值，kN·m，其他符号同前。

每米长基础的受力钢筋截面面积为：

$$A_s = \frac{M}{0.9 f_y h_0} \qquad (2\text{-}22)$$

式中，A_s——受力钢筋截面面积，mm；

　　　f_y——钢筋抗拉强度设计值，N/mm^2；

　　　h_0——基础有效高度，m

3．偏心荷载作用

在偏心荷载作用下，基底净反力一般呈梯形分布，基础底面积按矩形考虑。先计算基础底净偏心距 $e_0 = M/F$，则基础边缘处最大和最小净反力为：

$$\frac{p_{j\max}}{p_{j\min}} = \frac{F}{b}\left(1 \pm \frac{6e_0}{b}\right) \qquad (2\text{-}23)$$

基础的高度和配筋仍按式（2-20）和式（2-22）计算，但式中的剪力、弯矩设计值应改按下列公式计算：

$$M = \frac{1}{6}(2p_{j\max} + p_j)b_1^2 \qquad (2\text{-}24)$$

$$V = \frac{1}{2}(p_{j\max} + p_j)b_1 \qquad (2\text{-}25)$$

式中，p_j——平均净反力设计值。

【例 2-5】　某砖墙厚 240 mm，作用在基础顶面的轴心荷载设计值 $F_k = 240$ kN/m，要求基础埋深 $d = 0.8$ m，经深度修正后的地基承载力特征值 $f_a = 150$ kPa，试设计钢筋混凝土条形基础。

解：（1）选择基础材料。拟采用混凝土为 C20，钢筋 HPB235 级，并设置 C10 厚 100 mm 的混凝土垫层，设一个砖砌的台阶，如图 2-28 所示。

（2）求基础底面宽度。

$$b \geqslant \frac{F_k}{f_a - \gamma_G d} = \frac{240}{150 - 20 \times 0.8} = 1.79 \text{ (m)}$$

取 $b = 1.8$ m。

（3）确定基础高度。

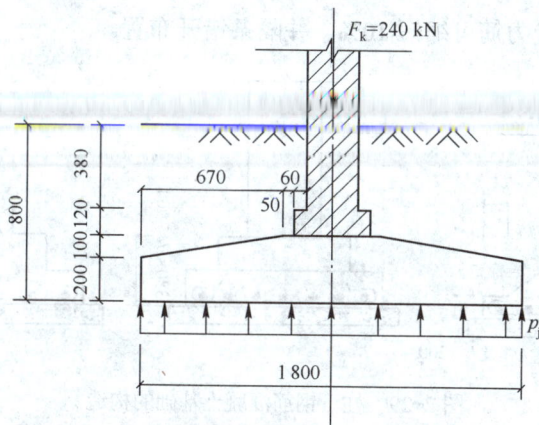

图 2-28 某钢筋混凝土条形基础（单位：mm）

按经验 $h = b/8 = 180/8 = 23$ cm，取 $h = 30$ cm、$h_0 = 30 - 4 = 26$ cm。

地基净反力 $p_j = \dfrac{F}{b} = \dfrac{1.35 \times 240}{1.8} = 180$ (kPa)

控制截面剪力 $V = p_j b_1 = 180 \times (0.9 - 0.12) = 140.4$(kN)

混凝土抗剪强度 $V_c = 0.7 f_t b h_0 = 0.7 \times 1.1 \times 1.0 \times 260 = 200.2(kN)> V = 140.4$ kN，满足要求。

（4）计算底板配筋。

控制截面弯矩 $M = 1/2 p_j b_1^2 = 1/2 \times 180 \times (0.9 - 0.12)^2 = 54.8$(kN·m)

$$A_s = \frac{M}{0.9 f_y h_0} = \frac{34.6 \times 10^6}{0.9 \times 210 \times 260} = 1\,115\,(\text{mm}^2)$$

配置$\phi 12@100$（$A_s = 1\,131$ mm^2）的垂直于墙长的受力钢筋，纵向分布钢筋$\phi 8@250$，如图 2-28 所示。

2.8.3 柱下钢筋混凝土单独基础设计

1. 构造要求

柱下钢筋混凝土单独基础，除应满足上述墙下钢筋混凝土条形基础的要求外，尚应满足其他一些要求，如图 2-29 所示。阶梯形基础每阶高度一般为 300～500 mm，当基础高度大于 600 mm 而小于 900 mm 时，阶梯形基础分为二级；当基础高度大于 900 mm 时，则分为三级。每级伸出宽度不应大于 2.5 倍。当采用锥形基础时，其顶部每边应沿柱边放出 50 mm。由于阶梯形基础的施工质量较易保证，宜优先考虑采用。

柱下钢筋混凝土基础的受力钢筋应双向布置。现浇柱的纵向钢筋可通过插筋锚入基础中。插筋的根数和直径应与柱内纵向钢筋相同。当基础高度等于或小于 900 mm 时，全部插筋伸至基底钢筋网上面，端部弯直钩；当基础高度大于 900 mm 时，将柱截面四角的钢筋伸至基底钢筋网上面，端部弯直钩，其余钢筋按锚固长度确定。插入基础的钢筋，上下至少应有两道箍筋固定。插筋与柱的纵向受力筋的搭接长度，应按《混凝土结构设计规范》规定采用。在搭接长度内的箍筋应加密，当柱内纵筋为受压时，箍筋间距不应大于 $10d$（d 为柱内纵向受力筋中最小直径）；当柱内纵筋为受拉时，箍筋间距不应大于 $5d$。当基础边长大于或等于

3 m 时，基础底面处的受力筋可缩短 10%，并隔条错开布置。

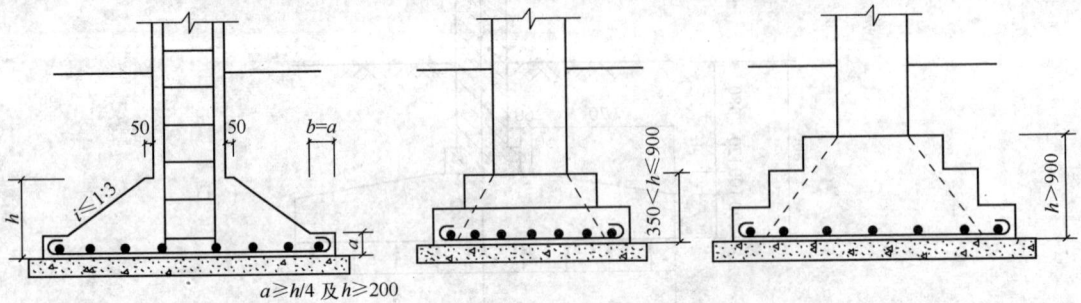

图 2-29　柱下钢筋混凝土基础的构造

预制钢筋混凝土柱与杯形基础的连接，参见《混凝土结构设计规范》。

2．轴心荷载作用

1）基础高度

基础高度由混凝土抗冲切强度确定。在柱荷载作用下，如果基础高度（或阶梯高度）不足，则将沿柱周边（或阶梯高度变化处）产生冲切破坏，形成 45° 斜裂面的角锥体，如图 2-30 所示。因此，由冲切破坏锥体以外的地基净反力所产生的冲切力应小于冲切面处混凝土的抗冲切能力。矩形基础一般沿柱短边一侧先产生冲切破坏，所以只需根据短边一侧的冲切破坏条件确定基础高度，即要求：

$$F_1 \leqslant 0.7\beta_{hp} f_t b_m h_0 \tag{2-26}$$

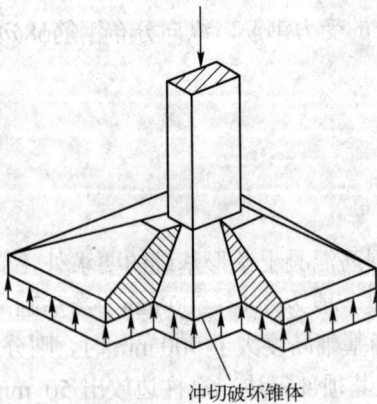

图 2-30　基础冲切破坏

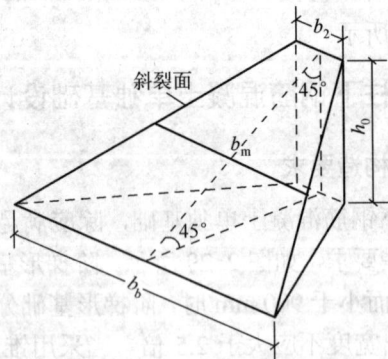

图 2-31　冲切斜裂面边长

式（2-26）右边部分为混凝土抗冲切能力，左边部分为冲切力：

$$F_1 = p_j A_1 \tag{2-27}$$

式中，p_j——地基净反力，kPa；

A_1——冲切力的作用面积（图 2-32 中的阴影面积），m^2；

β_{hp}——受冲切承载力截面高度影响系数，当 $h \leqslant 800$ mm 时，$\beta_{hp} = 1.0$，当 $h \geqslant 2\,000$ mm

时，$\beta_{hp} = 0.9$，其间按线性内插法取用；

f_t ——混凝土抗拉强度设计值，N/mm²；

b_m ——冲切破坏锥体斜裂面上、下边长平均值，即 $b_m = \frac{1}{2}(b_t + b_b)$（图 2-31），m；

h_0 ——基础有效高度，m。

当柱截面长边、短边的底落在基础底面积之内（图 2-32（b）），即 $b \geqslant b_c + 2h_0$ 时，有：

$$b_b = b_c + 2h_0$$

因此

$$b_m = (b_t + b_b)/2 = b_c + h_0$$

$$b_m h_0 = (b_c + h_0)h_0$$

$$A_1 = \left(\frac{l}{2} - \frac{a_c}{2} - h_0\right)b - \left(\frac{b}{2} - \frac{b_c}{2} - h_0\right)^2$$

则式（2-26）变成为：

$$F_1 = p_j\left[\left(\frac{l}{2} - \frac{a_c}{2} - h_0\right)b - \left(\frac{b}{2} - \frac{b_c}{2} - h_0\right)^2\right] \leqslant 0.7\beta_{hp}f_t(b_c + h_0)h_0 \tag{2-28}$$

设计时一般先按经验假定基础高度，得出 h_0，再代入式（2-26）进行验算，直到抗冲切力（该式右边）稍大于冲切力（该式左边）为止。

当 $b < b_c + 2h_0$（图 2-32c）时，冲切力的作用面积 A_1 为矩形，有：

$$b_m h_0 = (b_c + h_0)h_0 - \left(\frac{b_c}{2} + h_0 - \frac{b}{2}\right)^2$$

$$A_1 = \left(\frac{l}{2} - \frac{a_c}{2} - h_0\right)b$$

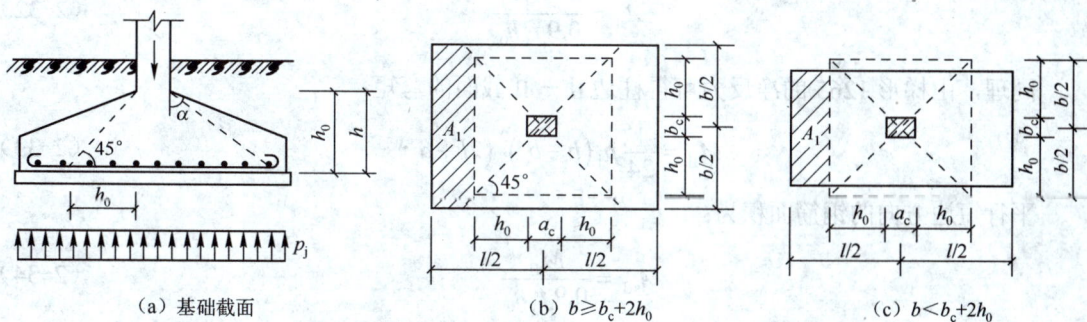

（a）基础截面　　（b）$b \geqslant b_c + 2h_0$　　（c）$b < b_c + 2h_0$

图 2-32　基础冲切计算

则式（2-26）成为：

$$F_1 = p_j\left(\frac{l}{2} - \frac{a_c}{2} - h_0\right)b \leqslant 0.7\beta_{hp}f_t\left[(b_c + h_0)h_0 - \left(\frac{b_c}{2} + h_0 - \frac{b}{2}\right)^2\right] \tag{2-29}$$

对于阶梯形基础，如分成二级的阶梯形，除了对柱边进行冲切验算外，还应对上一阶底边变阶处进行下阶的冲切验算。验算方法与柱边冲切验算相同，只是将 a_c、b_c 分别换为上阶的长边和短边，h_0 换为下阶有效高度便可。

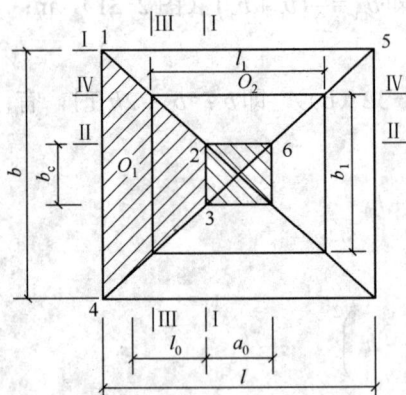

图 2-33　产生弯矩的地基净反力作用面积

对于具有两三个阶梯的基础，可取下阶高度大于上阶，而上阶伸出柱面的宽度则小于 $(l-a_c)/4$，即取上阶长边小于 $(l+a_c)/2$。

当基础底面全部落在 45° 冲切破坏锥体底边以内时，则成为刚性基础，不必进行计算。

2）底板配筋

在地基反力作用下，基础沿柱周边向上弯曲。一般矩形基础的长边比小于 2，故为双向受弯。当弯曲应力超过基础的抗弯强度时，就发生弯曲破坏。其破坏特征是裂缝沿柱角至基础角将基础底面分裂成四块梯形面积。故配筋计算时，将基础底板看成四块固定在柱边的梯形悬臂板，如图 2-33 所示。

地基净反力对柱边 Ⅰ－Ⅰ 截面产生的弯矩为：

$$M_{\mathrm{I}} = p_n A_{1234} l_0 \tag{2-30}$$

式中，A_{1234} ——梯形 1234 的面积，m^2，$A_{1234} = \dfrac{1}{4}(b+b_c)(l-a_c)$；

l_0 ——梯形 1234 的形心至柱边的距离，m，$l_0 = \dfrac{(l-a_c)(b_c+2b)}{6(b_c+b)}$。

因此

$$M_{\mathrm{I}} = \frac{1}{24} p_{\mathrm{j}} (l-a_c)^2 (2b+b_c) \tag{2-31}$$

平行于长边方向的受力钢筋面积按下式计算：

$$A_{\mathrm{sI}} = \frac{M_{\mathrm{I}}}{0.9 f_y h_0} \tag{2-32}$$

同理，由梯形 1265 的净反力可得柱边 Ⅱ－Ⅱ 截面的弯矩：

$$M_{\mathrm{II}} = \frac{1}{24} p_{\mathrm{j}} (b-b_c)^2 (2l+a_c) \tag{2-33}$$

平行短边方向的钢筋面积为：

$$A_{\mathrm{sII}} = \frac{M_{\mathrm{II}}}{0.9 f_y h_0} \tag{2-34}$$

阶梯形基础在变阶处也是抗弯的危险截面，按式（2-31）～式（2-34）可以分别计算上阶底边Ⅲ－Ⅲ和Ⅳ－Ⅳ截面的弯矩 M_{III}、钢筋面积 A_{sIII} 和 M_{IV}、A_{sIV}。然后按 A_{sI} 和 A_{sIII} 中大值配置平行于长边方向的钢筋，按 A_{sII} 和 A_{sIV} 中大值配置平行于短边方向的钢筋。

3. 偏心荷载作用

如果只在矩形基础长边方向产生偏心，即只有一个方向的净偏心距 $e_0 = M/F$，M 为基础底面形心处的弯矩。则基底净反力的最大值和最小值为：

$$\left.\begin{array}{c} p_{j\max} \\ p_{j\min} \end{array}\right\} = \frac{F}{lb}\left(1 \pm \frac{6e_0}{l}\right) \tag{2-35}$$

（1）基础高度可按式（2-28）或式（2-29）计算，但应以 $p_{j\max}$ 代替式中的 p_j。

（2）底板配筋可按轴心受压相应公式计算，但计算弯矩时，地基净反力按下面方法取值。

用式（2-31）计算时，以 $(p_{j\max} + p_{jI})/2$ 代替式中的 p_j，其中 p_{jI}（图 2-34（a））为：

$$p_{jI} = p_{j\min} + \frac{l + a_c}{2l}\left(p_{j\max} - p_{j\min}\right) \tag{2-36}$$

用式（2-33）计算时，式中的 $p_j = \dfrac{1}{2}\left(p_{j\max} + p_{j\min}\right) = \dfrac{F}{lb}$。

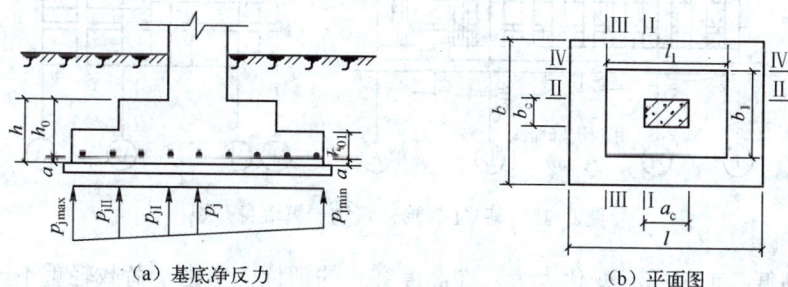

（a）基底净反力　　　　　　　　　　（b）平面图

图 2-34　偏心荷载

符合构造要求的杯形基础，在与预制柱结合形成整体后，其性能与现浇基础相同，故其高度和底面配筋仍按柱边和高度变化处的截面进行计算。此外，杯形基础的埋深和底面尺寸的选择，也与上述相同。

2.9　减轻不均匀沉降危害的措施

当建筑物的不均匀沉降过大时，将使建筑物开裂损坏并影响其使用，甚至倒塌危及生命及财产的安全。因此，如何采取有效措施，防止或减轻不均匀沉降造成的危害，是设计中必须认真考虑的问题。

解决这一问题通常的办法可以有：第一，采用柱下条形基础、筏板基础和箱形基础等刚度大的基础，以减少地基的不均匀沉降；第二，为了减少总沉降量，采用桩基础或其他深基础；第三，对地基进行处理，以提高原地基的承载力和压缩模量；第四，在建筑、结构和施工中采取措施。

总之，采取措施的目的：一方面减少建筑物的总沉降量，相应也就减少其不均匀沉降；另一方面则可增强上部结构对沉降和不均匀沉降的适应能力。

2.9.1　建筑措施

1. 建筑物的体型力求简单

建筑平面简单、高度一致的建筑物，基底应力较均匀，圈梁容易拉通，整体刚度好，即使沉降较大，建筑物也不易产生裂缝和损坏。

　　建筑物体型（平面及剖面）复杂，不但削弱建筑物的整体刚度，而且使房屋构件中的应力状态复杂化。例如，平面为"L"、"T"、"Ⅱ"、"山"等形状的建筑物在纵横单元相交处，基础密集，地基应力叠加，该处沉降往往大于其他部位。又因构件受力复杂，建筑物容易因不均匀沉降而产生裂损。软土地基上一幢"L"形平面的建筑物——翼墙身开裂的实例如图 2-35 所示。

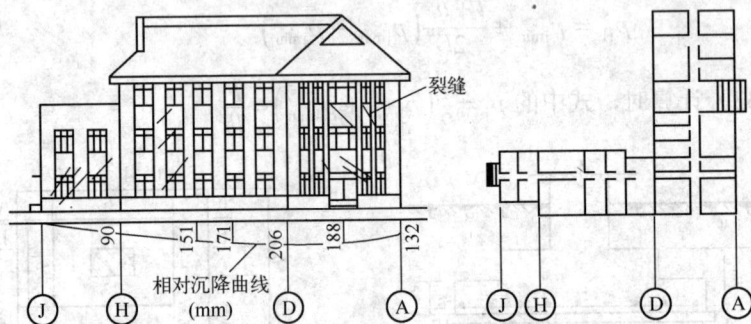

图 2-35　某"L"形建筑物—翼墙身开裂

　　建筑物高低（或轻重）变化太大，在高度突变的部位，常由于荷载轻重不一而产生过量的不均匀沉降。据调查，软土地基上紧接高差超过一层的砌体承重结构房屋，低者很容易开裂，如图 2-36 所示。因此，地基软弱时，建筑物的紧接高差以不超过一层为宜。

2．增强结构的整体刚度

　　（1）建筑物的长度与高度的比值称为长高比，长高比是衡量建筑物结构刚度的一个指标。长高比越大，整体刚度就越差，抵抗弯曲和调整不均匀沉降的能力就越差，如图 2-37 所示。

　　（2）应合理布置纵、横墙，这也是增强砖石混合结构房屋整体刚度的重要措施。

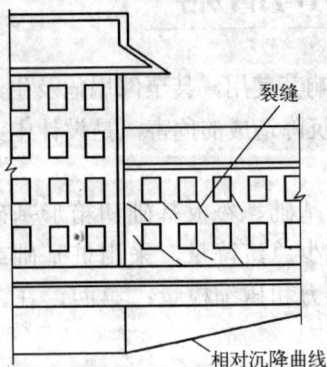

图 2-36　建筑物因高差太大而开裂

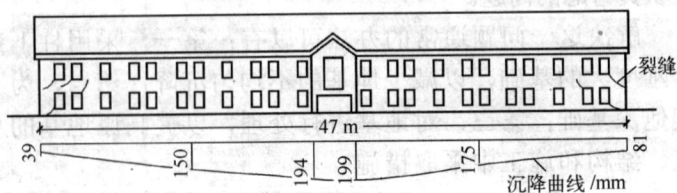

图 2-37　建筑物因长高比过大而开裂

3．设置沉降缝

　　用沉降缝将建筑物从屋面到基础分割成若干个独立的刚度较好的沉降单元，使得建筑物的平面变得简单、长高比减小，从而可有效地减轻地基的不均匀沉降。沉降缝通常设置在如下部位。

- 平面形状复杂的建筑物转折处；
- 建筑物高度或荷重差别很大处；
- 长高比过大的建筑物的适当部位；
- 地基土压缩性显著变化处；
- 建筑物结构或基础类型不同处；
- 分期建筑的交接处。
- 拟设置伸缩缝处（沉降缝可兼作伸缩缝）

　　沉降缝的构造如图 2-38 所示。沉降缝两侧的地基基础设计和处理是一个难点。缝两侧基础经常通过改变基础类型、交错布置或采取基础后退悬挑作法进行处理。为避免缝两侧的结构相向倾斜而相互挤压，沉降缝应有足够的宽度，沉降缝的宽度可参照表 2-14 确定，缝内一般不得填塞材料（寒冷地区需填松软材料）。若在地基土的压缩性明显不同或土层变化处，单纯设缝难以达到预期效果，往往结合地基处理进行设缝。

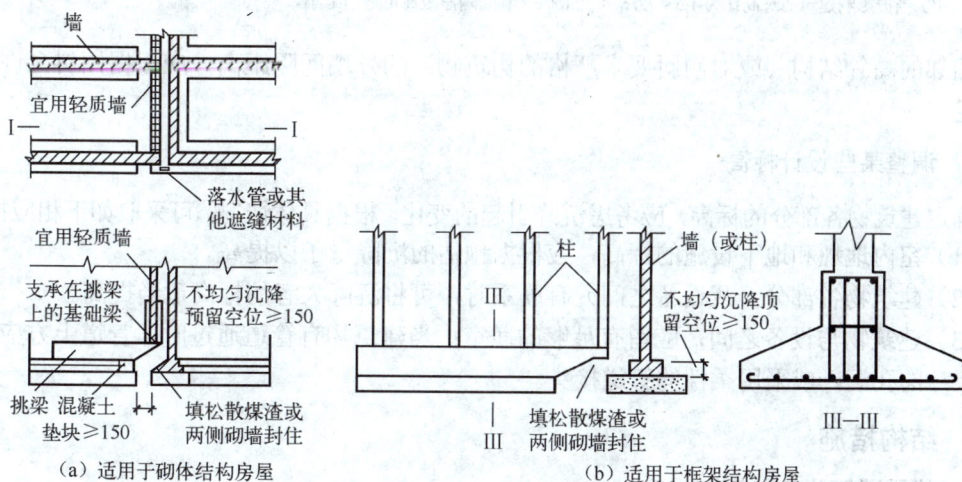

图 2-38　沉降缝构造示意图

表 2-14　建筑物沉降缝

建筑物层数	沉降缝宽度/mm
2~3 层	50~80
4~5 层	80~120
5 层以上	≥120

　　沉降缝的造价颇高，且要增加建筑及结构处理上的困难，所以不宜轻率多用。

　　有防渗要求的地下室一般不宜设置沉降缝。因此，对于具有地下室和裙房的高层建筑，为减少高层部分与裙房间的不均匀沉降，常在施工时采用后浇带将两者断开，待两者间的后期沉降差能满足设计要求时再连接成整体。

4. 相邻建筑物基础间应有合适的净距

　　相邻建筑物太近，则由于地基应力扩散作用，会相互影响，引起相邻建筑物产生附加沉降。所以，建造在软弱地基上的建造物，应隔开一定距离。如分开后的两个单元之间需要连接时，应设置能自由沉降的连接体，如用简支、悬臂结构连通。相邻建筑物基础间净距离见表 2-15。

表 2-15　相邻建筑物基础间的净距

影响建筑物的预估平均沉降量 s/mm	被影响建筑物的长高比		
		$2.0 \leqslant L/H_f < 3.0$	$3.0 \leqslant L/H_f < 5.0$
70~150		2~3	3~6
160~250		3~6	6~9
260~400		6~9	9~12
>400		9~12	≥12

注：① 表中 L 为建筑物长度或沉降缝分隔的单元长度，m；H_f 为自基础底面起算的建筑物高度，m。

　　② 当被影响建筑的长高比为 $1.5 < L/H_f < 2.0$ 时，其间隔净距离可适当缩小。

相邻的高耸结构（或对倾斜要求严格的构筑物）的外墙间隔距离，应根据倾斜允许值计算确定。

5. 调整某些设计标高

确定建筑物各部分的标高，应考虑沉降引起的变化。根据具体情况，可采取如下相应措施。

（1）室内地坪和地下设施的标高，应根据预估的沉降量予以提高。

（2）建筑物各部分（或设备之间）有联系时，可将沉降大者的标高适当提高。

（3）建筑物与设备之间，应留有足够的净空；当建筑物有管道通过时，管道上方应预留足够尺寸的孔洞，或采用柔性的管道接头。

2.9.2　结构措施

1. 增强建筑物的刚度和强度

对于三层和三层以上砌体承重结构的房屋，其长高比 L/H 宜小于或等于 2.5；当房屋的长高比为 $2.5 < L/H \leqslant 3.0$ 时，宜做到纵墙不转折或少转折，并应控制内横墙间距，适当增强基础刚度和强度。当房屋的预估最大沉降量小于或等于 120 mm 时，其长高比可不受限制。

在砌体内的适当部位设置圈梁，以提高砌体的抗剪、抗拉强度，防止建筑物出现裂缝。圈梁一般沿外墙设置在楼板下或窗顶上。设在窗顶上的圈梁可兼作过梁用。在主要的内墙上也要适当设置圈梁，并与外墙的圈梁连成整体。圈梁一般在基础及屋顶各设一道。对多层建筑，可隔层设置。如场地土质较差，则层层设置。对单层工业厂房、仓库，可结合基础梁、联系梁、过梁等酌情设置。在顶层圈梁上方应有足够的砌体，使圈梁和砌体能整体受力。所有圈梁在平面上应形成封闭系统。

圈梁有两种，一种是钢筋混凝土圈梁，如图 2-39（a）所示。梁宽一般同墙厚，梁高不应小于 120 mm，混凝土强度等级宜采用 C20，纵向钢筋不宜少于 4 根φ8，绑扎接头的搭接长度按受力钢筋考虑，箍筋间距不宜大于 300 mm。兼作跨度较大的门窗过梁时，按过梁计算另加钢筋。另一种是钢筋砖圈梁，如图 2-39（b）所示，即在水平灰缝内夹筋形成钢筋砖带，高度为 4~6 皮砖。用 M5 砂浆砌筑，水平通长钢筋不宜少于 6 根φ6，水平间距不宜大于 120 mm，分上、下两层设置。

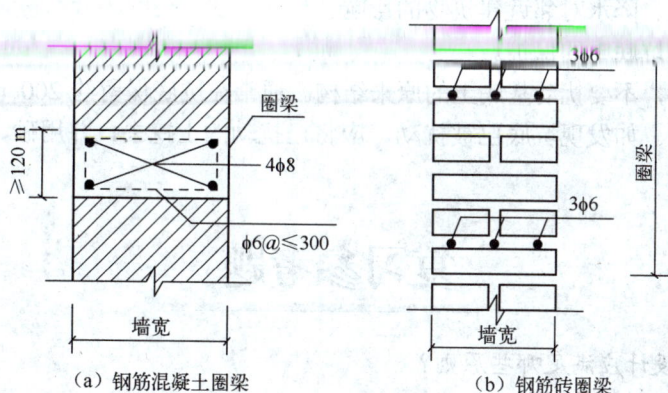

图 2-39 圈梁截面示意图

2．选用合适的结构形式

当发生不均匀沉降时，静定结构体系中的构件不致出现很大的附加应力，故在软弱地基上的公共建筑物、单层工业厂房、仓库等，可考虑采用静定结构体系，以减轻不均匀沉降产生的不利后果。如采用排架、三铰拱等结构。

3．减轻建筑物和基础的自重

（1）减轻墙体重力。对于砖石承重结构的房屋，墙体的重力占结构总重力的一半以上，故宜选用轻质的墙体材料，如轻质混凝土墙板、空心砌块、空心砖或其他轻质墙等。

（2）采用轻型结构。如采用预应力混凝土结构、轻钢结构及轻型屋面（如自防水预制轻型屋面板、石棉水泥瓦）等。

（3）采用覆土少而自重轻的基础。如采用空心基础、空腹沉井基础等。在可能时采用架空地板以取消室内厚填土。

4．减小或调整基底压力或附加压力

（1）设置地下室或半地下室，以减小基底附加压力。

（2）改变基底尺寸，调整基础沉降。对于上部结构荷载大的基础，可采用较承载力要求为大的基底面积，以减小其基底附加压力，使结构荷载不等的基础沉降趋于均匀。

5．加强基础刚度

对于建筑体型复杂、荷载差异较大的框架结构，可采用箱基、柱基、筏基等加强基础整体刚度，减少不均匀沉降。

2.9.3 施工措施

（1）遵照先建重（高）建筑，后建轻（低）建筑的程序。

当建筑物存在高、低或轻、重不同部分时，应先建造高、重部分，后施工低、轻部分。如果在高低层之间使用连接体时，应最后修建连接体，以部分消除高低层之间沉降差异的影响。

（2）建筑物施工前使地基预先沉降。

（3）注意沉桩、降水对邻近建筑物的影响。

（4）基坑开挖坑底土的保护。

在基坑开挖时，不要扰动基底土的原来结构。通常在坑底保留约 200 mm 厚的土层，待垫层施工时再挖除。如发现坑底已被扰动，应将已扰动的土挖去，并用砂、碎石回填夯实至要求标高。

复习参考题

1. 地基基础设计应满足哪些原则？

2. 天然地基上浅基础有哪些类型？

3. 什么是地基承载力特征值？确定地基承载力的方法有哪些？

4. 什么是地基土的标准冻深？

5. 试述刚性基础和柔性扩展基础的区别。

6. 何谓基础的埋置深度？影响基础埋深的因素有哪些？

7. 何谓软弱下卧层？试述验算软弱下卧层强度的要点。

8. 什么情况下需进行地基变形验算？验算建筑物沉降是否在容许范围内，为什么首先要区分变形特征？变形控制特征有哪些？

9. 减轻建筑物不均匀沉降危害的措施有哪些？

10. 某条形基础底宽 $b = 1.8$ m，埋深 $d = 1.2$ m，地基土为黏土，内摩擦角标准值 $\varphi_k = 20°$，黏聚力标准值 $c_k = 12$ kPa，地下水位与基底平齐，土的有效重度 $\gamma' = 10$ kN/m³，基底以上土的重度 $\gamma_m = 18.3$ kN/m³。试确定地基承载力特征值 f_a。

11. 某砖墙承重房屋，采用条形基础，基础埋深 $d = 1.2$ m，作用在基础上的荷载 $F = 220$ kN/m，地基土的未修正承载力特征值 f_{ak} 为 144 kPa，试确定条形基础的宽度 b。

12. 某承重砖墙厚 240 mm，作用于地面标高处的荷载 $F_k = 180$ kN/m，拟采用砖基础，埋深为 1.2 m。地基土为粉质黏土，$\gamma = 18$ kN/m³，$e_0 = 0.9$，$f_{ak} = 170$ kPa，试确定砖基础的底面宽度。

13. 已知厂房作用在基础上的柱荷载如图 2-40 所示，地基土为粉质黏土，$\gamma = 19$ kN/m³，未修正承载力特征值 $f_{ak} = 230$ kPa，试设计矩形基础底面尺寸。

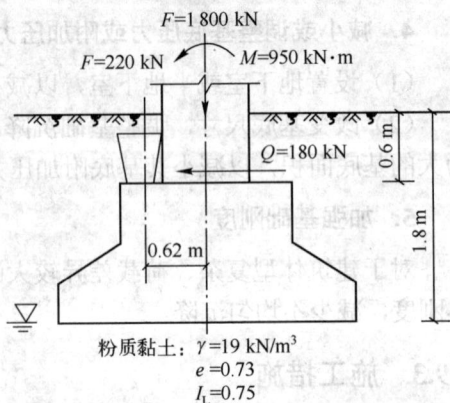

图 2-40　题 13 图

第3章

连续基础

【本章内容概要】

主要介绍连续基础的几种形式（即柱下条形基础、交叉条形基础、片筏基础和箱形基础），讲述各类连续基础的特点、适用范围及内力计算方法和构造要求。

【本章学习重点与难点】

学习重点：几种地基计算模型，各类连续基础的特点、适用范围和构造。

学习难点：筏形基础和箱形基础的计算。

3.1 概 述

连续基础，是指在柱下连续设置的单向或双向条形基础，或底板连续成片的筏板基础和箱型基础，即柱下条形基础、十字交叉条形基础、筏板基础和箱形基础。也可归为线性基础和面式基础，连续基础不同于属于点式基础的独立基础。柱下条形基础、十字交叉条形基础属于线性基础；筏板基础和箱形基础属于面式基础。

连续基础具有如下的特点：具有较大的基础底面积、优良的结构特征，较大的承载能力，易于满足地基承载力的要求；连续基础的连续性可以大大加强建筑物的整体刚度，调整并均衡地传递给地基上部结构的荷载，有利于减小不均匀沉降及提高建筑物的抗震性能，此类基础一般埋深较大，可以提高地基的承载力，增大基础抗水平滑动的稳定性，并可利用地基补偿作用减小基底附加应力，适合作为各种地质条件复杂、建设规模大、层数多、结构复杂的建筑物基础；对于箱形基础和设置了地下室的筏板基础，可以有效地提高地基承载力，还可在建筑物下部构成较大的地下空间，提供安置设备和公共设施的合适场所，并能以挖去的土重补偿建筑物的部分（或全部）重量，但这类基础，尤其是箱形基础，技术要求及造价较高，施工中需处理大基坑、深开挖所遇到的许多问题，箱形基础的地下空间利用不灵活，因此，选用时应根据具体条件通过技术经济及应用比较确定。

上部结构的荷载由其墙、柱作用于基础，而基础再将其荷载传给地基，使地基产生应力和变形。同时，基础对墙、柱的底面产生反力，并影响其内力和位移。由此可见，地基、基础和上部结构之间是相互作用、互相影响、彼此制约的。这三部分在力的相互作用方面应该满足静力平衡条件，而且在它们互相连接或接触部位应该满足变形协调条件，这就是地基、基础与上部结构相互作用的概念。对于条形、筏形和箱形等规模较大、承受荷载多和上部结构较复杂的基础，如果计算分析中将上部结构、基础和地基简单地分割成彼此独立的三个组成部分，分别进行设计和验算，三者之间仅满足静力平衡条件而不考虑三者之间的相互作用，则常常引起较大误差。由于基础在地基平面上一个或两个方向的尺寸与其竖向截面相比较大，一般可看成是地基上的受弯构件梁或板，其挠曲特征、基底反力和截面内力分布都与地基、基础及上部结构的相对刚度特征有关，所以应从三者相互作用的角度出发，采用适当的方法进行设计。

对于刚度很小的的柔性基础，它好比放在地基上的柔软薄膜，可以随着地基的变形而任意弯曲。基础上任一点的荷载传递到基底时，不可能向旁扩散分布，就像直接作用在地基上的一样。因此，柔性基础的地基反力分布与作用于基础上的荷载分布完全一致。如果要使基底沉降趋于均匀，就得增大基础边缘的荷载。如果基础完全柔性，那么荷载的传递不受基础的约束也无扩散的作用，则作用在基础上的分布荷载将直接传到地基上，产生与荷载分布相同、大小相等的地基反力。当荷载均匀分布时，反力也均匀分布，而地基变形不均匀，呈中间大两侧递减的凹曲变形。显然，要使基础沉降均匀，则荷载与地基反力必须按中间小两侧大的抛物线分布。

具有一定刚度的基础，有抵抗基础挠曲并使其基底沉降趋于均匀的能力，同时也使地基反力发生由中部向边缘的转移；刚度较低的基础，则无力抵抗基础挠曲并使其基底沉降趋于均匀，也不可能使传至基底的荷载改变其原来的分布形状。通常把基础能够跨越基底中部，把所承担的荷载相对集中地传至基底边缘的现象，称为基础的架越作用。刚性基础对荷载的传递和地基的变形要起约束与调整作用。假定基础绝对刚性，在其上方作用有均布荷载，为适应绝对刚性基础不可弯曲的持点，基底反力将向两侧边缘集中，强使地基表面变形均匀以适应基础的沉降。当把地基土视为完全弹性体时，基底的反力分布如图 3-1 所示。实际的地基土仅具有很有限的强度，基础边缘处的应力太大，土要屈服以至发生破坏，部分应力将向中间转移，于是反力的分布呈马鞍形分布，如图 3-2 所示。就承受剪应力的能力而言，基础下中间部位的土体高于边缘处的土体，因此当荷载继续增加时，基础下面边缘处土体的破坏范围不断扩大，反力进一步从边缘向中间转移。其分布形式呈钟形分布，如图 3-3 所示。如果地基土是无黏性土、没有粘结强度，且基础埋深很浅，则边缘处土体所受的压力几乎可以不计，该处土不具有强度，也就不能承受任何荷载，因此反力的分布就可能成为抛物线分布，如图 3-4 所示。

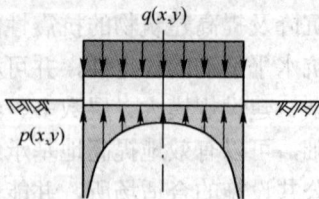

图 3-1　基底的反力分布

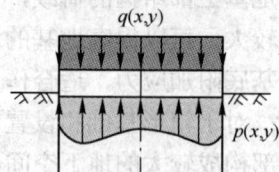

图 3-2　马鞍形分布

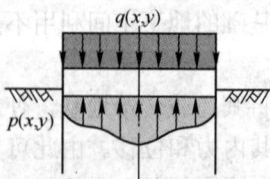

图 3-3　钟形分布

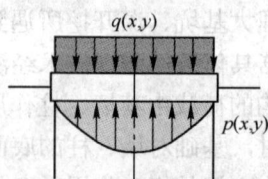

图 3-4　抛物线分布

上部结构的刚度，是指整个上部结构对基础挠曲和不均匀沉降的抵抗能力。对于绝对刚性的上部结构，当地基变形时，各柱只能同时均匀下沉，相当于条形基础在各柱位处布置了不动支座，此时的柱下条形基础无异于在支座荷载和地基反力作用下的倒置连续梁，其变形仅限于柱间地基梁的弯曲，称"局部弯曲"。然而，对于完全柔性的上部结构，条形基础除了传递上部结构的荷载外，对其变形毫无制约的作用，这时，除了局部弯曲以外，整条地基梁的范围内发生弯曲，称"整体弯曲"。实际工程中，绝对刚性和完全柔性的上部结构是不存在的，大多数建筑物上部结构的刚度介于上述两种极端情况之间。由于上部结构的刚度难于定量计算，设计工作中只能定性判断。如高炉、烟囱、水塔等整体结构，可以认为是绝对刚性，剪力墙体系的高层建筑，接近于绝对刚性；而单层排架和静定结构，则接近于完全柔性。

虽然上部结构、基础和地基共同作用是一个复杂的研究课题，尽管已取得较丰硕的成果，但是由于涉及的因素很多，尤其地基土是一种很复杂的材料，而且目前尚缺少一种理想的地基模型去确切模拟，因此考虑共同工作的分析结果与实测资料对比往往存在着不同程度的差异，有时误差还较大，说明理论分析方法尚有待于进一步完善，目前尚未推广应用于工程设计中。对于重要工程可用其理论指导分析和设计，而一般工程中使用的还是常规设计法，故本章主要介绍连续基础的常规设计法。许多设计人员提出，设计这些基础宜坚持以"构造为主，计算为辅"的原则。

按照具体条件可不考虑或计算整体弯曲时，必须采取措施同时满足整体弯曲的受力要求；从结构布置上，限制连续基础在边柱或边墙以外的挑出尺寸，以减轻整体弯曲效应；在确定地基反力图形时，除箱形基础按相应规范的明确规定（该规范根据实测资料已反映整体弯曲的影响）外，柱下条形基础和筏基纵从两端起向内一定范围，如1～2开间，将平均反力加大10%～20%设计；基础梁板的受拉钢筋至少应部分通长配置（具体数量详见相关规范），在合理的条件下，通长钢筋以多为好，尤其是顶面抵抗跨中弯曲的受拉钢筋。对筏板基础，这种钢筋应以全部通长配置为宜。

3.2　地基计算模型

连续基础一般可看成是地基上的受弯构件——梁或板。它们的挠曲特征、基底反力和截面内力分布都与地基、基础及上部结构的相对刚度特征有关。因此，应该从三者相互作用的观点出发，采用适当的方法进行地基上梁或板的分析与设计。在相互作用分析中，地基模型的选择是最为重要的。

地基模型是描述土体在外荷载作用下反应的一种数学表达，是基础计算的一个重要基础。合理选择地基模型不仅直接影响地基反力的分布和基础的沉降，而且影响基础结构和上部结构的内力分布和变形。由于岩土体特性的复杂，地基模型只能针对一些理想化的状态建立，因此不存在普遍都能适用的数学模型以满足土体所要求的应力应变关系。岩土工程领域的一个重要内容就是地基模型的发展和完善。目前地基计算模型很多，按照其对地基变形特征的描述可以分为以下三类：线弹性地基模型、非线弹性地基模型、弹塑性地基模型。这里简要介绍较简单、常用的线弹性地基模型。

3.2.1　文克尔地基模型

文克尔（E.Winkler，1867）地基模型是一种最简单的线弹性地基模型，是由捷克工程师文克尔在计算铁路钢轨时提出的，其基本假设是土介质表面每一点所受的压力强度

$p(x,y)$ 与该点的竖向位移 $s(x,y)$ 成正比,而与土和基础界面上其他点完全无关。数学表达式为:

$$p(x, y) = ks(x, y) \qquad (3\text{-}1)$$

式中,k——基床系数,kN/m^3,表示发生单位沉降需要的反力。k 是基础与地基相互作用中反映地基性质的参数,与地基土变形性质、作用力面积大小和形状、基础埋置深度及基础刚度有关。基床系数可通过现场载荷试验等方法确定,介绍如下三种方法。

1. 按基础预估沉降量确定

对于某个待定的地基和基础条件,可用下式估算基床系数:

$$k = \frac{p_0}{s_{\mathrm{m}}} \qquad (3\text{-}2)$$

式中,p_0——基底平均附加压力;

s_{m}——基础的平均沉降量。

对于厚度为 h 的薄压缩层地基,基底平均沉降量 s_{m} 可用下式计算:

$$s_{\mathrm{m}} = \frac{\sigma_z h}{E_{\mathrm{s}}} \approx \frac{p_0 h}{E_{\mathrm{s}}} \qquad (3\text{-}3)$$

将 s_{m} 代入式(3-2),得:

$$k = \frac{E_{\mathrm{s}}}{h} \qquad (3\text{-}4)$$

式中,E_{s}——土层的平均压缩模量。

如薄压缩层地基由若干分层组成,则将式(3-4)写成:

$$k = \frac{1}{\sum \dfrac{h_i}{E_{\mathrm{s}i}}} \qquad (3\text{-}5)$$

式中,h_i、$E_{\mathrm{s}i}$——第 i 层土的厚度和压缩模量。

2. 按载荷试验成果确定

如果地基压缩层范围内的土质均匀,则可利用荷载试验成果估算基床系数,即在 p—s 曲线上,用对应于基底平均反力 p 的刚性载荷板沉降值 s 来计算载荷板下的基床系数 k_{s}。

对黏性土地基,实际基础下的基床系数按下式确定:

$$k = \frac{b_{\mathrm{p}}}{b} k_{\mathrm{p}} \qquad (3\text{-}6)$$

式中,b_{p}、b——分别为载荷板和基础的宽度。

对于砂土,国外常按 K·太沙基建议的方法,采用 1 英尺×1 英尺(305 mm× 305 mm)的方形载荷板进行试验,考虑到砂土的变形模量随深度逐渐增大的影响,采用下式计算:

$$k = k_p \left(\frac{b+0.3}{2b} \right)^2 \frac{b_p}{b} \qquad (3-7)$$

式中，基础宽度 b 的单位为 m；基础和载荷板下的基床系数 k 和 k_p 的单位均取 MN/m³。对黏性土，考虑基础长宽比 $m = l/b$ 的影响，采用下式计算：

$$k = k_p \frac{m+0.5}{1.5m} \frac{b_p}{b} \qquad (3-8)$$

3. 查表法

在没有试验条件或试验数据不可靠时，常用查表方法确定基床系数。每种土的基床系数都有一定的变化范围，应根据地基、基础和荷载的实际情况适当选用，软弱土地基及基础宽度较大时宜选用低值，基床系数的常用取值范围参见表 3-1。

表 3-1　基床系数（k）的常用取值范围

土 的 分 类		土 的 状 态	$k / (\text{MN} / \text{m}^3)$
天然地基	淤泥质土、有机质土或新填土		$0.1 \times 10^4 \sim 0.5 \times 10^4$
	软弱黏性土		$0.5 \times 10^4 \sim 1.0 \times 10^4$
	黏土、粉质黏土	软塑	$1.0 \times 10^4 \sim 2.0 \times 10^4$
		可塑	$2.0 \times 10^4 \sim 4.0 \times 10^4$
		硬塑	$4.0 \times 10^4 \sim 10.0 \times 10^4$
	砂土	松散	$1.0 \times 10^4 \sim 1.5 \times 10^4$
		中密	$1.5 \times 10^4 \sim 2.5 \times 10^4$
		密实	$2.5 \times 10^4 \sim 4.0 \times 10^4$
	砾土	中密	$2.5 \times 10^4 \sim 4.0 \times 10^4$
	黄土及黄土类粉质黏土		$4.0 \times 10^4 \sim 5.0 \times 10^4$

文克尔模型实质上就是把地基看做是无数小土柱组成，并假设各土柱之间无摩擦力，即将地基视为无数不相联系的弹簧组成的体系，如图 3-5 所示。

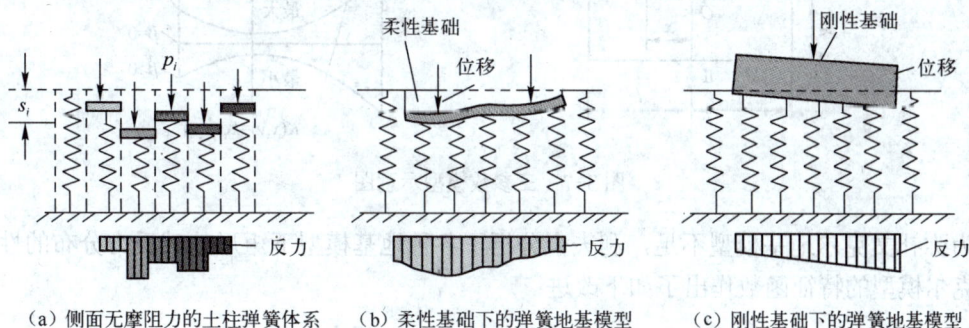

（a）侧面无摩阻力的土柱弹簧体系　　（b）柔性基础下的弹簧地基模型　　（c）刚性基础下的弹簧地基模型

图 3-5　文克尔地基模型示意图

从模型上施加不同荷载的情况可以看出，基底压力图形与基础的竖向位移图相似，绝对刚性基础因基底各点竖向位移呈线性变化，故基反力呈直线分布。用文克尔地基模型描述地基的变形有两点最显著的缺陷：按照文克尔地基模型，地基的沉降只发生在基底范围以内，这与实际情况并不相符，如图 3-6 所示。其原因在于式（3-1）所示的数学模型忽略了地基中的剪应力，而由于剪应力的存在，地基中的附加应力才能产生扩散，从而使基底以外的地表发生沉降，因此，文克尔地基模型一般只适用于土体中剪应力较小的情况；同时试验研究表明，在同一压力作用下，基床系数不是常数，它不仅与土的性质、类别有关，还与基础底面积的大小、形状及基础的埋置深度等有关。由于文克尔地基模型比较简单，模型参数少，且参数的取值也积累了较丰富的经验，所以目前在实际计算中仍被广泛采用。一般认为，当地基上为较软弱的半液态土（如淤泥、软黏土等）或基底下塑性区相对较大时，比较符合文克尔假定。此外，对于地基的压缩层较薄、不超过梁或板的短边宽度一半的薄压缩层地基，因压力面积较大、剪应力较小，也宜采用文克尔地基模型进行计算。也就是说，凡力学性质与水相近的地基，如抗剪强度很低的半液态土地基或基底下塑性区相对较大时，采用文克尔模型就比较合适。

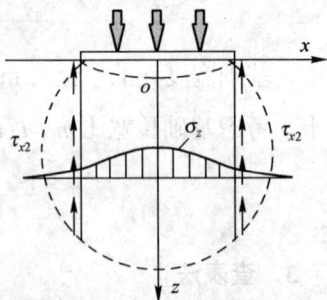

图 3-6　地基中应力的扩散

3.2.2　文克尔改进模型

针对文克尔模型不能考虑土介质连续性及不能考虑土体中剪应力作用的缺陷，后续的改进工作主要集中于三个方面：一是在独立弹簧之间引入力学的相互作用以消除其不连续性；二是对弹性连续介质引入简化位移和应力分布的某种假设，使得在保持连续性的同时，又具备原模型简单的优点；三是引入考虑基础底面尺寸效应的因素，以描述基础范围以外的土体对基床刚度和接触压力分布性质的影响。

上述前三方面的改进模型可以用三个弹性参数来表示，故也称之为三参数模型或文克尔改进模型，其示意图如图 3-7 所示。

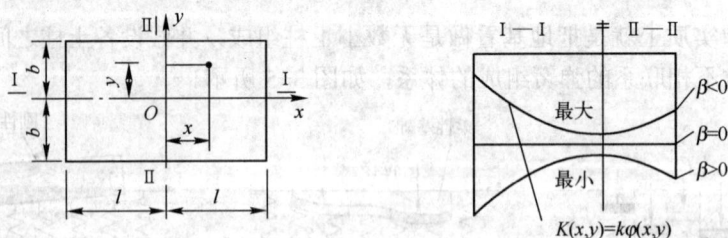

图 3-7　三参数模型示意图

为弥补文克尔地基模型不足，利夫金分析了各种地基模型下矩形基础反力分布的性质，对文克尔模型的特征函数作出了如下改进：

$$p(x,y) = k\left[1 + \beta e^{-\alpha(m-\xi)(1-\eta)}\right]s(x,y) \tag{3-9}$$

式中，k——基床系数；

α、β——与地基土性质有关的无量纲参数；

ξ、η——界面上所考虑点的相对坐标，$\xi = x/l$，$\eta = y/b$；

b、l——矩形基础的半宽与半长；

m——矩形基础的长宽比。

计工二条数... β 也转模型，在...... 心量则参数 α、β，则描述基础范围以外的土体对地基刚度和接触压力分布形式的影响，取 $\alpha = 1.0$，β 取值参见表 3-2 选择。

表 3-2　参数 β 取值

砂　土		黏　土	
密实	1.0/0	坚硬	1.5/0.5
中密	0.5/−0.25	半坚硬	1.0/0
松散	0/−0.5	可塑	0.5/−0.5

3.2.3　弹性半无限空间地基模型

弹性半无限空间地基模型如图 3-8 所示，它是将地基假定视为均质、连续、各向同性的线弹性变形半无限空间，用弹性力学公式求解地基中的附加应力或位移，地基上任意一点的沉降与整个基底反力及邻近荷载的作用有关。

按布辛奈斯克（J. Boussinesq，1685）公式解答计算地表沉降量，地基表面一点变形量与该点荷载及全部地面荷载有关，E、μ 是常量，计算深度无限延伸。较文克尔地基模型更接近实际，但是计算量偏大。

弹性半空间模型虽然具有能够扩散应力和变形的优点，但是它的扩散能力往往超过地基实际情况，所以计算所得的沉降量和地表的沉降范围常比实测结果大。这与它具有无限大的压缩层（沉降计算深度）有关，尤其是它未能考虑到地基的分层特性、非均质性及土体应力应变关系的非线性等重要因素。这些缺点限制了该模型的使用。

当竖向集中力 P 作用在弹性半无限表面上时，根据布辛奈斯克公式，可得到地表面与荷载作用点距离为 r 的点 i 的竖向位移，如图 3-8（a）所示。用下式表示：

$$s = \frac{P(1 - \mu^2)}{\pi E r} \tag{3-10}$$

式中，E——地基土的弹性模量；

μ——地基土的泊松比。

当矩形荷载分布在有限面积 A 上时通过积分可以求得矩形角点处变形值为：

$$s = \frac{pb(1 - \mu^2)I_c}{E} \tag{3-11}$$

式中，I_c——角点影响系数。

作用于地基表面的任意分布荷载如图 3-8（c）所示，把面积划分为 n 个 a_j、b_j 微元。分布于微单元上的荷载作用于微元中心点的集中力用 p_j 表示。若以中心点为节点，则作用于各节点的等效集中力就是 $\{p\}$。p_j 对地基表面任意节点 i 上所引起的变形值为 s_{ij}。

各节点上的变形为 $\{s\}$，则各节点上地基的变形可以用矩阵表示为：

$$\{s\} = [\delta]\{p\} \qquad (3-12)$$

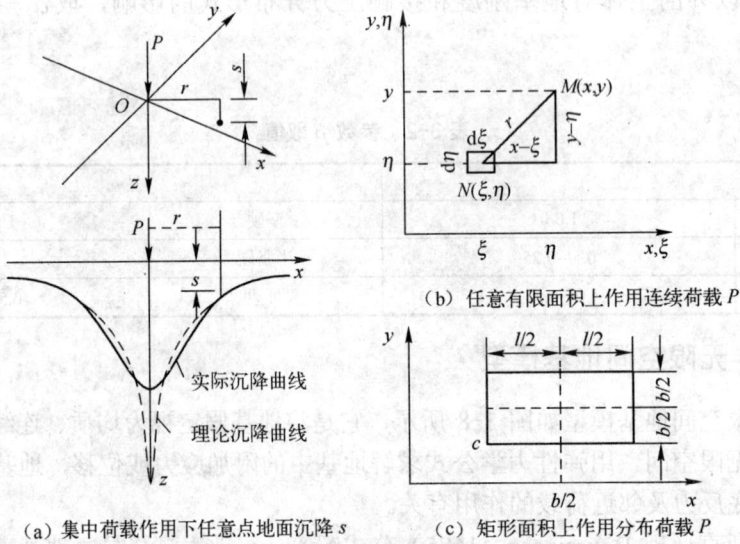

（a）集中荷载作用下任意点地面沉降 s

（b）任意有限面积上作用连续荷载 P

（c）矩形面积上作用分布荷载 P

图 3-8　弹性半无限空间地基模型

弹性半无限空间地基模型地表变形计算如图 3-9 所示。

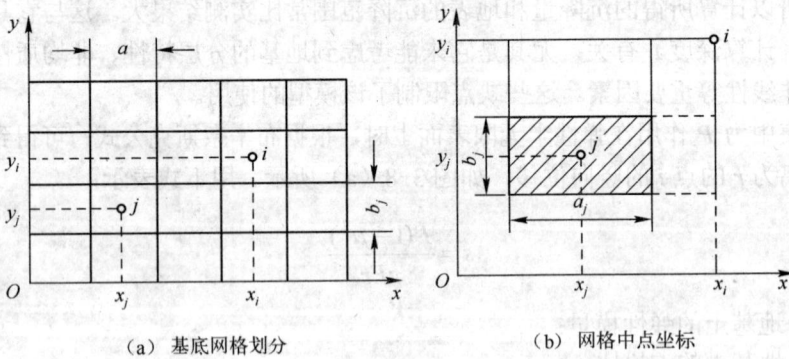

（a）基底网格划分

（b）网格中点坐标

图 3-9　弹性半无限空间地基模型地表变形计算

3.2.4　有限压缩层地基模型

有限压缩层地基模型是将计算沉降的分层总和法应用于地基上梁板的分析，建立地基压缩层与地基作用荷载的关系，地基沉降等于沉降计算深度范围内各计算分层在有限条件下的压缩量之和。这种模型能较好地反映地基土扩散应力和应变的能力，可以反映相近荷载的影响，原理简单，适应性好。但同其他线弹性模型一样，仍未能考虑基底反力的塑性重分布，同时计算繁琐。

有限压缩层地基模型的表达式中的柔度矩阵 δ 须按分层总和法计算。如图 3-10 所示，首先计算在 $p_j = 1/f_j$ 作用下在 i 点引起的附加应力，然后按分层总和法计算 i 点的沉降 δ_{ij}：

$$\delta_{ij} = \sum_{i=1}^{n_c} \frac{\sigma_{tij} h_{ti}}{E_{sti}} \qquad (3-13)$$

式中，h_{ti}、E_{sti} ——第 i 个棱柱体第 t 分层的厚度和压缩模量；

　　　　n_c ——第 i 个棱柱体的分层数；

　　　　σ_{tij} ——第 i 个棱柱体第 t 分层由 $p_j = 1/f_j$ 引起的竖向附加应力的平均值，可用该层中点处的附加应力值来代替。

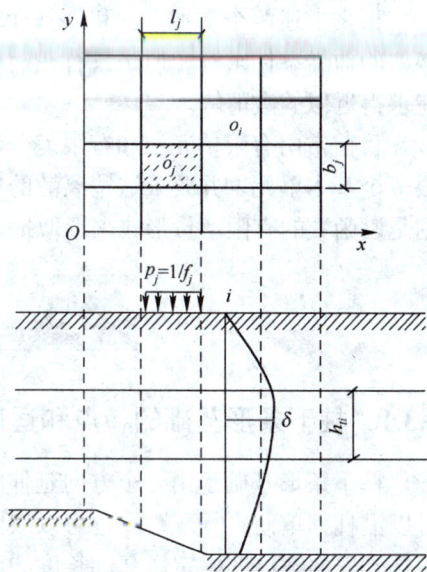

图 3-10　有限压缩层地基模型

3.2.5　地基模型的选择

在工程实际设计中选择符合实际情况的地基模型是一个比较困难的问题，很难给出一个统一的、普遍使用的结论。一般来说，当基础位于无黏性土上时，采用文克尔地基模型是比较适当的，特别是当地基比较柔软、又受有局部荷载作用时。当基础位于黏性土上时，一般应采用连续性地基模型，特别是对于有一定刚度的基础、基底反力适中、地基土中应力水平不高、塑性区开展不大。对于塑性区开展较大，或是薄压缩层地基，可以采用文克尔地基模型。当然，能考虑非线性影响的连续性模型可以认为是较好的选择。

普遍认为用连续性模型得到的结果比文克尔地基模型得到的结果更符合实际。但文克尔地基模型简单、计算方便，故对于非黏性土，仍可采用文克尔地基模型。当地基土呈明显的层状分布、各层之间性质差异较大时，采用分层地基模型是比较适当的。

3.2.6　相互作用分析的基本条件和常用方法

在地基梁板的分析中，应根据工程的实际情况选择合适的地基模型，但是不论怎样，在分析中必须满足下面两个基本条件。

1. 静力平衡条件

基础在外荷载和基底反力的作用下，必须满足静力平衡条件，即：

$$\begin{aligned} \sum F = 0 \\ \sum M = 0 \end{aligned} \qquad (3-14)$$

式中，$\sum F$ ——作用在基础上的竖向外荷载和基底反力之和；

　　　　$\sum M$ ——外荷载和基底反力对基础任一点的力矩之和。

2. 变形协调条件（接触条件）

计算前后基础底面与地基不能出现脱开现象，即基础底面任一点的挠度 w_i 等于该点的地基沉降 s_i：

$$w_i = s_i \tag{3-15}$$

根据上述两个基本条件和地基计算模型，即可列出解答问题所需要的方程式，然后结合必要的边界条件求解。但是只有在简单的情况下才能获得微分方程的解析解，一般情况下只能求得近似的数值解。

目前常用有限单元法和有限差分法来进行地基上的梁板分析，前者是把梁或板分割成有限多个基本单元，并要求这些离散的单元在节点上满足静力平衡条件和变形协调条件；后者则是以函数的有限增量形式来近似地表示梁或板的微分方程中的导数。

3.3   柱下条形基础

3.3.1   柱下条形基础的特点和适用范围

柱下条形基础是由一个方向延伸的基础梁或由两个方向的交叉基础梁所组成，条形基础可以沿柱列单向平行配置，也可以双向相交于柱位处形成交叉条形基础。条形基础的设计包括基础底面宽度的确定、基础长度的确定、基础高度及配筋计算，并满足一定的构造要求。其简化计算有静力平衡法和倒梁法两种，它们是一种不考虑地基与上部结构变形协调条件的实用简化法，即当柱荷载比较均匀、柱距相差不大、基础与地基相对刚度较大、可忽略柱下不均匀沉降时，假定基底反力按线性分布，仅进行满足静力平衡条件下梁的计算。

通常在下列情况下可以采用柱下条形基础：

- 软弱地基上框架或排架结构常用的一种基础类型；
- 多层与高层房屋无地下室或有地下室但无防水要求，当上部结构传下的荷载较大、地基的承载力较低，采用各种形式的单独基础不能满足设计要求时；
- 当采用单独基础所需底面积由于邻近建筑物或构筑物基础的限制而无法扩展时；
- 地基土质变化较大或局部有不均匀的软弱地基，需作地基处理时；
- 各柱荷载差异过大，采用单独基础会引起基础之间较大的相对沉降差异时；
- 需要增加基础的刚度以减少地基变形，防止过大的不均匀沉降量时。

3.3.2   柱下条形基础的构造

柱下条形基础通常是钢筋混凝土梁，由中间的矩形肋梁向两侧伸出的翼板所组成，形成

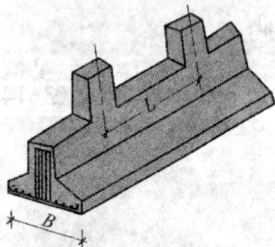

图 3-11   柱下条形基础示意图

既有较大的纵向抗弯刚度，又具有较大基底面积的倒 T 梁的结构，如图 3-11 所示，下部伸出部分称为翼板，中间部分称为肋梁。柱下条形基础的构造如图 3-12 所示，其构造要求如下。

1.   外形尺寸

（1）翼板厚度 h_f 不应小于 200 mm，当 $h_f = 200 \sim 2\,500$ mm 时，翼板宜取等厚度；当 $h_f > 250$ mm 时，宜采用变厚翼板，其坡度 $i \leqslant 1 : 3$ 为宜，当柱荷载较大时，可在柱位处加腋（图 3-12（c）），以提高梁的抗剪切能力，翼板的具体厚度应经计算确定，翼板宽度 b 应按地基承载力计算确定。

（2）肋梁高度 H_0 应由计算确定，初估截面时，宜取柱距的 1/8～1/4，肋宽 b_0 应由截面的抗剪条件确定，且应满足图 3-12（e）的要求，基础比柱外伸至少 50 mm。

（3）为了调整基础底面形心的位置，以及使各柱下弯矩与跨中弯矩均衡以利配筋，条形基础两端宜外伸，其外伸长度宜为第一跨距的 0.25。

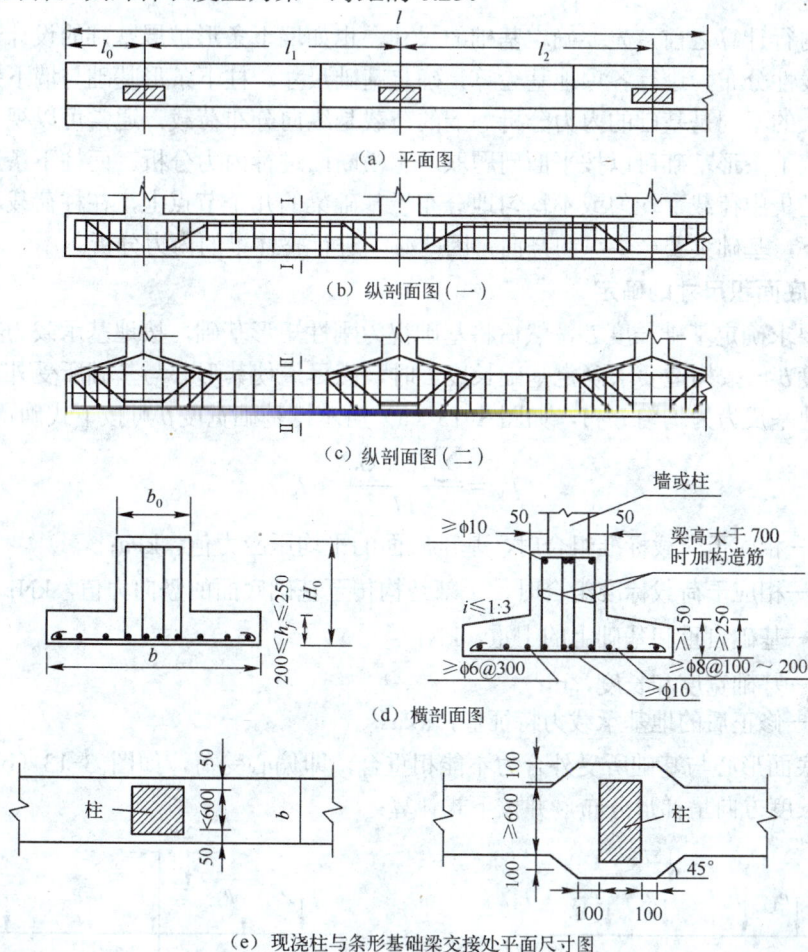

（a）平面图

（b）纵剖面图（一）

（c）纵剖面图（二）

（d）横剖面图

（e）现浇柱与条形基础梁交接处平面尺寸图

图 3-12　柱下条形基础构造图（单位：mm）

2．钢筋

（1）纵向受力筋：条形基础肋梁的纵向受力钢筋应按计算确定，肋梁顶部纵向钢筋应通长配置，底部通长纵向钢筋不应少于底部纵向受力钢筋面积的 1/3。

（2）构造钢筋：当肋梁的腹板高度≥450 mm 时，应在梁的两侧沿高度配置直径大于 10 mm 的纵向构造腰筋，每侧纵向构造钢筋（不包括梁上、下部受力架立钢筋）的截面面积不应小于梁腹板截面面积的 0.1%，其间距不宜大于 200 mm。

（3）箍筋：肋梁中的箍筋应按计算确定，箍筋应做成封闭式。当肋梁宽度 b_0 <350 mm 时，可用双肢箍；当 350 mm< b_0 <800 mm 时，可用四肢箍；当 b_0 >800 mm 时，可用六肢箍。箍筋直径 6～12 mm，间距 5～200 mm，在距柱中心线为 0.25～0.30 倍柱距范围内箍筋应加密布置。

3．混凝土

条形基础用混凝土强度等级不低于 C20，在软弱土地区的基础梁底面应设置厚度不小于

100 mm 的砂石垫层；若用素混凝土垫层，则一般强度等级为 C7.5，厚度不小于 75 mm。当基础梁的混凝土强度等级小于柱混凝土强度等级时，尚应验算柱下基础梁顶面的局部受压强度。

3.3.3 柱下条形基础的计算

在进行内行计算之前，先要确定基础的尺寸，也如墙下条形扩展基础的设计一样，假定基底反力为线性分布，进行各项地基验算，确定基础尺寸。柱下条形基础与墙下条形扩展基础计算上最大的不同是基础的内力分析，墙的荷载是纵向分布荷载，通常可以视为纵向均布荷载，所以墙下条形基础可以按平面问题取单宽横断面进行内力分析。而柱下条形基础承受的柱的荷载是集中荷载，均匀或不均匀地分布于基础梁的几个节点上，在柱荷载和地基反力的共同作用下，基础梁要产生纵向挠曲，因此必须进行整体梁的内力分析。

1．基础底面积尺寸的确定

按构造要求确定基础长度 L，然后将基础视为刚性矩形基础，按地基承载力特征值确定基础底面宽度 b。按构造要求确定基础长度 L 时，应尽量使其形心与基础所受外合力重心相重合，此时地基反力为均匀分布，如图 3-13（a）所示；基础宽度 b 可按下式确定：

$$p_k = \frac{\sum P_k + G_k}{bl} \leqslant f_a \tag{3-16}$$

式中，p_k——相应于荷载标准组合时，基础底面的平均压应力值，kPa；

$\sum P_k$——相应于荷载标准组合时，上部结构传至基础底面的竖向力值，kN；

G_k——基础自重和基础上的土重，kN；

b、l——基础宽度和长度，m；

f_a——修正后的地基承载力特征值，kPa。

若基础底面形心与基础所受外合力不能相重合，即偏心受荷，如图 3-13（b）所示，则基底反力沿长度方向呈梯形分布，并按下式计算：

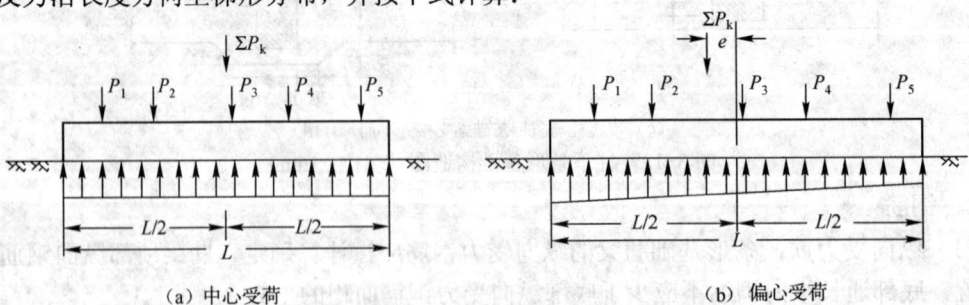

（a）中心受荷   （b）偏心受荷
图 3-13 简化计算法的基底反力分布

$$\frac{p_{k\max}}{p_{k\min}} = \frac{\sum P_k + G_k}{bL} \pm \frac{M_k}{W} = \frac{\sum P_k + G_k}{bL}\left(1 \pm \frac{6e}{L}\right) \leqslant f_a \tag{3-17}$$

基础宽度尺寸还应满足：

$$p_{k\max} \leqslant 1.2 f_a \tag{3-18}$$

式中，$p_{k\max}$、$p_{k\min}$——相应于荷载标准组合时，基底边缘的最大、最小应力值，kPa；

W——相基础底抵抗矩，$W = \frac{1}{6}bL^2$，m³；

e——荷载合力在基础长度方向的偏心距，m。

2. 翼板的计算

翼板可视为悬臂于肋梁两侧，按悬臂板考虑，先计算基础底板横向边缘最大地基净反力 p_{jmax} 和最小地基净反力 p_{jmin}，求出基础梁边处翼板的地基净反力 p_{jl}，如图 3-14 所示，再计算基础梁边处翼板的截面弯矩和剪力，确定其厚度 h_1 和抗弯钢筋的面积。

先按下式计算沿宽度方向的净反力：

$$\begin{array}{c} p_{jmax} \\ p_{jmin} \end{array} = \frac{\sum F_i}{bL} \pm \frac{M}{W} = \frac{\sum F_i}{bL}\left(1 \pm \frac{6e_b}{L}\right) \qquad (3-19)$$

式中，p_{jmax}、p_{jmin}——基础宽度方向最大和最小净反力，kPa；

e_b——荷载合力在基础宽度方向的偏心距，m。

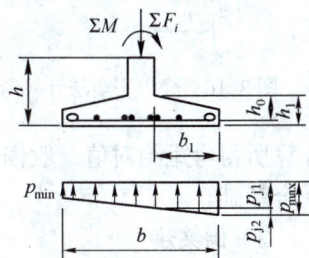

图 3-14 翼缘板计算示意图

然后按斜截面抗剪承载力确定翼板的厚度，并将翼板作为悬臂按下式计算弯矩和剪力：

$$M = \left(\frac{p_{j1}}{3} + \frac{p_{j2}}{2}\right)b_1^2 \qquad (3-20)$$

$$V = \left(\frac{p_{j1}}{2} + p_{j2}\right)b_1 \qquad (3-21)$$

式中，M、V——分别为柱或墙边的弯矩和剪力。

3. 基础梁纵向内力分析

柱下条形基础的内力分析关键是如何确定地基的反力分布，其实质又是如何考虑上部结构、基础、地基的共同作用问题。为了能够较完整学习基础设计的基本理论和较全面了解实用的几种计算方法，本节选择静力平衡法、不考虑共同作用的倒梁法、考虑基础与地基共同作用的文克尔地基上梁计算方法及弹性半空间地基上梁计算的链杆法几种有代表性而又较为常用的方法进行介绍讲解，而考虑上部结构—基础—地基共同作用的方法，计算很复杂，而内容更多涉及上部结构刚度的折算问题，本书不予详细介绍。

1）静力平衡法

静力平衡法，是指假定地基反力按直线分布，不考虑上部结构刚度的影响，根据基础上所有的作用力按静定梁计算基础梁内力的简化计算方法。静力平衡法具体步骤如下。

（1）先确定基础梁纵向每米长度上地基净反力设计值，可不计自重 G，计算其最大值为 bp_{max}，最小值为 bp_{min}，若地基净反力为均匀分布，则净反力为 bp_j，如图 3-15 所示。

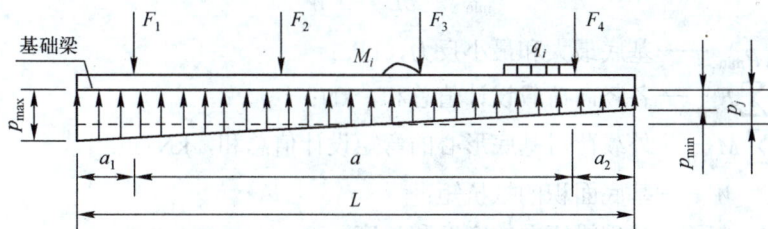

图 3-15 静力平衡法示意图

（2）对基础梁从左至右取分离体，列出分离体上竖向力平衡方程和弯矩平衡方程，求解梁纵向任意截面处的弯矩 M_s 和剪力 V_s；

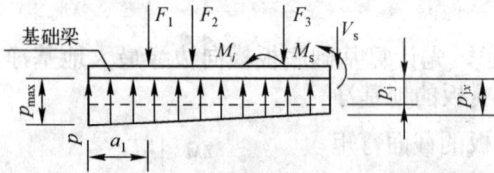

图 3-16 静力平衡法计算弯矩、剪力示意图

（3）求出梁各跨最大弯矩和各支座弯矩及剪力，即可依此进行肋梁的抗剪计算及配筋，其示意图如图 3-16 所示。

静力平衡法没有考虑基础与上部结构的相互作用，因而在荷载和直线分布的基底反力作用下产生整体弯曲，与其他方法比较，计算所得弯矩绝对值一般偏大，此法只适用于上部结构为柔性且基础刚度较大的条形基础及联合基础。

2）倒梁法

倒梁法是不考虑上部结构—基础—地基共同作用的基础梁分析计算方法。它适用于上部结构刚度和基础刚度都较大、上部结构荷载分布比较均匀，即柱距和柱荷载差别不大且地基土层分布和土质比较均匀的情况。这些条件使得基础梁的挠度很小，基础底面反力大体接近于直线分布，可认为上部结构—基础—地基间没有相互约束，可不考虑三者的共同作用，即三者之间的关系仅需要满足静力平衡条件，而不必考虑变形协调条件。这时，由于上部结构的刚度较大，柱脚不会有明显的位移差，基础梁就像是上边固定铰接于柱端、而下边受直线分布的地基反力作用的倒置多跨连续梁，可以应用结构力学方法，即直接应用弯矩分配法或经验弯矩系数法求解基础梁内力，故称为倒梁法。倒梁法的具体算法，属于结构力学的基本内容，本节不再详述。倒梁法计算步骤如下。

（1）根据设计要求及地基计算所确定的基础尺寸，用承载能力极限状态下荷载效应基本组合进行基础的内力计算，拟定柱下条形基础尺寸和作用荷载。

（2）计算基底净反力分布，如图 3-17 所示。在基底反计算中应扣除基础自重，因自重荷载不会在基础梁中引起内力。基底净反力可按下式计算：

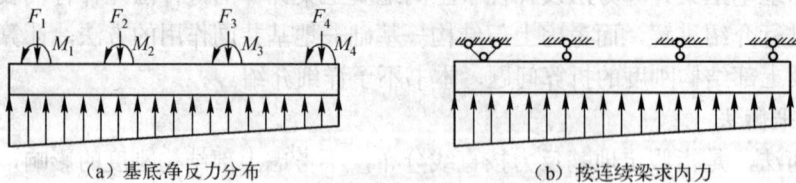

（a）基底净反力分布   （b）按连续梁求内力

图 3-17 倒梁法计算地基梁简图

$$p_{\substack{max \\ min}} = \frac{\sum F}{bL} \pm \frac{\sum M}{W} \qquad (3-22)$$

式中，p_{max}、p_{min}——基底最大和最小反力，kPa；

$\sum F$——各竖向荷载设计值总和，kN；

$\sum M$——外载荷对基底形心的弯矩设计值总和，kN·m；

W——基底面积的抵抗矩；

b，L——基础梁底面的宽度和长度，m。

（3）确定计算简图。以柱端作为不动铰支座，以基底净反力为荷载，绘制多跨连续梁计算简图，如图 3-18（a）所示。如果考虑实际情况，上部结构与基础地基相互作用会引起拱架作用，即在地基基础变形过程中会引起端部地基反力的增加，故在条形基础两端边跨宜增加 15%～20%的地基反力，如图 3-18（b）所示。

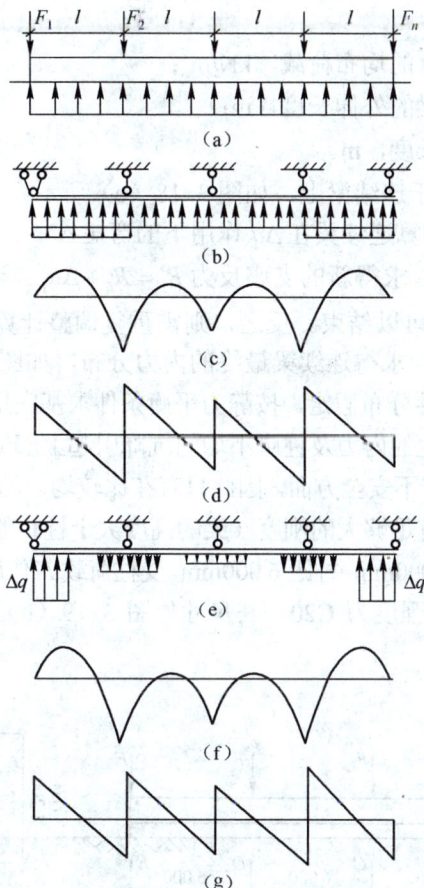

图 3-18　倒梁法计算简图

（4）用弯矩分配法或其他解法计算基底反力作用下连续梁的弯矩分布（如图 3-18（c））、剪力分布（如图 3-18（d））和支座的反力 R_i。

（5）调整与消除支座的不平衡力。显然第一次求出的支座反力 R_i 与柱荷载 F_i 通常不相等，不能满足支座处静力平衡条件，其原因是在本计算中既假设柱脚为不动铰支座，同时又规定基底反力为直线分布，二者不能同时满足。对于不平衡力，需通过逐次调整予以消除。调整方法如下。

① 首先根据支座处的柱荷载 F_i 和支座反力 R_i 求出不平衡力 ΔP_i：

$$\Delta P_i = F_i - R_i \tag{3-23}$$

② 将支座不平衡力的差值折算成分布荷载 Δq，均匀分布在支座相邻两跨的各 1/3 跨度范围内，分布荷载为：

对边跨支座，

$$\Delta q_i = \frac{\Delta P_i}{l_0 + \dfrac{l_i}{3}} \tag{3-24}$$

对中间跨支座，

$$\Delta q_i = \frac{\Delta P_i}{\dfrac{l_{i-1}}{3} + \dfrac{l_i}{3}} \qquad (3-25)$$

式中，Δq_i——不平衡力折算的均布荷载，kN/m^2；

　　　　l_0——边柱下基础梁的外伸长度，m；

l_{i-1}，l_i——支座左右跨长度，m。

将折算的分布荷载作用于连续梁上，如图 3-18（e）所示。

③ 再次用弯矩分配法计算连续梁在 Δq 作用下的弯矩 ΔM、剪力 ΔV 和支座反力 ΔR_i，将 ΔR_i 叠加在原支座反力 R_i 上，求得新的支座反力 $R'_i = R_i + \Delta R_i$。若 R'_i 接近于柱荷载 F_i，且其差值小于 20%，则调整计算可以结束。反之，则需重复调整计算，直至满足精度的要求。

（6）叠加逐次计算结果，求得连续梁最终的内力分布，如图 3-18（f）、（g）所示。

倒梁法根据基底反力线性分布假定，按静力平衡条件求基底反力，并将柱端视为不动铰支座，忽略梁的整体弯曲所产生的内力及柱脚不均匀沉降引起上部结构的次应力，计算结果与实际情况常有明显差异，且偏于不安全方面，因此只有在比较均匀的地基上，上部结构刚度较好，荷载分布较均匀，且基础梁有足够大的刚度（梁的高度大于柱距的 1/6）时才可以应用。

【例 3-1】 基础梁长 24 000mm，柱距 6 000mm，受柱荷载 F 作用，$F_1 = F_2 = F_3 = F_4 = F_5 = 800$ kN。基础梁为 T 形截面，混凝土强度为 C20，其尺寸如图 3-19（b）所示，试用倒梁法求地基反力分布和截面弯矩。

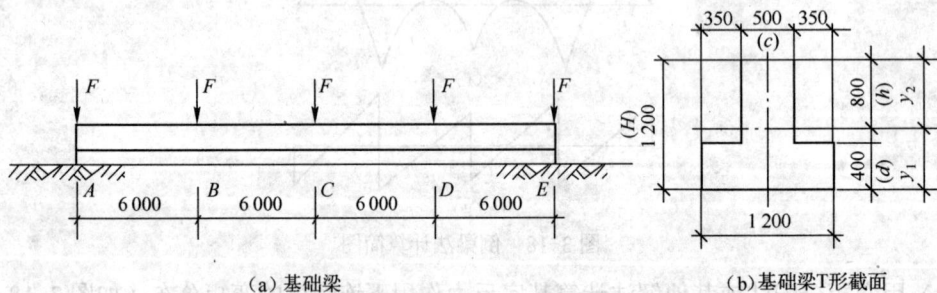

(a) 基础梁　　　　　　　　　　　　　　　　　(b) 基础梁T形截面

图 3-19　例 3-1 附图 1（单位：mm）

解：

（1）计算梁的截面特性。

轴线至梁底距离为：

$$y_1 = \frac{cH^2 + (b-c)d^2}{2(bd + hc)}$$

$$= \frac{0.5 \times 1.2^2 + (1.2-0.5) \times 0.4^2}{2 \times (1.2 \times 0.4 + 0.8 \times 0.5)} = \frac{0.832}{2 \times 0.88} = 0.473 \text{ (m)}$$

$$y_2 = H - y_1 = 1.2 - 0.473 = 0.727 \text{ (m)}$$

梁的截面惯性矩为：

$$I = \frac{1}{3}\left[c \times y_2^3 + b \times y_1^3 - (b-c)(y_1-d)^3 \right]$$

$$= \frac{1}{3}\left[0.5 \times 0.727^3 + 1.2 \times 0.473^3 - (1.2-0.5) \times (0.473-0.4)^3 \right]$$

$$= 0.106(\text{m}^4)$$

梁的截面刚度为：

混凝土弹性模量 $\qquad E_c = 2.55 \times 10^7 (\text{kN/m}^2)$

截面刚度 $\qquad E_c I = 2.55 \times 10^7 \times 0.106 = 2.7 \times 10^6 (\text{kN·m})$

（2）按倒梁法计算地基的净反力和基础梁的截面弯矩。

① 假定基底反力均匀分布，如图 3-20（a）所示，每米长度基底反力值为：

$$\bar{p} = \frac{\sum F}{bl} = \frac{5 \times 800}{4 \times 6} = 166.7(\text{kN/m})$$

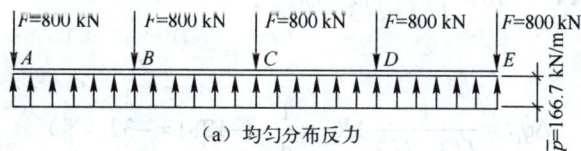

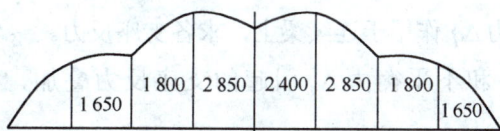

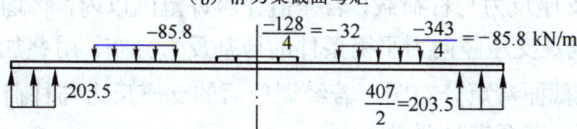

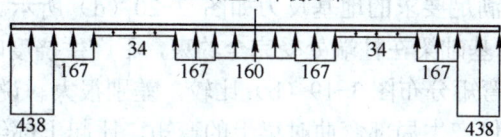

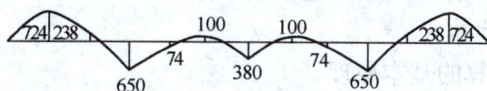

图 3-20 例 3-1 附图 2（单位：kN·m）

若根据柱荷载和基底均布反力，按静定梁计算截面弯矩，则结果如图 3-20（b）所示。它相当于梁不受柱端约束可以自由挠曲的情况。

② 按倒梁法则把基础梁当成以柱端为不动支座的四跨连续梁，当底面作用于均布反力 $\bar{p} = 166.7\text{kN/m}$ 时，各支座反力为：

$$R_A = R_E = 0.393pl = 0.393 \times 1.667 \times 6 = 393(\text{kN})$$
$$R_B = R_D = 1.143pl = 1.143 \times 166.7 \times 6 = 1\,143(\text{kN})$$
$$R_C = 0.928pl = 0.928 \times 166.7 \times 6 = 1\,143(\text{kN})$$

③ 由于支座反力与柱荷载不相等，在支座处存在不平衡力，各支座的不平衡力为：

$$\Delta R_A = \Delta R_E = 800 - 393 = 407(\text{kN})$$
$$\Delta R_B = \Delta R_D = 800 - 1\,143 = -343(\text{kN})$$
$$\Delta R_C = 800 - 928 = -128(\text{kN})$$

把支座不平衡力均匀分布于支座两侧各 1/3 跨度范围内。对 A、E 支座，有：

$$\Delta q_A = \Delta q_E = \frac{1}{l/3}\Delta R_A = \frac{3}{6} \times 407 = 203.5(\text{kN})$$

对 B、D 支座，有：

$$\Delta q_B = \Delta q_D = \frac{1}{l/3 + l/3}\Delta R_B = \frac{1}{4} \times (-343) = -85.8(\text{kN})$$

对 C 支座，有：

$$\Delta q_C = \frac{1}{l/3 + l/3}\Delta R_C = \frac{1}{4} \times (-128) = -32(\text{kN})$$

④ 将均匀分布不平衡力 Δq 作用于连续梁上，求各支座反力。

⑤ 将均匀分布反力 $\overline{p}$ 和不平衡力 Δq 引起的支座反力叠加，得到调整后的各支座反力。

⑥ 比较调整后的支座反力与柱荷载，若差值在容许范围以内，将均匀分布反力 $\overline{p}$ 与不平衡力 Δq 相叠加，即为满足支座竖向力平衡条件的地基反力分布。用叠加后的地基反力与柱荷载作为梁上荷载，求梁截面弯矩分布图。若经调整后的支座反力与柱荷载的差值超过容许范围，则重复③～⑥步骤，直至满足要求。

本例题经过两轮计算，满足要求的地基反力如图 3-20（d）所示。相应的梁截面弯矩分布如图 3-20（e）所示，表示基础梁在柱端处受完全约束，不产生挠度时的截面弯矩分布。与梁完全自由不受柱端约束的弯矩分布图 3-19（b）比较，差别很大。说明上部结构刚度很大，基础梁不能产生整体弯曲，仅产生局部弯曲时梁上的弯矩，比起上部结构刚度很小，基础梁可产生整体弯曲时要小得多，分布的规律也很不一样。

3）文克尔地基上梁的计算

（1）文克尔地基上梁计算的基本原理。

如前所述，文克尔地基的基本假定是压应力 p 与地面变形 s 符合 $p = ks$ 的要求，放置在文克尔地基上的梁，受到分布荷载 $q\,(\text{kN/m})$ 和基底反力 $p\,(\text{kN/m}^2)$ 的作用发生挠曲，如图 3-21 所示。在弹性地基梁的计算中，通常取单位长度上的压力计算，即 $\overline{p} = pb$，$b(\text{m})$ 为基础梁的宽度，这时，文克尔假定可改写为：

$$\overline{p} = k_s s \tag{3-26}$$

式中，$k_s = kb$，单位为 kN/m^2。

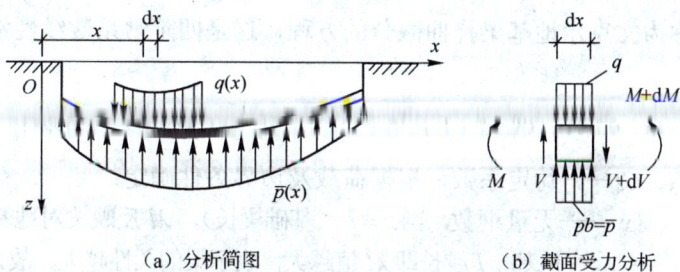

（a）分析简图　　　　　　　（b）截面受力分析

图 3-21　文克尔地基上梁的分析简图

从梁上截取微元 dx，由竖向静力平衡条件，有：

$$V - (V + dV) + \bar{p}dx - qdx = 0 \qquad (3\text{-}27)$$

$$\frac{dV}{dx} = \bar{p} - q \qquad (3\text{-}28)$$

已知梁的挠曲线微分方程为：

$$-M = E_c I \frac{d^2 w}{dx^2} \qquad (3\text{-}29)$$

或

$$E_c I \frac{d^4 w}{dx^4} = -\frac{d^2 M}{dx^2} \qquad (3\text{-}30)$$

式中，E_c——梁材料的弹性模量，kN/m^2；

　　　w——梁的挠度，即 z 方向的位移，m；

　　　I——梁截面惯性矩，m^4；

　　　b——梁宽，m。

由 $\dfrac{dV}{dx} = \dfrac{d^2 M}{dx^2}$，即式（3-30）可改写为：

$$E_c I \frac{d^4 w}{dx^4} = q - \bar{p} \qquad (3\text{-}31)$$

梁的挠曲应与地基变形相协调，即梁的挠度 w 等于地基相应点的变形 s。引入文克尔假设，即可得到文克尔地基上梁挠曲微分方程：

$$E_c I \frac{d^4 w}{dx^4} = q - k_s w \qquad (3\text{-}32)$$

假设 $q = 0$，代入式（3-32）整理，得：

$$\frac{d^4 w}{dx^4} + 4\lambda^4 w = 0 \qquad (3\text{-}33)$$

式中，λ 称为弹性地基梁的特征系数。

$$\lambda = \sqrt[4]{\frac{k_s}{4 E_c I}} \qquad (3\text{-}34)$$

它是反映梁挠曲刚度和地基刚度之比的系数，单位为 m^{-1}，故其倒数 $1/\lambda$ 称为特征长度。

式（3-33）称为文克尔地基梁挠曲微分的方程，这是四阶常系数线性常微分方程，其通解为：

$$w = e^{\lambda x}(C_1 \cos \lambda x + C_2 \sin \lambda x) + e^{-\lambda x}(C_3 \cos \lambda x + C_4 \sin \lambda x) \qquad (3-35)$$

式中，C_1、C_2、C_3、C_4——待定系数，根据荷载及边界条件确定；

λx——无量纲数，当 $x = l$（基础梁长），λl 反映梁对地基相对刚度，同一地基，l 越长即 λl 值越大，表示梁的柔性越大，故 λl 称为柔度指数。

为了解方程式（3-35），确定待定系数，特别需要对边界条件进行分析，以便找出针对不同情况的解。放在同一地基上的短梁与长梁的地基反力如图 3-22（a）、（b）所示。在相同荷载 F 作用下，从图中可看出两种梁的挠曲与地基反力有很大不同。短梁有较大相对刚度，因而挠曲较平缓，基底反力较均匀；长梁相对较柔软，梁的挠曲与基底反力均集中在荷载作用的局部范围内，向远处逐渐衰减而趋于零。因此进行分析时，先要区分地基梁的性质。对于文克尔地基上梁，按柔度指数 λl 值区分为：

- $\lambda l < \dfrac{\pi}{4}$，短梁（或称刚性梁）；

- $\dfrac{\pi}{4} < \lambda l < \pi$，有限长梁（也称有限刚性梁，或中长梁）；

- $\lambda l > \pi$，无限长梁（或称柔性梁）。

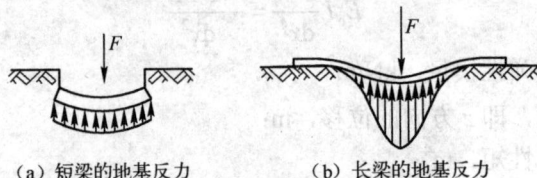

（a）短梁的地基反力　　　　（b）长梁的地基反力

图 3-22　地基梁受弯时的地基反力

根据以上分类，分别确定各类梁的边界条件与荷载条件，求出解的系数。

（2）文克尔地基上无限长梁的解。

无限长梁，是指在梁上任一点施加荷载时，沿梁长方向上各点的挠度随着离开加荷点距离的增加而减小，当梁的无载荷端离荷载作用点无限远时，此无载荷端（即两端点）的挠度为零，则此地基梁称为无限长梁。实际上当梁端与加荷点距离足够大，其柔度指数 $\lambda l > \pi$ 时地基梁就可视为是无限长梁。

令梁上作用于集中力 F，以作用点为坐标原点，当 $x \to \infty$ 时，$w = 0$，由式（3-35）可得，$C_1 = C_2 = 0$，即：

$$w = e^{-\lambda x}(C_3 \cos \lambda x + C_4 \sin \lambda x) \qquad (3-36)$$

考虑梁的连续性、荷载及地基反力对称于原点，即当 $x = 0$ 时，该点挠曲线的切线是水平的，故有：

$$\theta = \left(\frac{dw}{dx}\right)_{x=0} = 0 \qquad (3-37)$$

式中，θ 为梁截面的转角。

由式（3-36）和式（3-37），得：

$$C_3 - C_4 = 0$$

$$C_3 = C_4 = C$$

故
$$w = Ce^{-\lambda x}(\cos\lambda x + \sin\lambda x) \tag{3-38}$$

根据对称性，在 $x=0$ 处梁断面的剪应力等于地基总反力的一半，即：

$$V = \frac{dM}{dx} = \frac{d}{dx}\left(-E_cI\frac{d^2w}{dx^2}\right) = -E_cI\frac{d^3w}{dx^3}\bigg|_{x=0} = -\frac{F}{2} \tag{3-39}$$

对式（3-38）求三阶导数，再代入式（3-39），得：

$$C = \frac{F\lambda}{2k_s} \tag{3-40}$$

将式（3-40）代入式（3-38）中，得到梁的挠曲方程：

$$w = \frac{F\lambda}{2k_s}e^{\lambda x}(\cos\lambda x + \sin\lambda x) \tag{3-41}$$

再将式（3-41）分别对 x 求一阶、二阶和三阶导数，就可求得 $x \geq 0$ 时梁截面的转角 $\theta = \frac{dw}{dx}$、弯矩 $M = -E_cI\frac{d^2w}{dx^2}$ 和剪力 $V = -E_cI\frac{d^3w}{dx^3}$。将所得公式集中如下：

$$\begin{cases}
\text{挠度} \quad w = \frac{F\lambda}{2k_s}A_x \\[2mm]
\text{转角} \quad \theta = \frac{dw}{dx} = \frac{-F\lambda^2}{k_s}B_x \\[2mm]
\text{弯矩} \quad M = -E_cI\frac{d^2w}{dx^2} = \frac{F}{4\lambda}C_x \\[2mm]
\text{剪力} \quad V = \frac{dM}{dx} = -\frac{F}{2}D_x \\[2mm]
\text{单位梁长地基反力} \quad \bar{p} = k_x w = \frac{F\lambda}{2}A_x \\[2mm]
\text{地基反力强度} \quad p = \frac{\bar{p}}{b} = \frac{k_s w}{b} = \frac{F\lambda}{2b}A_x
\end{cases} \tag{3-42}$$

其中
$$\begin{cases}
A_x = e^{-\lambda x}(\cos\lambda x + \sin\lambda x) \\
B_x = e^{-\lambda x}\sin\lambda x \\
C_x = e^{-\lambda x}(\cos\lambda x - \sin\lambda x) \\
D_x = e^{-\lambda x}\cos\lambda x
\end{cases} \tag{3-43}$$

集中力 F 作用下无限长梁的挠度、弯矩、剪力与基底反力分布如图 3-23（a）所示，同理可求出力偶 M_0 作用下无限长梁的挠度、转角、弯矩和剪力，如图 3-23（b）所示，并可表示为：

$$w = \frac{M_0\lambda}{k_s}B_x, \quad \theta = \frac{M_0\lambda^3}{k_s}C_x, \quad M = \pm\frac{M_0}{2}D_x, \quad V = \frac{-M_0\lambda}{2}A_x \tag{3-44}$$

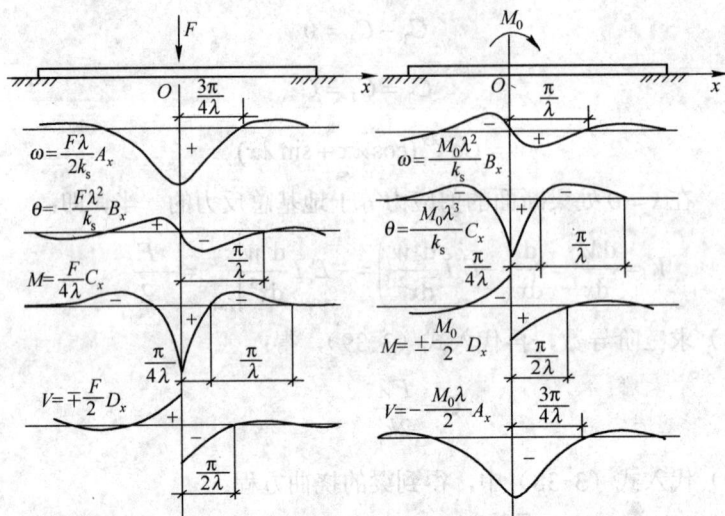

（a）集中力作用　　　　　　　　（b）集中力偶作用

图 3-23　文克尔地基上无限长梁的挠度和内力

对于其他类型的荷载，也可以按照上述方法求解。对于受多种荷载作用的无限长梁，可以分别求解，再用叠加原理求和。

（3）文克尔地基上半无限长梁的解。

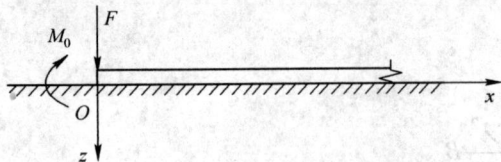

图 3-24　梁端有集中荷载的半无限长梁

半无限长梁，是指梁的一端在荷载作用下产生挠曲和位移，随着离开荷载作用点的距离加大，挠曲和位移减小，直至无限远端，挠曲和位移为零，成为一无载荷端，如图 3-24。半无限长梁的柔度指数 $\lambda l > \pi$。

半无限长梁的边界条件为，当 $x=\infty$ 时，$w \to 0$；当 $x=0$ 时，$M=M_0$、$V=-F$，根据荷载条件，同理可求出相应的梁的位移、内力、反力及其中所包含的系数。

在集中力 F 与力偶 M_0 作用下无限长梁与半无限长梁的公式见表 3-3。

表 3-3　无限长梁与半无限长梁的公式

	无限长梁		半无限长梁	
	受集中力 F	受力偶 M_0	梁端受力偶 M_0	梁端受集中力 F
w	$\dfrac{F\lambda}{2k_s}A_x$	$\pm\dfrac{M_0\lambda^2}{k_s}B_x$	$-\dfrac{2M_0\lambda^2}{k_s}C_x$	$\dfrac{F\lambda}{2k_s}D_x$
θ	$\mp\dfrac{F\lambda^2}{k_s}B_x$	$\dfrac{M_0\lambda^3}{k_s}C_x$	$4\dfrac{M_0\lambda^3}{k_s}D_x$	$-2\dfrac{F\lambda^2}{k_s}A_x$
M	$\dfrac{F}{4\lambda}C_x$	$\pm\dfrac{M_0}{2}D_x$	M_0A_x	$\dfrac{F}{\lambda}B_x$
V	$\mp\dfrac{F}{2}D_x$	$-\dfrac{M_0\lambda}{2}A_x$	$-2M_0\lambda B_x$	$-FC_x$

（4）文克尔地基上有限长梁的解。

实际工程中的条形基础不存在真正的无限长梁或半无限长梁，都是有限长的梁。若梁不很长，荷载对梁两端的影响尚未消失，即梁端的挠曲或位移不能忽略，这种梁称为有限长梁。按上述无限长梁的概念，当梁长满足荷载作用点距两端距离都小于 $\frac{\pi}{\lambda}$ 时，该类梁即属于有限长梁范围。有限长梁的长度下限是梁长 $l \leqslant \frac{\pi}{4\lambda}$。此时，梁的挠曲很小，可以忽略，称为刚性梁。

由此可知，无限长梁和有限长梁并不完全是用一个绝对的尺度来划分，而要以荷载在梁端引起的影响是否可以忽略来判断。例如，当梁上作用有多个集中荷载时，对每一个荷载而言，梁按何种模型计算，就应根据荷载作用点的位置与梁长，用表 3-4 进行判断。

表 3-4　基础梁的类型

梁　长	集中荷载位置（距梁端）	梁的计算模型
$l \geqslant 2\pi/\lambda$	距两端都有 $x \geqslant \pi/\lambda$	无限长梁
$l \geqslant \pi/\lambda$	作用于梁端，距另一端有 $x \geqslant \pi/\lambda$	半无限长梁
$\pi/4\lambda < l < 2\pi/\lambda$	距两端都有 $x < \pi/\lambda$	有限长梁
$l \leqslant \pi/4\lambda$	无关	刚性梁

有限长梁求解内力、位移的方法，可按无限长梁与半无限长梁的公式，运用叠加原理求解。有限长梁 AB（梁 I）受集中力 F 作用如图 3-25 所示，求解内力和位移的计算步骤如下。

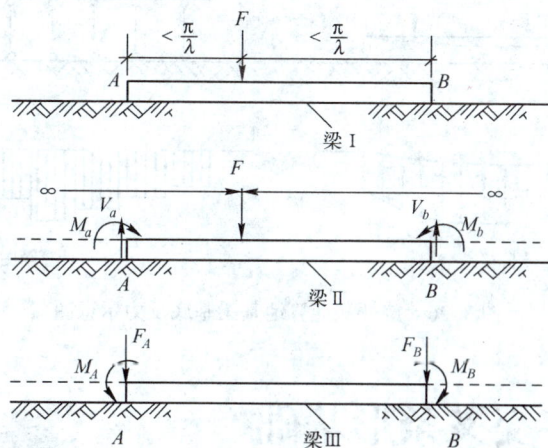

图 3-25　有限长梁内力、位移计算

① 将梁 I 两端无限延伸，形成无限长梁 II，按无限长梁的方法求解梁的内力和位移，并求得在原来梁 I 的两端 A、B 处产生的内力 M_a、V_a 和 M_b、V_b。梁 I 和梁 II AB 段内力的差别在于后者 A、B 点作用着 M_a、V_a、M_b、V_b。

② 将梁 I 两端无限延伸，并在 A、B 处分别加以待定的外荷载 M_A、F_A 和 M_B、F_B，如图 3-25 中梁 III。利用表 3-7 计算 M_A、F_A 和 M_B、F_B 在 A、B 点产生的内力 M_a'、V_a' 和 M_b'、V_b'，显然它们都是外荷 M_A、F_A 和 M_B、F_B 的线性函数。

③ 令 $M_a' = -M_a$、$V_a' = -V_a$、$M_b' = -M_b$、$V_b' = -V_b$，求得待定荷载 M_A、F_A 和 M_B、F_B。

④ 求解梁Ⅲ的内力和位移，并将其与梁Ⅱ的内力和位移相叠加，得出的结果就是有限长梁 AB 在荷载 F 作用下的内力和位移。

4）弹性半空间地基上梁的计算

如果把地基看成连续均匀的弹性半空间地基，放置在半空间地基表面上的梁受荷载后的变形和内力，同样可以按基础—地基共同作用的原则，由静力平衡条件和变形协调条件求得，但是方法要比文克尔地基上的梁的解法复杂得多。这是因为文克尔地基上任一点的变形只取决于该点上的荷载，而弹性半空间地基表面上任一点的变形，则不仅取决于该点上的荷载，还与全部作用荷载有关。这个问题的理论解法比较复杂，通常只能寻求简化的方法求解，一种途径是做出一些假设，建立解析关系，采用数值法（有限元法或有限差分法）求解；另一种途径是对计算图式进行简化，链杆法属于后者。

链杆法的基本思路是：将连续支承于地基上的梁简化为用有限个链杆支承于地基上的梁，即将无穷个支点的超静定问题转化为支承在若干个弹性支座上的连续梁，因而可用结构力学方法求解。链杆起联系基础与地基的作用，通过链杆传递竖向力。每根刚性链杆的作用力，代表一段接触面积上地基反力的合力，因此将连续分布的地基反力简化为阶梯形分布的反力。为了保证简化的连续梁的稳定性，在梁的一端再加上一根水平链杆，如果梁上无水平力作用，该水平链杆的内力实际上等于零。只要求出各链杆内力，就可以求得地基反力及梁的弯矩和剪力，链杆法计算地基梁基底反力示意图如图 3-26 所示。

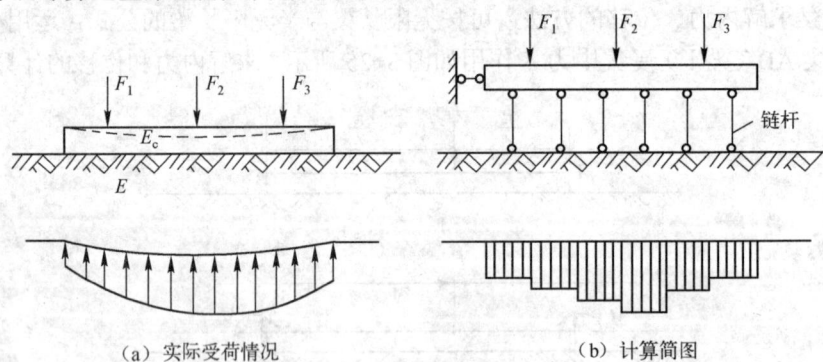

（a）实际受荷情况　　　（b）计算简图

图 3-26　链杆法计算地基梁基底反力示意图

3.4　十字交叉条形基础

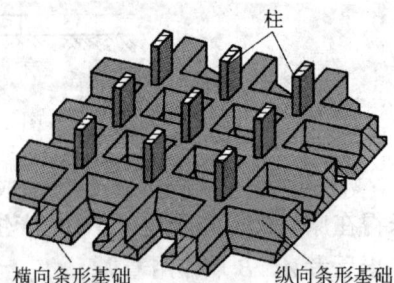

图 3-27　十字交叉条形基础示意图

当上部荷载较大、地基土较软弱，只靠单向设置柱下条形基础已不能满足地基承载力和地基变形要求时，可采用沿纵、横向设置交叉条形基础，又称十字交叉梁基础，其示意图如图 3-27 所示。柱下十字交叉梁基础可视为双向的柱下条形基础，其每个方向的条形基础构造与计算，与前述相同。只是柱传递的竖向荷载由两个方向的条形基础承担，故需在两个方向上进行分配，而柱传递的弯矩 M_x、M_y 直接加于相应方向的基础梁上，不必再做分配，即不考虑基础梁承受的扭矩，然后分别按单向条形基础进行配筋。

十字交叉基础将荷载扩散到更大的基底面积上，减小基底附加压力，并且可提高基础整体刚度、减少沉降差，因此这种基础常作为多层建筑或地基较好的高层建筑的基础，对于较软弱的地基，可与桩基连用。

为调整结构荷载重心与基底平面形心相重合、改善角柱与边柱下地基受力条件，柱下十字交叉基础常在转角和边柱处，基础梁做构造性延伸。梁的截面大多取 T 形，梁的结构构造的设计要求与条形基础类同。在交叉处翼板双向主筋需重叠布置，如果基础梁有扭矩作用，则纵向筋应按承受弯矩和扭矩进行配置。

柱下十字交叉基础上的荷载是由柱网通过柱端作用在交叉节点上，如图 3-28 所示。基础计算的基本原理是把节点荷载分配给两个方向的基础梁，然后分别按单向的基础梁由前述的方法进行计算。

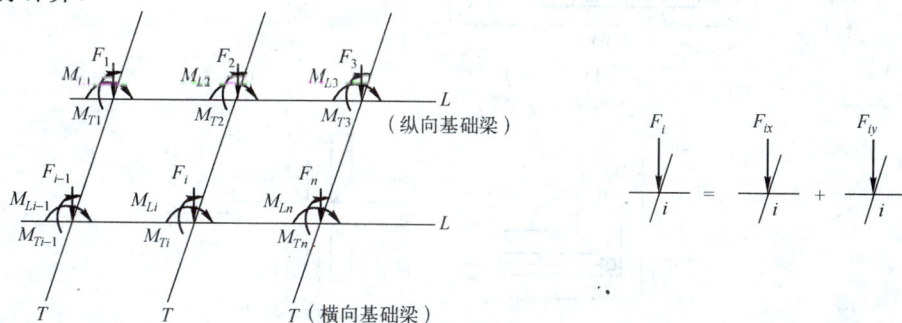

图 3-28 十字交叉基础节点受力图

柱传递的竖向荷载在正交的两个条形基础上的分配原则必须满足两个条件：静力平衡条件和变形协调条件。

（1）静力平衡条件，即在节点处分配给两个方向条形基础的荷载之和等于柱荷载，即：

$$F_i = F_{ix} + F_{iy} \tag{3-45}$$

式中，F_i——i 节点上的竖向柱荷载，kN；

F_{ix}——x 方向基础梁在 i 节点的竖向荷载，kN；

F_{iy}——y 方向基础梁在 i 节点的竖向荷载，kN。

节点上的弯矩 M_x、M_y 直接加于相应方向的基础梁上，不必再作分配，即不考虑基础梁承受扭矩。

（2）变形协调条件，即分离后两个方向的条形基础在交叉节点处的竖向位移应相等。

$$w_{ix} = w_{iy} \tag{3-46}$$

式中，w_{ix}——x 方向梁在 i 节点处的竖向位移；

w_{iy}——y 方向梁在 i 节点处的竖向位移。

由式（3-45）与式（3-46）可知，每个节点均可建立两个方程，其中只有两个未知量 F_{ix} 和 F_{iy}。方程数与未知量相同。若有 n 个节点，即有 $2n$ 个方程，恰可解 $2n$ 个未知量。

但是实际计算显然很复杂，因为必须用上述方法求弹性地基上梁的内力和挠度才能解出节点的位移，而这两组基础梁上的荷载又是待定的。也就是说，必须把柱荷载的分配与两组弹性地基梁的内力与挠度联合求解。为减少计算的复杂程度，一般采用文克尔地基模型，略去本节点的荷载对其他节点挠度的影响，即便如此，计算也相当复杂。

十字交叉基础有三种节点，即倒 L 形节点、T 形节点、十字形节点，如图 3-29 所示。倒 L 形节点按两条正交的半无限长梁计算梁的挠度，T 形节点则按正交的一条无限长梁和一条半无限长梁计算梁的挠度，十字形节点可按两条正交的无限长梁交点计算梁的挠度。

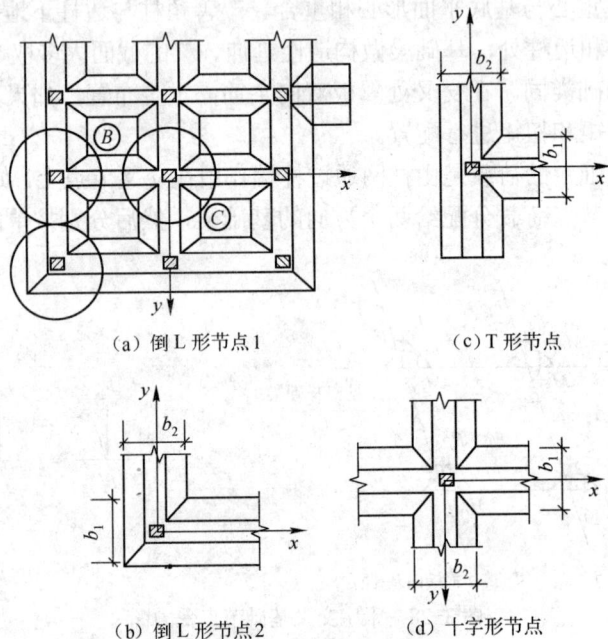

(a) 倒 L 形节点1　　　　(c) T 形节点

(b) 倒 L 形节点2　　　　(d) 十字形节点

图 3-29　十字交叉基础节点类型

采用文克尔地基模型，用表 3-4 中计算无限长梁和半无限长梁受集中力 F 作用下的挠度公式来计算交点的挠度。在交点处（荷载作用点），$x=0$，式中的参数 $A_x=1$，$D_x=1$。无限长梁交点处的挠度为：

$$w = \frac{F\lambda}{2k_s} = \frac{F\lambda}{2kb} \tag{3-47}$$

对半无限长梁，交点处的挠度为：

$$w = \frac{2F\lambda}{k_s} = \frac{2F\lambda}{kb} \tag{3-48}$$

现以图 3-29 中 T 形节点为例分配柱荷载 F_i。设分配于纵、横方向基础梁上的节点力分别为 F_{ix} 与 F_{iy}，节点的竖向位移为 w_{ix} 和 w_{iy}，对于纵向 x 基础梁，按半无限长梁计算交点挠度：

$$w_{ix} = \frac{2F_{ix}\lambda_1}{b_1 k}, \quad \lambda_1 = 4\sqrt{\frac{b_1 k}{E_c I}} \tag{3-49}$$

对于横向 y 基础梁，按无限长梁计算交点挠度：

$$w_{iy} = \frac{F_{iy}\lambda_2}{2b_2 k}, \quad \lambda_2 = 4\sqrt{\frac{b_2 k}{E_c I_2}} \tag{3-50}$$

纵、横方向基础梁在节点 i 处的挠度必须符合变形协调条件：

$$w_{ix} = w_{iy}, \quad 4F_{ix}\lambda_1 = F_{iy}\lambda_2 \frac{b_1}{b_2} \tag{3-51}$$

式中，b_1、b_2——纵向基础梁和横向基础梁的宽度，m；

$\quad I_1$、I_2——纵向基础梁和横向基础梁的截面惯性矩，m^4；

$\quad E_c$——基础梁的材料弹性模量，kN/m^2；

$\quad k$——地基的抗力系数，kN/m^3。

同时必须符合静力平衡条件：

$$F_{ix} + F_{iy} = F_i \tag{3-52}$$

结合式（3-51），得：

$$F_{ix} = \frac{b_1\lambda_2}{b_1\lambda_2 + 4b_2\lambda_1} F_i \tag{3-53}$$

$$F_{iy} = \frac{b_2\lambda_1}{b_1\lambda_2 + 4b_2\lambda_1} F_i \tag{3-54}$$

同理，对于十字形和倒 L 形节点，得到纵横基础梁所分配的节点荷载均为：

$$F_{ix} = \frac{b_1\lambda_2}{b_1\lambda_2 + b_2\lambda_1} F_i \tag{3-55}$$

$$F_{iy} = \frac{b_2\lambda_1}{b_1\lambda_2 + b_2\lambda_1} F_i \tag{3-56}$$

再将节点上的柱荷载分配给纵、横方向基础梁的计算中，在交叉节点处，基底面积重复计算了一次，即图 3-30 中的阴影面积多算了一次，结果使基底单位面积上的反力较实际的反力减少了，计算结果偏于不安全方面，必须进行调整修正。

调整的办法是先计算因有重叠基底面积而引起基底压力的变化量 Δp，然后增加荷载增量 ΔF，恰好能抵消基底压力的变化量，使得基底压力能维持不变。

调整前的基底压力平均计算值为：

$$p = \frac{\sum_{i=1}^n F_i}{A + \sum_{i=1}^n \Delta A_i} \tag{3-57}$$

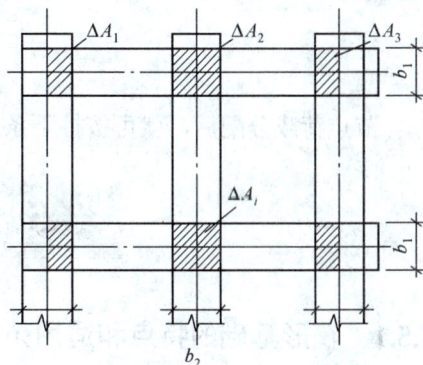

图 3-30 交叉面积计算简图

式中，$\sum_{i=1}^n F_i$——作用在各节点上集中力的总和；

$\quad A$——基础的实际底面积；

$\quad \sum_{i=1}^n \Delta A_i$——交叉基础各节点重叠的基底面积之和。

调整后即消除了重叠基底面积影响的实际基底压力为：

$$p' = \frac{\sum_{i=1}^{n} F_i}{A} \qquad (3-58)$$

调整前后基底压力的变化值 Δp 就是由重叠基底面积 $\sum \Delta A_i$ 所引起的,为:

$$\Delta p = p' - p = \frac{\sum_{i=1}^{n} \Delta A_i}{A} p \qquad (3-59)$$

显然,基础梁由于多算了基底面积 $\sum_{i=1}^{n} \Delta A_i$,因而使得基底压力的减小量为 Δp,故应在该节点处增加荷载增量 ΔF_i,使其引起基底压力的增量恰好等于 Δp,才能消除基底面积的重叠计算的影响,使基底压力维持不变。

$$\frac{\Delta F_i}{A} = \Delta p = \frac{\sum_{i=1}^{n} \Delta A_i}{A} p \qquad (3-60)$$

$$\Delta F_i = \sum_{i=1}^{n} \Delta A_i \cdot p \qquad (3-61)$$

将节点 i 的荷载增量 ΔF_i,按比例分配给纵向和横向基础梁:

$$\Delta F_{ix} = \frac{F_{ix}}{F_i} \cdot \Delta F_i = \frac{F_{ix}}{F_i} \cdot \sum_{i=1}^{n} \Delta A_i \cdot p \qquad (3-62)$$

$$\Delta F_{iy} = \frac{F_{iy}}{F_i} \cdot \Delta F_i = \frac{F_{iy}}{F_i} \cdot \sum_{i=1}^{n} \Delta A_i \cdot p \qquad (3-63)$$

经过调整后,i 节点纵向和横向基础梁上的荷载应该为:

$$F'_{ix} = F_{ix} + \Delta F_{ix} \qquad (3-64)$$

$$F'_{iy} = F_{iy} + \Delta F_{iy} \qquad (3-65)$$

节点荷载分配后,就可按柱下条形基础内力计算方法计算节点的位移与基底反力。

3.5   筏 形 基 础

3.5.1   筏形基础的特点和适用范围

筏形基础亦称筏板基础、片筏基础。当建筑物上部荷载较大而地基承载能力又比较弱时,用简单的独立基础或条形基础已不能适应地基变形的需要,这时常将墙或柱下基础连成一片,使整个建筑物的荷载承受在一块整板上,这种满堂式的板式基础称筏形基础,其示意图如图 3-31 所示。

筏形基础由于其底面积大、自身刚度较大,故可减小基底压力,同时也可提高地基土的承载力,并能更有效地增强基础的整体性,调整不均匀沉降。筏形基础从构造上一般可分为平板式和梁板式（肋梁式）两种类型，也可按其上部结构形式分为柱下筏形基础和墙下筏形基础，其选型应根据工程地质、上部结构体系、柱距、荷载大小及施工条件等因素确定。

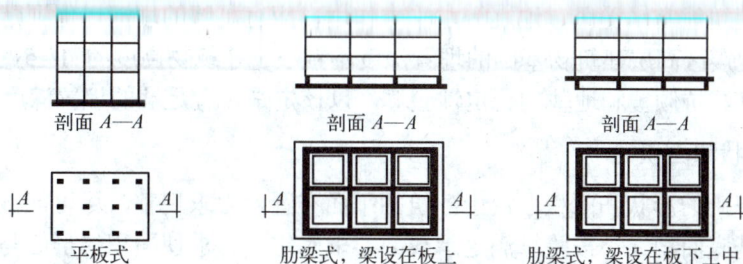

图 3-31 筏形基础示意图

一般当建筑物开间尺寸不大，或柱网尺寸较小及对基础的刚度要求不很高时，为便于施工，可将其做成一块等厚度的钢筋混凝土平板，即平板式筏形基础；板上若带有梁，则称为梁板式或肋梁式筏形基础，它是当柱荷载较大而均匀且柱距也较大时，为提高筏板的抗弯刚度，沿柱网的单向或纵横双向轴线布置肋梁而形成。有时也可在柱网之间再布置次肋梁以减少底的厚度。

肋梁设置在板下时，可用地模法施工，以获得平整的筏板面作为室内地坪，这种做法较为经济，但施工不方便；若肋梁设置在筏板上方，则要架空室内地坪，但可加强柱基，施工也较方便。筏基可与贯穿软弱土层并达到密实坚硬持力土层的桩相联合共同工作，结合构成桩—筏基础。

筏形基础的特点可总结为：基础面积大、基础埋置深、具有较大的刚度和整体性、可以与地下室建造相结合、可以与桩基础联合使用；但是需要处理大面积开挖对设计和施工的影响，而且造价高、技术难度大。一般在如下情况选用筏形基础。

① 在软土地基上，用柱下条形基础或柱下十字交梁条形基础不能满足上部结构对变形的要求和地基承载力的要求时选用。

② 当建筑物的柱距较小而柱的荷载又很大，或柱的荷载相差较大将会产生较大的沉降差需要增加基础的整体刚度以调整不均匀沉降时选用。

③ 当建筑物有十室或大型储液结构（如水池、油库等），结合使用要求选用。

④ 风荷载及地震荷载起主要作用的多高层建筑物，要求基础有足够的刚度和稳定性时，可采用筏形基础。

3.5.2 筏形的构造

1. 埋置深度

（1）筏形基础的埋置深度首先应满足一般基础埋置深度的要求，即选择埋置于较好的土层，并进行地基承载力与下卧层的验算。对于在较均匀或上部有硬壳层的软弱地基上建造6~7层以下的多层承重墙民用建筑，筏形基础可尽量浅埋或不埋，直接做在地基表面上，这就属于浅基础类的筏形基础。

（2）高层建筑的筏形基础通常也作为地下室的底板，即应考虑按建筑物对地下室结构的要求确定埋置深度。而且高重的高层建筑对地基的影响范围较大，因而还要考虑对相邻建筑物和地下管线或设施的影响，对埋置深度需作合理调整或采取必要的措施，以消除相互的有害影响，确保安全应用。

（3）高层建筑经常承受风、地震等水平力作用，应有足够的埋深以保证建筑物和地基的稳定性。通常地震区高层建筑物基础的埋置深度不宜小于建筑物高度的 1/15，必要时需进行建筑物的抗滑移、抗倾覆和地基的稳定性验算，以核定是否有足够的埋置深度。

2．平面形状和面积

（1）筏形基础的形状和面积取决于建筑的平面布置，力求规整，尽可能做成矩形、圆形等对称形状。基底面积大小按验算满足承载力要求确定，力求使面积的形心与竖向荷载的重心相重合，当荷载过大或合力偏心过大不能满足承载力要求时，可适当地将筏板外伸悬挑出上部结构底面，以扩大基底面积，也可改善筏板边缘的地基承载条件。对于梁板式筏基，如肋梁要外伸至筏板边缘，外伸长度从基础梁中心线算起，横向不宜大于 2 000 mm，纵向不宜大于 1 500 mm；对于平板式筏基，外伸长度应减小，横向不宜大于 1 500 mm，纵向不宜大于 1 000 mm；如果外伸筏板做成坡形，其边缘厚度不应小于 200 mm。

（2）如果高层或超高层建筑的裙房带地下室，基础的布置可能与主楼的筏形基础相结合，当筏板有足够刚度（或适当加大筏板刚度），即可将筏板向外扩 1～2 跨柱距（有的地区经验是扩 1 跨可靠、扩 2 跨可行、扩 3 跨勉强），成为裙房地下室的基础，做成厚大整体筏板。适当外扩加宽的筏板，降低了建筑物与筏板的高宽比，有利于建筑物与地基的稳定。如果考虑到裙房与地下室和高层主体建筑的高重相差过大、或筏板刚度不够大、或裙房下地下室的面积过大等情况，做成整体筏板就有困难，也不是很经济，则可分缝做两个不同应用要求、不同工作条件的基础板，但要做好分缝与连接，如图 3-32 所示。

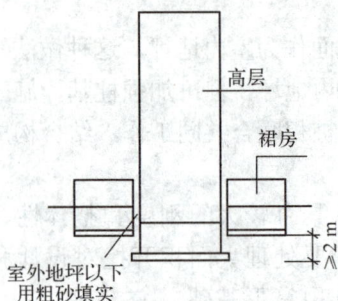

图 3-32　高层建筑于裙房的连接

3．筏板厚度

（1）筏板面积较大，又要承载高重建筑物，通常要做成有足够刚度的厚重整体钢筋混凝土板，可根据实践经验，按每层楼 50mm 厚拟设，然后进行抗弯、抗冲切、抗剪承载力验算，再综合考虑各种因素慎重确定。

（2）由于高重建筑物的柱荷载较大，筏板厚度要满足抗冲切承载力和抗剪承载力要求就很重要，其验算方法与柱下单独基础冲切验算相同。

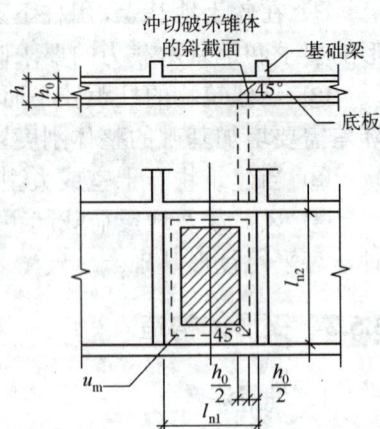

图 3-33　底板冲切破坏示意图

对于梁板式筏板，底板冲切破坏锥体的形状如图 3-33所示，作用在锥底的冲切荷载为：

$$F_1 = 0.7\beta_h f_t(l_{n2} - 2h_0)h_0 \tag{3-66}$$

$$[V] = 0.7\beta_h f_t u_m h_0 \tag{3-67}$$

式中，l_{n1}、l_{n2}——板的边长；

h_0 ——板的有效高度;

u_m ——破坏面的平均周长;

f_t ——混凝土抗拉强度设计值;

β_h ——截面高度影响系数 $\beta_h = (800/h_0)^{1/4}$,$h_0$ 小于 800 mm 时,h_0 取 800 mm;h_0 大于 2 000 mm 时,h_0 取 2 000 mm。

令 $F_l = [V]$,简化后即可求得满足抗冲切要求时板的有效高度 h_0,即:

$$h_0 = \frac{(l_{n1} + l_{n2}) - \sqrt{(l_{n1} + l_{n2})^2 - \dfrac{4 p_e l_{n1} l_{n2}}{p_e + 0.7 \beta_h f_t}}}{4} \qquad (3\text{-}68)$$

h_0 加上保护层厚度后即为满足抗冲切要求的板厚 h。

需要进一步验算有效高度 h_0 是否满足斜截面抗剪承载力的要求。通常基础板可按不配置箍筋和弯起钢筋的一般平板受弯构件验算斜截面受剪承载力。

(3)对于一般梁板式筏板,其底板厚度一般不小于柱网较大跨度的 1/20,并不得小于 300 mm。也可根据楼层层数,按每层 50 mm 确定。若建筑物高度在 12 层以上,则最小跨厚比不宜小于 1/14,且厚度不应小于 400 mm。对于无肋梁的筏基,板厚不应小于 200 mm,一般取 200~400 mm。对高层建筑的筏基,可采用厚筏板,厚度一般取 1~3 m。肋梁高度大于或等于柱距的 1/6。当柱荷载较大、等厚板的受冲切承载力不能满足要求时,可在筏板上增设柱墩或筏板上局部增加板厚或采用抗冲切箍筋,以提高抗冲切承载能力。

4. 筏基与结构的链接

1)筏基与上部结构的连接

多层建筑的上部结构多数为框架结构、剪力墙结构或框架—剪力墙组合结构,而高层或超高层建筑常用筒式结构、框—筒结构或筒—柱—框架组合结构。筏板与上部结构的连接,必须满足结构安全工作要求,并采取必要的构造措施,以确保上部结构可靠地嵌固于筏板上,二者相互支持,共同工作。

当上部结构为筒式或筒柱结构,筒—柱下的平板式筏板应满足冲切承载力和抗剪承载力要求,如果是梁板式筏板,可计算板厚。如果经验算筏板不能满足冲切与剪切承载力要求时,即可在筏板上增设筒墩或柱墩,或在筏板下局部加厚,或加抗冲切箍筋。

框架式或剪力墙结构的地下室底层柱或剪力墙与筏板基础梁的连接构造如图 3-34 所示。柱和墙的边缘至基础梁的边缘距离不应小于 50 mm;对于梁板式筏基,当交叉基础梁的宽度小于柱截面的边长时,与基础梁连接处应设置八字角,柱角与八字角边缘的净距不宜小于 50 mm;对于单向基础梁与柱的连接,若柱截面的边长大于 400 mm 时,可按图 3-34(b)布置,柱截面的边长小于 400 mm 时,可采用图 3-34(c)布置。

2)筏板与地下室外墙的连接

因地下室外墙要承受外部土压力与地下水压力的作用,墙的设计除满足承载力要求外,尚应考虑变形、抗裂及防渗等要求,一般外墙厚度不应小于 250 mm,内墙厚度不小于 200 mm。如果地下室有抗渗要求,则外墙与筏板应采用防水混凝土,或者采用沥青油毡做防水层包裹起来。

3)筏板与地面的连接

筏基底面通常要铺设垫层,厚度一般为 100 mm。当需要做基底排水时,通常是做砂砾石垫层，必要时得设架空排水层。

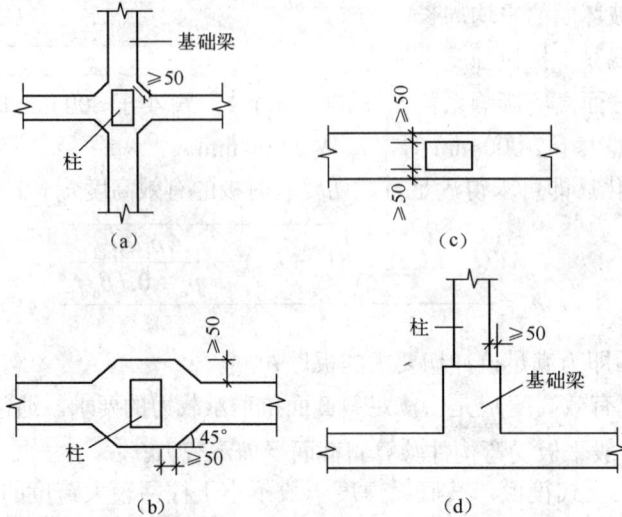

图 3-34　地下室底层柱或剪力墙与筏板基础梁连接构造

5.筏板基础的配筋

（1）筏板的配筋应根据板带内力计算确定。当内力计算只考虑局部弯曲作用时，无论是梁板式筏基的底板和基础梁，或是平板式筏基的柱下板带和跨中板带，均按内力计算配筋。

（2）除按计算要求配筋外，筏板的配筋率一般在 0.5%～1.0% 之间。考虑到整体弯曲的影响，筏基纵横向的底部钢筋，应有 1/2～1/3 贯通全跨，且配筋率不小于 0.15%，而上层钢筋也按内力计算配筋，要求全部贯通，受力钢筋最小直径不小于 8 mm，间距 100～150 mm。当板厚 $h \leqslant 250$ mm 时，分布筋取直径 8 mm、间距 250 mm；当 $h > 250$ mm 时，分布筋取直径 10 mm、间距 200 mm。

（3）考虑筏板纵向弯曲的影响，当筏板的厚度大于 2000 mm 时，宜在板的中间部位设置直径不小于 12 mm、间距不大于 300 mm 的双向钢筋网。底板垫层一般厚度为 100 mm，这种情况，钢筋保护层的厚度不宜小于 35 mm。

（4）筏板边缘的外伸部分应在上下层配置钢筋。在筏板的外伸板角底面，应配置 5～7 根辐射状的附加钢筋。

（5）当考虑到上部结构与地基基础相互作用引起拱架作用，可在筏板端部的 1～2 个开间范围内适当将受力钢筋面积增加 15%～20%。

6.混凝土

筏板混凝土强度等级不应低于 C30。当与地下室结合有防水要求时，应采用防水混凝土。防水混凝土的抗渗等级应根据地下水的最大水头与防渗混凝土厚度的比值，按现行的《地下工程防水技术规范》选用，但不应小于 0.6 MPa，在必要时设架空排水层。

3.5.3　筏形的计算

筏形基础的内力计算方法有三种，即不考虑共同作用、考虑基础—地基共同作用、考虑上部结构—基础—地基共同作用。第三种方法是在第二种方法的基础上，将上部结构的刚度叠加在基础的刚度上。

工程中经常采用简化方法近似进行筏形基础内力计算，即认为基础是绝对刚性，基底反力呈直线分布，并按静力平方法计算基底反力，如果上部结构和基础刚度足够大，这种假设可认为是合理的，因此可采用柱下板带、柱上板带及单向、双向多跨连续板的计算方法；若柱网布置比较均匀，相邻柱荷载相差不大，可沿轴横向、柱列向分别将基础底板划分成若干计算板带，以相邻柱间的中心线作为板带间的界线，各自按独立的条形基础计算内力，忽略板带间剪应力的影响，计算方法可大为简化。对柱下肋梁式筏形基础，当框架柱网在两方向的尺寸比小于 2，且柱网内无小基础梁时，可将筏形基础视为一倒置的楼盖，以地基净反力作为外荷载，筏板按双向多跨连续板、肋梁按多跨连续梁计算内力；当柱网内有小基础梁，把底板分割成两方向的尺寸比大于 2 的矩形格板时，底板可按单向板计算，主、次肋仍按连续梁计算，即所谓"倒楼盖"法。否则，应按弹性地基上的梁板进行内力分析。

1. 条带法

条带法也称截条法，该法认为，筏板如刚性板，受荷载后基底始终保持平面，基底反力 $p(x, y)$ 可用下式计算：

$$p(x, y) = \frac{F}{A} \pm \frac{M_x}{I_x} \cdot y \pm \frac{M_y}{I_y} \cdot x \qquad (3\text{-}69)$$

式中符号 F、M 都应按极限状态下荷载效应的基本组合，而且基础的自重和其上的土重不产生内力，不必计入。

为求筏板截面内力，可将筏板截分为互相垂直的条带，条带以相邻柱列间的中线为分界线，假定各条带都是独立彼此不相互影响，条带上面作用着柱荷载，底面作用着基底反力 $p(x, y)$，如图 3-35 所示。然后用静定分析方法计算截面内力。

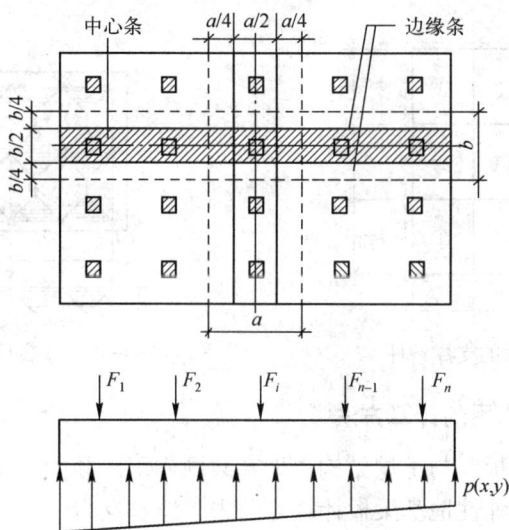

图 3-35 条带法分析筏形基础

对于横向条带也用同法计算。在这种计算方法中，纵向条带和横向条带都用全部柱荷载和地基反力而不考虑纵横向的分担作用，计算结果，内力偏大。如果因柱荷载或柱距不均需考虑相邻条带间荷载的传递影响或考虑纵横向的分担作用，可参考十字交叉基础梁的荷载分配方法进行纵横向荷载分配。

2. 倒楼盖法

倒楼盖法如同倒梁法，将地基上筏板简化为倒置楼盖。筏板被基础梁分割为不同条件的双向板或单向板。如果板块两个方向的尺寸比值小于 2，则可将筏板视为承受地基净反力作用的双向多跨连续板。如图 3-36 所示，筏板被分割为多列连续板。各板块支承条件可分为三种情况：二邻边固定、二邻边简支、三边固定、一边简支、四边固定。根据计算简图查阅弹性板计算公式或计算手册即可求得各板块的内力。

板块跨中弯矩为：

$$M_{ix} = \varphi_{ix} p l_x^2 \tag{3-70}$$

$$M_{iy} = \varphi_{iy} p l_y^2 \tag{3-71}$$

板块支座弯矩为：

$$M_{ix}^0 = \varphi_{ix}^0 p l_x^2 \tag{3-72}$$

$$M_{iy}^0 = \varphi_{iy}^0 p l_y^2 \tag{3-73}$$

式中，　　　　p ——基底反力，kPa；

l_x、l_y ——双向板计算长度，m；

φ_{ix}、φ_{iy}、φ_{ix}^0、φ_{iy}^0 ——跨中及支座弯矩计算系数。

筏形基础梁上的荷载可将板上荷载沿板角 45°分角线划分范围，分别由纵横梁承担，荷载分布成三角形或梯形，如图 3-37 所示。基础梁上的荷载确定后即可采用倒梁法进行梁的内力计算。

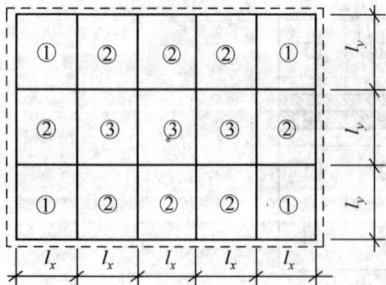

图 3-36　连续板的支撑条件

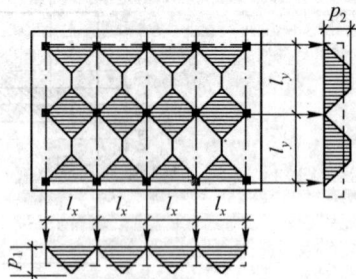

图 3-37　筏底反力在基础梁上的分配

3. 基础—地基共同作用的计算方法

一般筏板属有限刚度板，与上层结构、地基共同作用。共同作用的主要标志就是基底反力非直线分布，这时应用弹性地基梁板计算方法先求地基反力，然后再计算筏板的内力。严格计算比较复杂。简化的计算方法如下。已知长度为 l、宽度为 b 的筏形基础如图 3-28 所示。先将其当作宽度为 b、长度为 l 的一根梁进行计算，梁的断面对平板式筏基为矩形，对梁板式筏基则为齿形（图 3-38（c）），梁上荷载分别为横向宽度 b 上各列柱荷载的总和。选用上述某种地基模型进行分析，求得纵向的反力分布图（图 3-38（b）），这时横向反力分布假定是均匀的。实际上弹性地基板下横向反力分布也非均匀，因此必须进行调整。取横向一单宽截条，以上述长度方向计算所得该截面处的反力 p_i（均布）作为荷载 q_i，按选用的地基模型计算截条的地基反力分布（图 3-38（d））。这样计算几个横向截条就可以求得整个筏板下的基底反力。基底反力求出后，再根据筏板的构造形式，用结构力学方法求解筏板的内力。

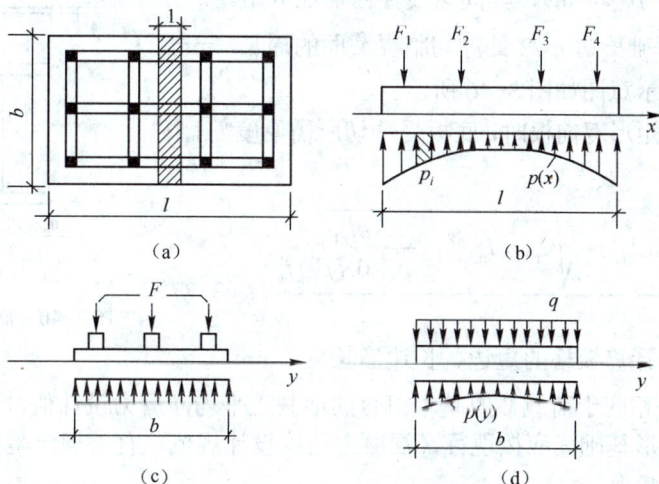

图 3-38　长度为 l、宽度为 b 的筏形基础

3.5.4　筏形基础结构承载力计算

按前述方法计算出筏形基础的内力后，还需按现行《混凝土结构设计规范》中的有关规定计算基础底板的抗弯、抗剪及抗冲切承载力，同时还应满足规范中有关的构造要求。对 12 层以上建筑的梁板式筏基，其底板厚度与最大双向板格的短边净跨之比不应小于 1/4，且板厚不应小于 400 mm。

1.梁板式筏形基础

（1）对梁板式筏形基础的底板斜截面受剪承载力应符合下式要求：

$$V_s \leqslant 0.7\beta_{hs}f_t(l_{n2}-2h_0)h_0 \tag{3-74}$$

$$\beta_{hs}=\left(\frac{800}{h_0}\right)^{\frac{1}{4}} \tag{3-75}$$

式中，V_s——距梁边缘 h_0 处，作用于图 3-39 中阴影部分面

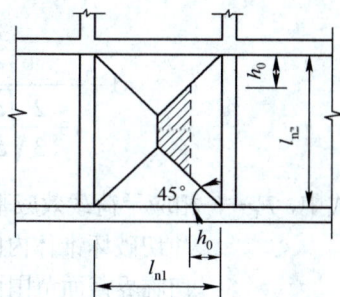

图 3-39　底板剪切计算示意图

积上的地基平均净反力设计值；

f_t——混凝土轴心抗拉强度设计值；

h_0——底板的有效高度，mm；

β_{hs}——受剪承载力截面高度影响系数，当按式（3-75）

计算时，板的有效高度 h_0 小于 800 mm 时，取 800 mm；h_0 大于 2 000 mm 时，取 2 000 mm。

（2）梁板式筏形基础的底板受冲切承载力按下式计算：

$$F_t \leqslant 0.7\beta_{hp}f_t u_m h_0 \tag{3-76}$$

式中，F_t——作用于图 3-40 中阴影部分面积上的地基土平均净反力设计值，N。

　　　β_{hp}——受冲切承载力截面高度影响系数，当 h 不大于 800 mm 时，β_{hp} 取 1.0；当 h 大于或等于 200 mm 时，β_{hp} 取 0.9，其间按线性内插法取用。

　　　u_m——距基础梁边 $h_0/2$ 处冲切临界截面的周长，mm。

底板冲切计算示意图如图 3-40 所示。

当底板区格为矩形双向板时，底板受冲切所需厚度 h_0，按式（3-77）计算：

$$h_0 = \frac{(l_{n1}+l_{n2}) - \sqrt{(l_{n1}+l_{n2})^2 - \dfrac{4pl_{n1}l_{n2}}{p+0.7\beta_{hp}f_t}}}{4} \quad (3\text{-}77)$$

图 3-40　底板冲切计算示意图

式中，l_{n1}、l_{n2}——计算板格的短边、长边净长度，mm；

　　　p——相应于荷载效应基本组合的地基土平均净反力设计值，Pa。

（3）梁板式筏形基础尚应按现行《混凝土结构设计规范》有关规定验算底层柱下基础梁顶面的局部受压承载力。

2. 平板式筏形基础

1）平板式筏形基础底板的受冲切承载力计算

高层建筑平板式筏形基础的板厚按受冲切承载力的要求计算时，应考虑作用在冲切临界截面重心上的不平衡弯矩产生的附加剪力。距柱边 $h_0/2$ 处冲切临界截面的最大剪应力 τ_{max} 应按式（3-78）和式（3-79）计算，板的最小厚度不应小于 400 mm。

$$\tau_{max} = \frac{F_t}{\mu h_0} + \frac{\alpha_s M_{umb} c_{AB}}{I_s} \quad (3\text{-}78)$$

$$\tau_{max} \leqslant 0.7\left(0.4 + \frac{1.2}{\beta_s}\right)\beta_{hp}f_t \quad (3\text{-}79)$$

$$\alpha_s = 1 - \frac{1}{1 + \dfrac{2}{3}\sqrt{\dfrac{c_1}{c_2}}} \quad (3\text{-}80)$$

式中，F_t——相应于荷载效应基本组合时的集中力设计值 N，对内柱，取轴力设计值减去筏板冲切破坏锥体内的地基反力设计值；对边柱和角柱，取轴力设计值减去筏板冲切临界截面范围内的地基反力设计值，地基反力值应扣除底板的自重。

　　　μ——距柱边 $h_0/2$ 处冲切临界截面的周长，mm。

　　　h_0——筏板的有效高度，mm。

　　　α_s——不平衡弯矩通过冲切临界截面上的偏心剪力来传递的分配系数，按式（3-80）计算。

　　　M_{umb}——作用于冲切临界截面重心上的不平衡弯矩设计值，如图 3-41 所示，按式（3-81）计算：

$$M_{umb} = N \cdot e_N - P \cdot e_p \pm M_c \quad (3\text{-}81)$$

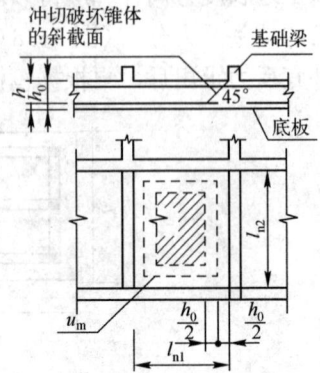

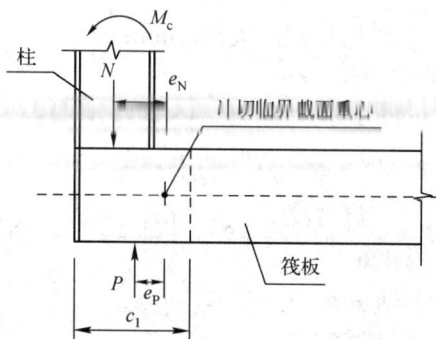

图 3-41　边柱 M_{umb} 计算示意图

式中，N——柱根部柱轴力设计值，N；

　　　M_c——柱根部弯矩设计值，N·mm；

　　　P——冲切临界截面范围内基底压力设计值，N；

　　　e_N——柱根部轴向力 N 到冲切临界截面的距离，mm；

　　　e_P——冲切临界截面范围内基底压力设计值之和对冲切临界截面重心的偏心距，mm，对内柱，$e_N = e_P = 0$，所以 $M_{umb} = M_c = 0$；

　　c_{AB}——沿弯矩作用方向，冲切临界截面重心至冲切临界截面最大剪应力对应点的距离，mm；

　　　β_s——柱截面长、短边的比值，当 $\beta_s < 2$ 时，取 2；当 $\beta_s > 4$ 时，取 4。

　　　c_1——与弯矩作用方向一致的冲切临界截面的边长，mm。

　　　c_2——垂直于 c_1 的冲切临界截面边长，mm。

　　　I_s——冲切临界截面对其重心的极惯性矩，mm⁴。

冲切临界截面的周长 μ 及冲切临界截面对其重心的极惯性矩 I_s 等，应根据柱所处位置的不同，应按式（3-82）分别进行计算，如图 3-42 所示。

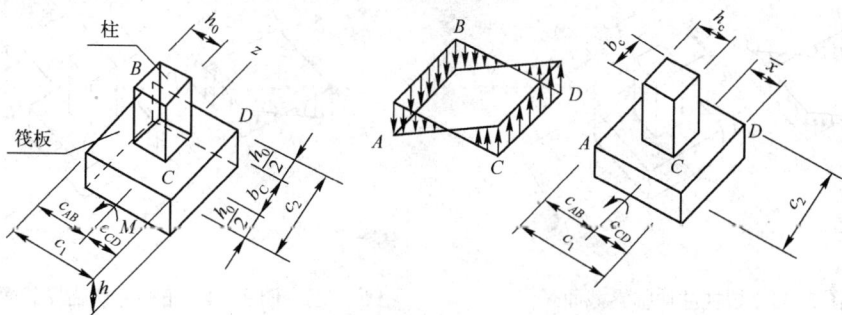

图 3-42　内柱冲切临界截面

$$\begin{cases} \mu = 2(c_1 + c_2) \\ I_s = \dfrac{ch_0^3}{6} + \dfrac{c_1^3 h_0}{6} + \dfrac{c_2 h_0 c_1^2}{2} \\ c_1 = 2h_0 \\ c_2 = b_c + h_0 \\ c_{AB} = \dfrac{c_1}{2} \end{cases} \qquad (3\text{-}82)$$

式中，h_c——与弯矩作用方向一致的柱截面边长，mm；

b_c——垂直于 h_c 的柱截面边长，mm。

边柱冲切临界截面如图 3-43 所示，应按式（3-83）计算：

$$\begin{cases} \mu = 2c_1 + c_2 \\ I_s = \dfrac{c_1 h_0^3}{6} + \dfrac{c_2^3 h_0}{6} + 2c_1 h_0 \left(\dfrac{c_1}{2} - \overline{x} \right)^2 + c_2 h_0 \overline{x}^2 \\ c_1 = h_c + h_0 / 2 \\ c_2 = b_c + h_0 \\ c_{AB} = c_1 - \overline{x} \\ \overline{x} = \dfrac{c_1^2}{2c_1} + c_2 \end{cases} \qquad (3-83)$$

式中，$\overline{x}$——冲切临界截面中心位置。

角柱冲切临界截面如图 3-44 所示，按式（3-84）计算：

$$\begin{cases} \mu = c_1 + c_2 \\ I_s = \dfrac{c_1 h_0^3}{6} + \dfrac{c_2^3 h_0}{6} + 12c_1 h_0 \left(\dfrac{c_1}{2} - \overline{x} \right)^2 + c_2 h_0 \overline{x}^2 \\ c_1 = h_c + h_0 / 2 \\ c_2 = b_c + h_0 \\ c_{AB} = c_1 - \overline{x} \\ \overline{x} = \dfrac{c_1^2}{2c_1} + c_2 \end{cases} \qquad (3-84)$$

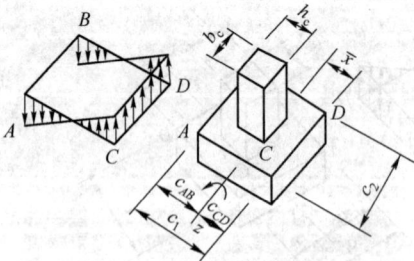

图 3-43 边柱冲切临界截面

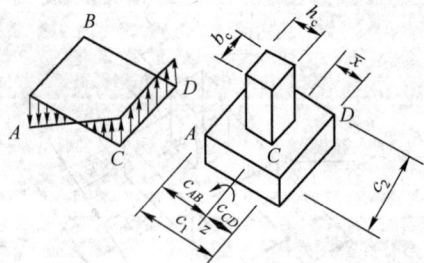

图 3-44 角柱冲切临界截面

高层建筑在楼梯、电梯间大都设有内筒，采用平板式筏基时，内筒下的板厚也应满足抗冲切承载力的要求。其抗冲切承载力按式（3-85）计算：

$$\frac{F_1}{\mu h_0} \leqslant \frac{0.7 \beta_{hp} f_t}{\eta} \qquad (3-85)$$

式中，F_1——相应于荷载效应基本组合时的内筒所承受的轴力设计值减去筏板破坏锥体内的地基反力设计值，N，地基反力值应扣除板自重；

μ——距内筒外表面 $h_0 / 2$ 处冲切临界截面周长，mm；

h_0——距内筒外表面 $h_0/2$ 处筏板的截面有效高度，mm；

η ——内筒冲切临界截面周长影响系数，取 1.25。

当需要考虑内筒根部弯矩影响时，距内筒外表面 $h_0/2$ 处冲切临界截面的最大剪应力可按式（3-86）计算：

$$\tau_{max} \leqslant \frac{0.7\beta_{hp}f_t}{\eta} \tag{3-86}$$

2）梁板式筏形基础底板的受剪承载力计算

当柱荷载较大，等厚度筏板的抗冲切承载力不能满足要求时，可在筏板上面增设柱墩或在筏板下局部增加板厚或采用抗冲切箍筋来提高抗冲切承载能力。受剪承载力应按式（3-87）验算：

$$V_s \leqslant 0.7\beta_{hp}f_t b_w h_0 \tag{3-87}$$

式中，V_s——荷载效应基本组合下，地基土净反力平均值产生的距内筒或柱边缘 h_0 处筏板单位宽度的剪力设计值，N；

b_w ——筏板计算截面单位宽度，mm；

h_0 ——距内筒或柱边缘 h_0 处筏板截面的有效高度，mm。

当筏板变厚时，尚应验算变厚度处筏板的受剪承载力。当筏板厚度大于 2 000 mm 时，宜在板厚中间部位设置直径不小于 12 mm、间距不大于 300 mm 的双向钢筋网。

3.6 箱 形 基 础

3.6.1 箱形基础的特点和适用范围

当建筑物高度增加，荷载增大，而地下室不需要设计成大空间的建筑（如地下停车场等），通常可以把基础设计成箱形基础，如图 3-45 所示空心的空间受力体系。箱形基础是由顶板、底板、内墙、外墙等组成的一种空间整体结构，由钢筋混凝土整浇而成。其空间部分可结合建筑物的使用功能设计成地下室、地下车库或地下设备层等，其具有很大的刚度和整体性，能有效地扩散荷载、调整基础的不均匀沉降。箱形基础具有较大的基础宽度和深度，土体对其具有良好的嵌固与补偿效应，因而可增加稳定性，提高承载力并具有较好的抗震性和补偿性，可减小沉降，是目前高层建筑中经常采用的基础类型之一。箱形基础与地下室结合，充分利用地下空间。

箱形基础属于补偿性基础。其原理是基底的实际压力等于原有的土体自重，不改变地基内原有的应力状态。如基础或建筑物地下部分具有中空、封闭的形式，免去大量回填土，补偿上部全部或部分重量。但基底压力与土体重量不可能及时替换，通过设计和施工措施，减小施工过程中地基应力状态变化程度。

箱形基础适用于比较软弱或不均匀地基上建造有地下室的高耸、重型或对不均匀沉降有严格要求的建筑物。

箱形基础设计主要包括以下内容：

● 确定的埋置深度；

- 进行箱形基础的平面布置及构造设计；
- 根据箱形基础的平面尺寸验算地基承载力；
- 箱形基础的沉降和整体倾斜验算；
- 箱形基础的内力分析及结构设计。

3.6.2　箱形基础的构造

1．箱形基础的高度和埋深

箱形基础的高度应满足地基承载力、变形和稳定性要求。一般取建筑物高度的 1/12～1/8，且不宜小于箱基长度（不包括底板悬挑部分）的 1/18，最小不低于 3 m，在抗震设防地区，除岩石地基外，其埋深不宜小于建筑物高度的 1/15，同时基础高度要适合做地下室的使用要求，净高应不小于 2.2 m（箱基高度指箱基底板底面到顶板顶面的外包尺寸）。

2．箱形基础的平面尺寸

箱形基础的平面尺寸应根据地基承载力和上部结构的布局及荷载分布等条件综合确定，与筏基一样，平面上应尽量使箱基底面形心与结构竖向永久荷载合力作用点重合，当偏心距较大时，可通过调整箱基底板外伸悬挑跨度的办法进行调整。不同的边缘部位，采用不同的悬挑跨度，尽量使其偏心效应最小为好。对单幢建筑物，当地基土比较均匀时，在荷载效应准永久组合下，其偏心距不宜大于基础底面抵抗矩和基础底面面积之比的 0.1 倍。

3．箱形基础顶板、底板的厚度

箱形基础顶板、底板的厚度应根据实际受力情况、整体刚度及防水要求确定，底板厚度不应小于 300 mm，顶板厚度不应小于 200 mm。底板除满足正截面抗弯承载力外，还应满足抗剪及抗冲切要求。在实际工程中，底板由于受力和防水要求厚度一般在 500～600 mm 以上；顶板厚度一般可达 300～350 mm。

4．箱形基础的外墙布置及厚度

箱形基础的外墙应沿建筑物四周布置，内墙宜按上部结构柱网尺寸和剪力墙位置纵、横交叉布置。一般每平方米基础面积上墙体长度不小于 400 mm 或墙体水平截面面积不小于基础面积的 1/10（不包括底板悬挑部分面积），同时纵墙配置量不少于墙体总配置量的 3/5。箱基的墙体厚度应根据实际受力情况确定，外墙不应小于 250 mm，常用 250～400 mm，内墙不宜小于 200 mm，常用 200～300 mm。墙体一般采用双向、双层配筋，无论竖向、横向其配筋均不宜小于 $\phi10@200$，除上部结构为剪力墙外，箱形基础墙顶部均宜配置两根以上直径不小于 20 mm 的通长构造钢筋。

箱形基础中尽量少开洞口，必须开设洞口时，门洞应设在柱间居中位置，洞边至柱中心的距离不宜小于 1 m，开口系数 λ 应符合式（3-88）要求，洞口上过梁的高度不宜小于层高的 1/5，洞口密集不宜大于柱距与箱形基础全高乘积的 1/6，墙体洞口周围按计算值加强钢筋。

$$\lambda = \sqrt{\frac{A_k}{A_w}} \leqslant 0.4 \qquad\qquad (3-88)$$

式中，A_k——开口面积，m^2；

A_w——墙面积，m^2，指柱距与箱形基础全高的乘积。

洞口四周附加钢筋面积应不小于洞口内被切断钢筋面积的一半，且不少于两根直径为 16 mm 的钢筋，此钢筋应从洞口边缘外延长 40 倍钢筋直径。单层箱基洞口上、下过梁的受剪面积验算公式和过梁截面顶、底部纵向钢筋配置的弯矩设计值计算公式，详见《高层建筑箱形基础与筏形基础技术规范》（JGT 6—2011）。底层柱主筋应伸入箱形基础一定的深度，三面或四面与箱形基础墙相连的内柱，除四角钢筋直通基底外，其余钢筋伸入顶板底皮以下的长度，不小于其直径的 35 倍，外柱、与剪力墙相连的柱、其他内柱主筋应直通到板底。

5. 箱形基础的配筋

箱形基础的顶板、底板及墙体均应采用双层双向配筋。墙体的竖向和水平钢筋直径均不应小于 100 mm，间距均不应大于 200 mm。除上部为剪力墙外，内、外墙的墙顶处宜配置两根直径不小于 20 mm 的通长构造钢筋。

6. 混凝土

箱形基础混凝土的强度等级不应低于 C20。如采用防水混凝土时，其抗渗等级应根据地下水的最大水头与防渗混凝土厚度的比值选用，且其抗渗等级不应低于 0.6 MPa。

7. 其他

底层柱与箱基交接处需验算柱下墙体局部承压能力，当不能满足时，应适当增加墙体承压面积或采取其他有效措施。底层柱钢筋伸入箱基的深度，若为内柱，且柱下三面或四面有箱形基础墙时。除四角钢筋直通基底外，其余钢筋伸入顶板底面以下的长度不小于钢筋直径的 40 倍；若为外柱或与剪墙相连的柱及其他的内柱，则纵向钢筋应直通到基底。对多层箱基，上述直通到基底的钢筋除四角钢筋外，其余钢筋可终止在地下二层的顶板上。

当箱基的外墙设有窗井时，窗井的分隔墙应与内墙连成整体。窗井分隔墙可视作由箱基内墙伸出的挑梁。窗井的底板按支撑在箱基外墙、窗井外墙和分隔墙上的单向板或双向板计算。与高层建筑相连的门厅等低矮单元的基础，可采用从箱形基础挑出的基础梁方案。挑出长度不宜大于 0.15 倍箱基宽度，并应考虑挑梁对箱基产生的偏心荷载的影响。

3.6.3 箱形基础的计算

1. 箱形基础地基承载力计算

箱形基础的基底反力分布受诸多因素影响，土的性质、上部结构的刚度、基础刚度、形状、埋深、相邻荷载等，精确分析十分困难。目前在设计中多采用简化方法，如刚性法和基底反力系数法等。

基底压力值和修正后的地基持力层承载力特征值 f_a 之间应满足以下条件。

非地震区轴心荷载作用时：

$$p_k \leqslant f_a \tag{3-89}$$

偏心荷载作用时：

$$p_{k\,max} \leqslant 1.2 f_a \qquad (3\text{-}90)$$

在地震区，p_k 及 $p_{k\,max}$ 应为考虑地震效应组合后的基底压力平均值和基底边缘最大压力值，要求满足：

$$p_k \leqslant f_{aE} \qquad (3\text{-}91)$$

$$p_{k\,max} \leqslant 1.2 f_{aE} \qquad (3\text{-}92)$$

式中，p_k ——荷载效应标准组合时或考虑地震效应组合后基底压力平均值，kPa；

$p_{k\,max}$ ——荷载效应标准组合时或考虑地震效应组合后基底边缘的最大压力值，kPa；

f_{aE} ——经修正、调整后的地基土抗震承载力特征值，$f_{aE} = \xi_s f_a$，kPa；

ξ_s ——地基土抗震承载力调整系数。应用时，按现行《建筑抗震设计规范》中的有关规定采用。

箱形基础的底面尺寸应按持力层土体承载力计算确定，并应进行软弱下卧层承载力验算，同时还应满足地基变形要求；验算时，除了地基承载力要求外，还应满足 $p_{k\,min} \geqslant 0$。$p_{k\,min}$ 为荷载效应标准组合时基底边缘的最小压力值或考虑地震效应组合后基底边缘的最小压力值。

2．地基变形

计算箱形基础地基变形，采用线性变形体条件下的分层总和法，简称规范法。其中 ψ_s 应为箱基的沉降经验系数，可参照《建筑地基基础设计规范》（GB 50007—2011）或地区性经验采用。

3．箱形基础内力分析

在上部结构荷载和基底反力共同作用下，箱形基础整体上是一个超静定体系，产生整体弯曲和局部弯曲。

若上部结构为剪力墙体系，箱基的墙体与剪力墙直接相连，则可认为箱基的抗弯刚度为无穷大，此时顶、底板犹如一支撑在不动支座上的受弯构件，仅产生局部弯曲，而不产生整体弯曲，故只需计算顶、底板的局部弯曲效应。顶板按实际荷载，底板按均布的基底净反力计算；底板的受力犹如一倒置的楼盖，一般均设计成双向肋梁板或双向平板，根据板边界实际支撑条件按弹性理论的双向板计算。考虑到整体弯曲的影响，配置钢筋时除符合计算要求外，纵、横向支座尚应分别有 0.15% 和 0.10% 的钢筋连通配置，跨中钢筋全部连通。

当上部结构为框架体系时，上部结构刚度较弱，基础的整体弯曲效应增大，箱形基础内力分析应同时考虑整体弯曲与局部弯曲的共同作用。整体弯曲计算时，为简化起见，工程上常将箱形基础当作一空心截面梁，按照截面面积、截面惯性矩不变的原则，将其等效成工字形截面，以一个阶梯形变化的基底压力和上部结构传下来的集中力作为外荷载，用静力分析或其他有效的方法计算任一截面的弯矩和剪力，其基底反力值可按前述基底反力系数法确定。

1）整体弯曲计算

由于上部结构共同工作，上部结构刚度对基础的受力有一定的调整、分担，基础的实际弯矩值要比计算值小，因此，应将计算的弯矩值按上部结构刚度的大小进行调整。1953 年，迈耶霍夫（Meyerhof）首次提出了框架结构等效抗弯刚度的计算式，后经修正，列入我国《高层建筑箱形基础设计与施工规程》中。框架结构示意图如图 3-45 所示，其等效抗弯刚度的计算公式为：

$$E_B I_B = \sum_{i=1}^{n} \left[E_b I_{bi} \left(1 + \frac{K_{ui} + K_{li}}{2K_{bi} + K_{ui} + K_{Li}} m^2 \right) \right] + E_w I_w \qquad (3\text{-}93)$$

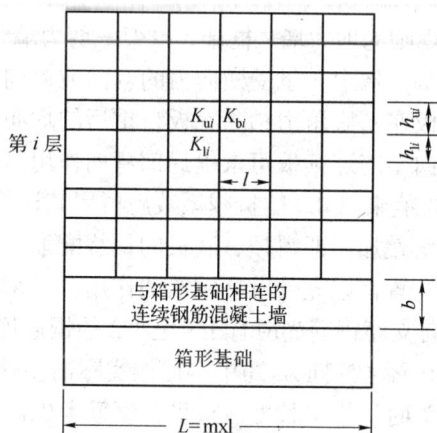

图 3-45　框架结构示意图

式中，　$E_B I_B$ ——上部结构总折算刚度；

E_b ——梁、柱混凝土弹性模量，kPa；

I_{bi} ——第 i 层梁的截面惯性矩，m^4；

K_{ui}、K_{li}、K_{bi} ——第 i 层上柱、下柱和梁的线刚度，其值分别为 I_{ui}/h_{ui}、I_{Li}/h_{Li}、I_{bi}/h_{bi}，m^3；

I_{ui}、I_{li}、I_{bi} ——第 i 层上柱、下柱和梁的惯性矩，m^3；

L、l ——上部结构弯曲方向的总长度和柱距，m；

h_{ui}、h_{li}、h_{bi} ——第 i 层上柱、下柱和梁的高度，m；

E_w ——在弯曲方向与箱形基础相连的连续钢筋混凝土墙混凝土的弹性模量，kPa；

I_w ——在弯曲方向与箱形基础相连的连续钢筋混凝土墙的惯性矩，m^4；

b、l ——分别为墙体的厚度和高度，m。

　　有了上部结构的等效刚度后，就可按式（3-94）对箱形基础考虑上部结构共同作用时所承担的整体弯矩进行折算：

$$M_F - M \frac{E_F I_F}{E_F I_F + E_B I_B} \qquad (3\text{-}94)$$

式中，　M ——不考虑上部结构共同作用时箱形基础的整体弯矩，$kN \cdot m$，按前述的静定分析法或其他有效方法计算；

M_F ——考虑上部结构共同作用时箱形基础的整体弯矩，$kN \cdot m$；

E_F ——箱形基础混凝土的弹性模量，kPa；

I_F ——箱形基础按工字形截面计算的惯性矩，m^4；工字形截面的上、下翼缘宽度分别为箱形基础的全宽，腹板厚度为在弯曲方向墙体厚度的总和。

　　在整体弯曲作用下，箱基的顶、底板可看成是工字形截面的上、下翼缘，靠翼缘的拉、压形成的力矩与荷载效应相抗衡，其拉力或压力等于箱基所承受的整体弯矩除以箱基的高度。由于箱基的顶、底板多为双层、双向配筋，所以按混凝土结构中的拉、压构件计算出顶板或底板整体弯曲时所需的钢筋用量应除以 2，均匀地配置在顶板或底板的上层和下层，即可满足整体受弯的要求。

2）局部弯曲计算

当上部结构为平、立面规则的剪力墙、框架、框架—剪力墙体系时，在局部弯曲作用下，顶、底板犹如一个支撑在箱基内墙上、承受横向力的双向或单向多跨连续板，顶板在实际的使用荷载及自重作用下，底板在基底压力扣除底板自重后的均布荷载（即地基净反力）作用下，按弹性理论的双向或单向多跨连续板可求出局部弯曲作用时的弯矩值；由于整体弯曲的影响，局部弯曲时计算的弯矩值乘以 0.8 的折减系数后再用其计算顶、底板的配筋量。算出的配筋量与前述整体弯曲配筋量叠加，即得顶、底板的最终配筋量。配置时，应综合考虑承受整体弯曲和局部弯曲钢筋的位置，以充分发挥钢筋的作用。箱形基础的顶板和底板钢筋配置除符合计算要求外，纵横方向支座钢筋尚应有 1/3 至 1/2 的钢筋连通，且连通钢筋的配筋率分别不小于 0.15%（纵向）、0.10%（横向），跨中钢筋按实际需要的配筋全部连通。钢筋接头宜采用机械连接。采用搭接接头时，搭接长度应按受拉钢筋考虑。

4．基础结构强度计算

箱形基础的结构强度计算包括顶、底板和墙身的计算。顶、底板除了满足正截面的抗弯要求外，还需要满足抗剪要求，底板还需满足抗冲切要求。内、外墙除了与剪力墙连接外，由柱根传给各片墙的竖向剪力设计值，可按相交于该柱下各片墙的刚度进行分配。具体可参见《高层建筑箱形与筏形基础技术规范》（JGJ 6—2011）和《混凝土结构设计规范》（GB 50010—2010）。

（1）对于顶板在剪力作用下，斜截面抗剪应满足：

$$V \leqslant 0.7bf_t h_0 \tag{3-95}$$

式中，V——顶板剪力设计值，N；

b——计算所取板宽，mm；

h——混凝土抗拉强度设计值，N/mm^2；

h_0——顶板的有效高度，mm。

箱形基础底板应满足受冲切承载的要求。

（2）进行箱形基础纵墙墙身截面的剪力计算时，一般可将箱形基础当作一根在外荷和基底反力共同作用下的静定梁，用力学的方法求得各截面的总剪力 V_j 后，按式（3-96）将其分配至各道纵墙上：

$$\bar{V}_{ij} = \frac{V_{ij}}{2}\left(\frac{b_i}{\sum bi} + \frac{N_{ij}}{\sum N_{ij}}\right) \tag{3-96}$$

$\bar{V}_{ij}$ 为第 i 道纵墙 j 支座所分得的剪力值，将该剪力值分配至支座的左右截面后，得：

$$V_{ij} = \bar{V}_{ij} - p(A_1 + A_2) \tag{3-97}$$

式中，V_{ij}——在第 i 道纵墙 j 支座处的截面左右处的剪力设计值，kN；

b_i——第 i 道纵墙的宽度，m；

$\sum b_i$——各道纵墙宽度总和，m；

N_{ij}——第 i 道纵墙 j 支座处柱竖向荷载设计值，kN；

$\sum N_{ig}$ ——横向同一柱列中各柱的竖向荷载设计值之和，kN；

A_1、A_2——求 $\overline{V}_{ij}$ 时底板局部面积，m^2。

复习参考题

1. 柱下条形基础的适用范围是什么？

2. 文克尔地基上梁的挠曲线微分方程是怎样建立的？

3. 集中荷载及集中力偶作用下，弹性地基梁的挠曲变形有何特征，受哪些因素影响？

4. 静定分析法与倒梁法分析柱下条形基础纵向内力有何差异，各适用什么条件？

5. 柱下十字交叉梁基础节点荷载怎样分配，为什么要进行调整？

6. 何谓筏形基础，适用于什么范围？计算上与柱下条形基础有何不同？

7. 什么是箱形基础，适用于什么条件？与前述的独立基础、条形基础相比有何特点？

8. 筏形基础、箱形基础有哪些构造要求？如何进行内力及结构计算？

9. 柱下条形基础，所受外荷载大小及位置如题9图所示，地基为均质黏性土，修正后的地基承载力特征值 f_a=165 kPa，土的重度 20 kN/m³，基础埋深为 2.5 m，混凝土 C30，试确定基础底面尺寸，翼缘的高度及配筋，并用倒梁法计算基础的纵向内力（图中的 L_1、L_2 及截面尺寸自定）。

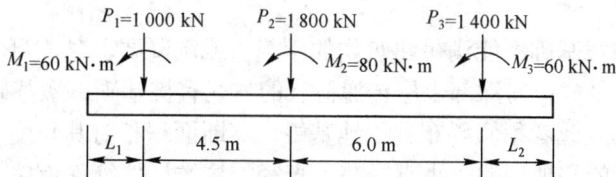

题 9 图

第4章

桩 基 础

【本章内容概要】

首先介绍桩基础的基本概念，桩基础和桩的各种类型与特点；然后介绍竖向荷载作用下单桩的工作性能、桩基础的竖向承载力的确定和验算方法、桩基础的沉降计算方法、桩基础水平承载力的确定和计算方法，最后在前述内容的基础上，介绍了桩基础的设计方法。

【本章学习重点与难点】

学习重点：桩基础设计。

学习难点：检验桩基竖向承载力的方法。

4.1 概 述

当天然地基上的浅基础不能满足建筑物的承载力或沉降要求时，可考虑利用基底以下较深处相对较好的土层承载：向深部土层传递荷载的方式有桩基础、墩基础和沉井基础等。

所谓桩，是指垂直或者稍倾斜布置于地基中，其断面积相对其长度是很小的杆状构件。在我国，经常将预制的和现浇的、小直径与大直径的这类杆件统称为桩（Pile）。桩的功能是通过杆件的侧壁摩阻力和端部阻力将上部结构的荷载传递给深处的地基土。

桩基是一种古老的基础形式。早在史前时期，人们为了穿越河谷和在沼泽区就使用了木桩。在距今 7 000 年的新江河姆渡遗址中，就显示出古人已经采用木桩支承房屋。北京的御河桥、上海的龙华塔、西安的灞桥都是我国古代使用木桩的例子。

近年来，桩的应用越来越广泛，桩的形式也有较大发展。特别是 20 世纪 80 年代以来，我国经济建设和土木工程建筑得到迅速发展，使得桩的技术也有很大进展。据不完全统计，近二十年我国每年所用的各种桩达数千万根。

桩基础具有较高的承载能力与稳定性，是减少建筑物沉降与不均匀沉降的良好的基础类型；桩基础是克服复杂条件下不良地质现象危害的重要基础措施，具有良好的抗震、抗爆性能；桩基础具有很强的灵活性，对结构体系、范围及荷载变化等有较强的适应能力，而采用桩基础也可作为地基处理措施以提高地基的强度及稳定性。

虽然桩基础比一般天然地基的浅基础造价要高；施工难度较大，工作机理比较复杂，设计计算方法相对尚不完善，但是其不仅可以大幅度提高基础的承载力，减少基础的沉降，保证构筑物的稳定性，同时，还可以承受水平荷载和向上的拉拔荷载，具有较高的抗震（振）性能，所以现代桩基础的使用越来越广泛。

一般来说，下列情况可考虑采用桩基础方案：

- 天然地基承载力和变形及稳定性不能满足要求的建筑物；
- 只有较深处地基持力层能满足构筑物承载力要求的情况；
- 特殊类岩土地基上的各类永久性建筑物；
- 作用有较大水平荷载和上拔荷载的构筑物基础；
- 需要减弱其振动影响的动力基础，或为强化建筑物的抗震性能而选择桩基础；
- 荷载分布状况复杂的构筑物基础；
- 地基土有可能被水流冲刷的水工及桥梁基础；

除以上情况使用桩基础以外，目前桩还广泛用于基坑的支挡结构，如用桩作为锚固结构、用于滑坡治理的抗滑桩等，如图 4-1 所示。

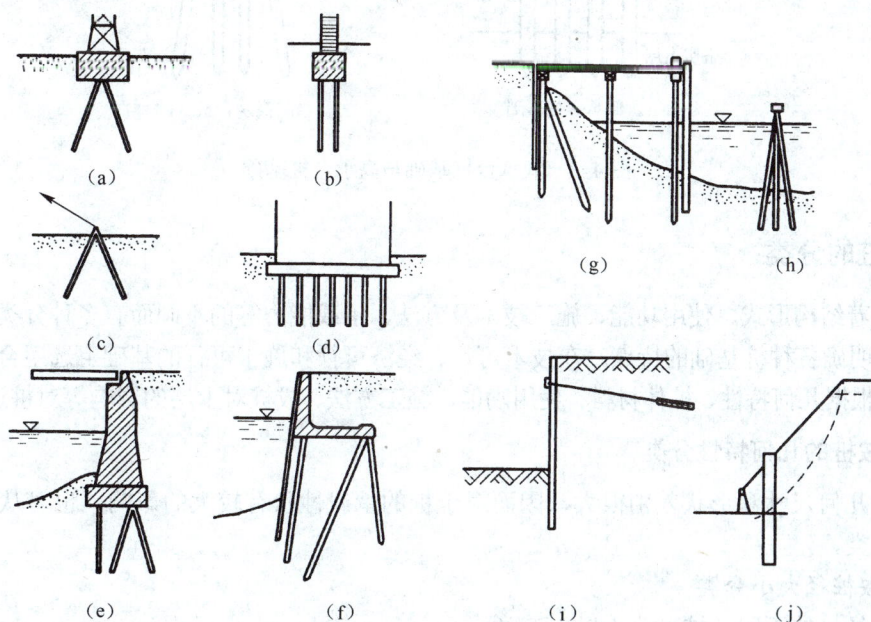

图 4-1 桩的工程应用情况

4.2 桩及桩基础分类

4.2.1 桩基础的分类

1. 按承台位置分类

桩基础按承台与地面的相对位置可分为低承台桩与高承台桩，如图 4-2 所示。当承台底面低于地面时，称为低承台桩基础，如图 4-2（a）所示。高承台桩基础如图 4-2（b）所示，承台底面高于地面以上（主要在水中）。工业与民用建筑中，几乎都使用低承台桩基础，而且采用的是竖直桩。桥梁、港口、码头等构筑物，常采用高承台桩基础。

2. 按承台下桩数分类

桩基础可以采用单根桩的形式以承受和传递上部结构荷载，这种独立基础称单桩基础。但绝大多数桩基础的桩数不止一根而是由两根或两根以上的多根桩组成桩群，由承台将桩群在上部联结成一个整体，建筑物的荷载通过承台分配给各根桩，桩群再把荷载传给地基，这种由两根或两根以上桩组成的桩基础称为群桩基础。

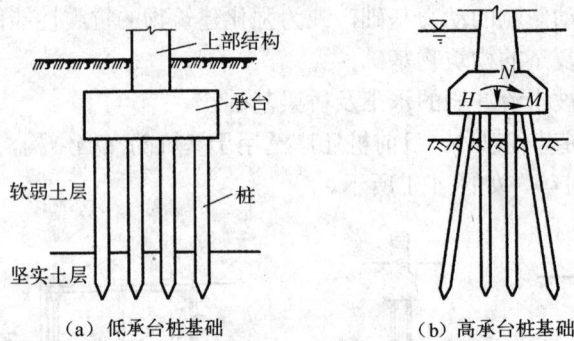

（a）低承台桩基础　　　　（b）高承台桩基础

图 4-2　低承台桩基础与高承台桩基础

4.2.2　桩的分类

桩随着结构形式、使用功能、施工技术及方法、承载能力等的不同而有多种分类。分类的目的在于明确各种桩基础的特点。在技术可行、经济可行和施工可行的基础上选用合适的基础类型。现根据几何特性、桩体材料、使用功能、施工方法、成桩对土层的影响等对桩进行分类。

1. 按桩的几何特性分类

桩的几何尺寸和形状差别很大，因而对于桩的承载性状有较大的影响，也可从不同的角度进行分类。

1）按桩径大小分类

按桩径 d 的不同，桩可分为以下三类。

（1）大直径桩：$d \geq 800$ mm，在设计中因考虑侧阻力的松弛效应与端阻力的尺寸效应，通常用于高重型建筑物基础。

（2）中等直径桩：250 mm $< d < 800$ mm，这类桩的成桩方法和工艺繁杂，长期以来在工业与民用建筑中大量使用。

（3）小桩：$d \leq 250$ mm，长细比（l/d）较大的桩，施工机械和场地及施工方法一般较为简单。在地基托换、支护结构、抗浮、多层住宅地基处理等工程中得到广泛应用。

一般认为，对于直径大于 800 mm 的灌注桩，由于开挖成孔可能使桩孔周边的土应力松弛而降低其承载能力，尤其是对于砂土和碎石类土。这种情况，设计时应乘以尺寸效应系数。

2）按长度 l 或折算桩长 al 分类

通常按桩的长度可分为如下四类：

● $l \leq 10$ m 称为短桩；

- 10 m<l≤30 m 称为中长桩；
- 30 m<l≤60 m 称为长桩；
- l>60 m 称为超长桩。

这种按桩的绝对长度分类并不能表述桩的综合性质，所以也有按折算桩长 αl 进行分类的，其中 α 为水平变形系数。

$$\alpha = \sqrt[5]{\frac{mb_0}{EI}} \qquad (4-1)$$

式中，E、I——桩材料的弹性模量和截面惯性矩；

$\quad\quad b_0$——桩的计算宽度；

$\quad\quad m$——地基土水平抗力系数的比例系数。

αl≤2.5 为刚性短桩；

2.5<αl<4.0 为弹性中长桩；

αl≥4.0 为弹性长桩。

3）按桩的几何形状分类

按桩的纵向形状分为柱式桩、楔式桩；按桩端是否有扩底分为扩底桩和非扩底桩；按桩的横断面分为方形桩、三角形桩、圆形桩和圆筒形桩等，如图 4-3 所示。其中扩底桩按照扩底部分的施工方法又分为挖扩桩、钻扩桩、挤扩桩、夯扩桩、爆扩桩、振扩桩等。

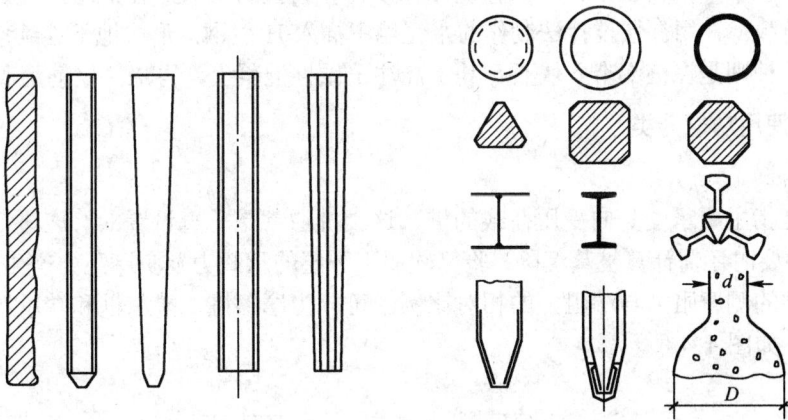

图 4-3　不同断面形式的桩

2．根据桩体材料分类

桩按桩身材料可分为混凝土桩、木桩、钢桩和组合桩等。

1）混凝土桩

混凝土桩一般均由钢筋混凝土制作，是目前使用最为广泛的桩。可分为预制混凝土桩和灌注混凝土桩两种。

预制混凝土桩多为钢筋混凝土，可以在工厂中生产，也可在场地附近预制。桩断面形式可以是方形、圆形等；也有实心或空心桩。其长度受到运输能力的限制，单节长度可达十余米。桩基要求长桩时，可将单节桩连续成所需的桩长。过去经常采用硫黄胶泥接桩，现在大部分为焊接接桩。为提高混凝土抗裂性能和节省钢材，可做成预应力桩；为减少沉桩的挤土效应，可做成开口预应力桩。

灌注桩是直接在所设计的桩位处用机械成孔，然后在孔内加放钢筋笼后再浇灌混凝土。灌注桩的横截面呈圆形，可以做成大直径桩和扩底桩。随着各种成孔设备和成孔方式的不断发展，灌注桩能适用于各种地层条件，并能灵活地调整桩长及桩径，从而成为目前工程领域中使用的主要桩型。

灌注桩品种繁多，依据成孔方式的不同可以分为沉管灌注桩、挖孔灌注桩、钻孔灌注桩和扩孔灌注桩等。

2）木桩

木材制桩从古代至20世纪初均有大量应用。随着现代建筑的发展，木桩因其长度小、不利于接桩、承载力较低，以及材料自身强度的有限性和在变化的工程环境中易腐烂等缺点，在基础工程中受到很大的限制，只在少数工程中因地制宜地采用。

3）钢桩

钢材制桩按照断面形状可分为钢管桩、钢板桩、型钢和组合断面桩。其穿透能力强、自重轻、沉桩效果好、承载能力高，无论是起吊、运输还是接桩都很方便，且挤土少，对地层扰动有限。但钢桩的耗钢量较大，工程成本较高，抗腐蚀性较差，在设计与施工中需做特殊考虑。

4）组合桩

组合桩是指整个桩长范围内有两种或两种以上的材料组成的桩。这类桩种类很多，一般依据特定的工程条件及荷载条件而设计。比如，在作为抗滑桩时，在混凝土中加入大型工字钢承受水平荷载；在用深层搅拌法制作的水泥墙中插入 H 型钢，形成地下连续墙。另外一种复合材料夯扩桩则是在桩端夯入块石，其上浇注干硬性混凝土，再浇注钢筋混凝土桩身。

3. 根据使用功能分类

1）承压桩

承压桩是指主要承受竖向受压荷载的桩，这类桩通常是垂直设置的，应进行竖向荷载承载力计算，必要时还需计算桩基沉降，验算软弱下卧层的承载力及负摩阻力产生的下拉荷载。根据土体提供的侧摩阻力与端阻力的相对比例，可分为摩擦桩、端承桩和端承摩擦桩及摩擦端承桩三类，如图4-4所示。

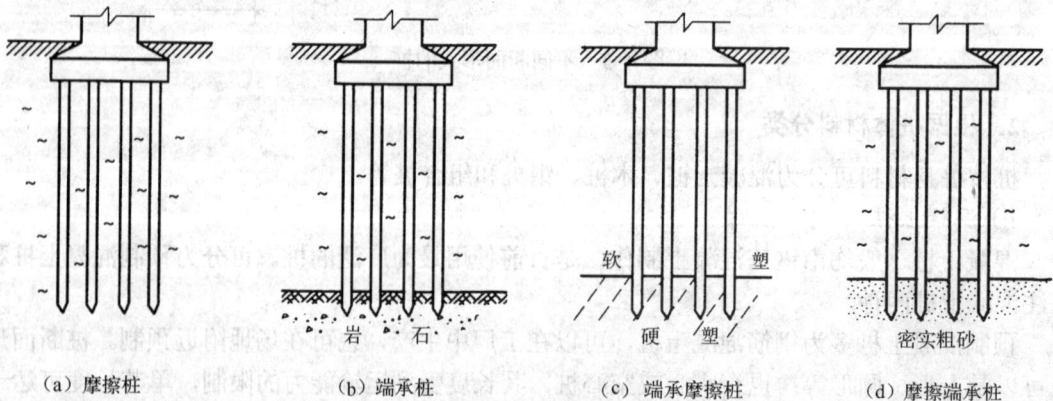

（a）摩擦桩　　　　（b）端承桩　　　　（c）端承摩擦桩　　　　（d）摩擦端承桩

图4-4　承压桩分类

（1）摩擦桩。外部荷载主要通过桩身侧表面与土层的孽阻力传递给周围的土层，桩尖部分承受的荷载很小，一般不超过 10%，摩擦桩上的竖向荷载完全或主要靠桩侧摩擦力承担。

（2）端承桩。端承桩的竖向荷载完全或主要靠桩端阻力承担，一般不考虑桩侧摩阻力的作用。如果桩的长细比较大，由于桩本身的压缩，桩侧摩阻力也可能部分地发挥作用。

（3）端承摩擦桩与摩擦端承桩。在竖向荷载作用下，桩的端阻力和侧摩阻力同时发挥作用。这是最常用的桩，这类桩的端摩阻力和侧摩阻力所分担的荷载比例与桩长、桩径、软土层的厚度和持力层的刚度有关。

工程实践中，设在深厚软土中的长桩，其端阻力可忽略不计，是典型的纯摩擦桩；如果桩端达到中等强度或坚硬土层中，这种桩常属于端承摩擦桩或摩擦端承桩；桩端进入稳定岩土持力层，且桩长不大及上部土层软弱或不稳定时，桩属于典型的端承桩。但为了提高桩基承载能力和控制构筑物的沉降变形，要求桩端进入有效持力层内的一定深度处。

2）抗拔桩

抗拔桩是指主要承受竖向上拔荷载的桩，应进行桩身强度和抗裂验算及抗拔承载力验算，其抗拔力主要由土对桩向下的侧摩阻力和桩体自重来提供。抗拔桩在高耸构筑物、地下抗浮结构及码头水工等结构物中有较多的应用。另外，在单桩竖向静载试验中使用的锚桩也承受拉拔荷载。

3）水平荷载桩

水平荷载桩是指主要承受地震力、风力及波浪力等水平荷载的桩，应进行桩身强度和抗裂验算及水平荷载力和位移验算。这类桩的抗力通常由桩身强度、桩侧土体的水平侧限强度及桩顶的锚固方式决定，并以有限的水平变形量作为桩基础水平承载能力的控制条件。

对于港口码头、输电塔架等结构物，有时为了更有效地抵抗水平荷载，可设斜桩或叉桩。

4．按施工方法分类

按施工方法可将桩分为预制桩和灌注桩两大类。

1）预制桩

预制桩是指在桩体沉入地基之前在预制厂或现场制作的桩。预制桩成桩质量较稳定可靠，预制桩除木桩、钢桩外，目前大量应用的是钢筋混凝土桩。预制桩的长度比较灵活，只受制桩设备能力限制，但可以分段制作后在沉桩过程中接桩；其断面材料类别也有很大的灵活性，预制桩按桩截面形状又可分为实心桩和空心桩，圆形桩和方形桩、异形桩等。接桩的方法有钢板角钢焊接、法兰盘加螺栓联结、硫黄胶泥锚固及机械联结（如插入楔块、销钉联结）等。限于运输条件和起吊能力，目前工厂预制的桩长一般不超过 13.5 m。现预制桩的长度可以大些，但限于桩架高度，一般在 25～30 m 以内。当桩长度不够时，需在沉桩过程中加以接长。

为了适应整个施工过程的需要，钢筋混凝土预制桩的混凝土标号不应低于 C30，桩内应配置一定数量的纵向钢筋（主筋）和箍筋。配筋率需由桩在起吊、运输和吊立过程中的弯曲应力确定，最小配筋率一般不宜小于 0.8%。

常用的预制混凝土桩的主要优点是：承载力高，对于松散土层，由于挤土效应可使承载力提高；由于桩身混凝土密度大，抗腐蚀性能强；桩身质量易于保证和控制，制作方便，并能根据需要制作不同尺寸、不同形状的截面和长度，且施工不受地下水的影响；成桩速度快，不存在泥浆排放问题，特别适用于大面积施工。缺点是：费用比灌注桩高，采用锤击法沉桩噪声大、对周围扰动大,由于挤土效应会引起地面隆起等问题。

预制桩的沉桩方式主要有锤击法、振动法和静压法等。

(1)锤击法沉桩。锤击法沉桩是用桩锤(或辅以高压射水)将桩击入地基中的施工方法,适用于地基土为松散的碎石土、砂土、粉土及可塑黏土的情况。缺点是有噪声、振动和地层扰动,在城市建设中应考虑其对环境的影响。

(2)振动法沉桩。振动法沉桩是采用振动锤进行沉桩的施工方法,适用于可塑性的黏性土和砂土,对受振动时土的抗剪强度有较大降低的砂土地基和自重不大的钢桩,沉桩效果更好。

(3)静压法沉桩。静压法沉桩是采用静力压桩机将预制桩压入地基中的施工方法。静压法沉桩具有无噪声、无振动、无冲击力、施工应力小、桩顶不易损坏和沉桩精度较高等特点。但较长桩分节压入时,接头较多会影响压桩的施工效率等。

2)灌注桩

灌注桩是指在施工现场桩位处先成桩孔,然后在孔位内设置钢筋笼,再灌注混凝土而形成的桩。灌注桩无需像预制桩那样的制作、运输及设桩过程,因而比较经济,但施工技术较复杂,成桩质量控制比较困难。

灌注桩的主要优点是:可适用于各种地层,桩长、桩径可灵活调整;费用比预制桩低。缺点是:成桩质量不易控制和保证,容易形成断桩、缩颈、沉渣,如混凝土灌注出现蜂窝或夹泥等质量问题;对于泥浆护臂灌注桩,存在泥浆排放造成的环境污染问题。灌注桩大体可分为沉管灌注桩、钻孔灌注桩、挖孔灌注桩和爆扩灌注桩四类。

(1)沉管灌注桩。沉管灌注桩是指采用锤击沉管打桩机或振动沉管打桩机,将套上预制钢筋混凝土桩尖或带有活瓣桩尖的钢管沉入土层中成孔,然后边灌注混凝土、边锤击或边振动边拔出钢管并安放钢筋笼而形成的灌注桩。沉管灌注桩的直径一般在 300~500 mm 之间,桩长常在 20 m 以内,可打至硬塑黏土层或中、粗砂层。在黏性土中,振动沉管灌注桩的沉管穿透能力比锤击沉管灌注桩稍差,承载力也比锤击沉管灌注桩低些。这种桩施工设备简单,沉桩进度快,成本低,但很易产生缩颈等质量问题。

(2)钻(冲、磨)孔灌注桩。各种钻(冲、磨)孔灌注桩在施工时都要把桩孔位置处的土排出地面,然后清除孔底残渣,安放钢筋笼,最后浇灌混凝土。

(3)挖孔灌注桩。挖孔灌注桩可采用人工或机械挖掘成孔,每挖 0.9~1.0 m,就现浇或喷射一圈混凝土护壁(上下圈之间用插筋连接),然后安放钢筋笼灌注混凝土而成。人工挖孔桩直径一般为 800~2 000 mm,最大可达 3 500 mm。挖孔桩的优点是可直接观察地层情况,孔底易清除干净,设备简单、噪声小,适应性强,比较经济。缺点是孔内空间小、劳动条件差、存在安全隐患等。

(4)爆扩灌注桩。爆扩灌注桩是指就地成孔后,在孔底放入炸药包并灌注适量混凝土后,用炸药爆扩孔底,再安放钢筋笼后浇灌混凝土而形成的灌注桩。爆扩灌注桩适应性强,除新填土外,其他各种地层均可用,最适宜在黏土中成形并支承在坚硬密实土层上的情况。

混凝土灌注桩中的弗朗克桩在欧洲流行甚广,我国也有用此法施工的工程。这种方法适用于松散砂、砾及超固结黏土,桩身直径 30~60 cm,桩长 10~24 m,管心锤重 25~50 kN,落距 3~5 m,单桩容许承载力可达 1500 kN。旋转钢管下沉成孔的灌注桩,在钢管底部装有经过淬火的钢齿,可沉入至页岩或砂岩层,直径可达 1.5 m。钢管用法兰盘联结,预压孔打入混凝土桩是介于打入桩和灌注桩之间的一种桩型，其施工步骤是：先将钢制的传力杆打入土中 0.5～1.0 m，然后拔出钢传力杆，往孔中灌注混凝土或砂浆；再将一根预制的钢筋混凝土桩置于孔中，打到顶足深度，这种桩的承载力高于普通桩。各种成孔工艺及成孔方法的使用范围见表 4-1。

表 4-1　各种成孔工艺及成孔方法的使用范围

成 孔 工 艺	成 孔 方 法	使 用 范 围
泥浆护壁成孔	冲抓、冲击	碎石土、砂土、粉土、黏性土及风化岩；冲击成孔进入中等风化和微风化岩层的速度比回转钻快，旋挖钻孔速度最快。深度可达 40 m 以上
	回转钻	
	旋挖钻	
	潜水钻	黏性土、淤泥、淤泥质土及砂土，深度可达 50 m 以上
无护壁作业成孔（干作业成孔）	螺旋钻Φ400	地下水位以上的黏性土、粉土、砂土及人工填土，深度可达 50 m
	钻孔扩底	地下水位以上的坚硬、硬塑的黏性土及中密以上的砂土
	机动洛阳铲（人工）	地下水位以上的黏性土、粉土、黄土及人工填土
套壁作业	振动Φ310～800	硬塑黏性土、粉土及砂土，600 以上的可达强风化岩岩，深度可达 20～30 m
	锤击Φ400～500	可塑黏性土、中细砂，深度可达 20 m
爆破扩孔作业	爆破成孔，底部直径可达Φ800	地下水位以上的黏性土、黄土、碎石土及风化岩

5．根据成桩方法对土层的影响分类

不同成桩方法对周围土层的排挤和扰动不同，这都将直接影响桩的承载能力、成桩质量及周围环境。根据成桩对土层的影响可分为挤土桩、部分挤土桩、非挤土桩三类。

1）挤土桩

挤土桩是指打入或压入土中的实体预制桩和闭口管桩、沉管灌注桩。这类桩在沉桩过程中，或沉入钢套管的过程中，周围土体因受到桩体的挤压作用，使得土中超孔隙水压力增长，土体发生隆起，对周围环境造成严重的损害，如相邻建筑物的变形开裂、市政管线断裂造成水或煤气的泄漏等，因此，在大中城市的建成区已严格限制挤土桩的施工。

2）部分挤土桩

部分挤土桩是指预钻孔打入式预制桩、打入式敞口桩。打入敞口桩管时，土可以进入桩管形成土壤，从而减少了挤土的作用，但在土塞的长度不再增加时，犹如闭口桩一样产生挤土的作用。打入实体桩时，为了减少挤土的作用，可以采取预钻孔的措施，将部分土体取走，也属于部分挤土桩。

3）非挤土桩

非挤土桩的特点是预先取土，成孔的方法是用各种钻机钻孔或人工挖孔。人工挖孔通常在地下水位以上，如图 4-5（a）所示。钻孔可以在水上，也可以在水下，水下钻孔需对井孔护壁，通常采用泥浆护壁，即在井孔中注入泥浆，并保持泥浆水位高于地下水位 1～2 m，以确保井壁的稳定，如图 4-5（b）所示。但这种方法往往会在井底产生浮泥和在井壁形成泥皮，降低了桩的承载力，在施工中应采取措施尽量减少其影响。另一种护壁方式是采用套管，常用于不稳定的土层，如图 4-5（c）所示。成桩的方法分为现场灌注施工法和置入预制桩施工

法，现场灌注桩施工是先向孔内放入钢筋笼，使其就位后浇筑混凝土，在地下水位以下则用导管法浇筑。置入预制桩法首先是将预制桩吊装入井孔中，然后再向桩孔间的孔隙中灌浆。

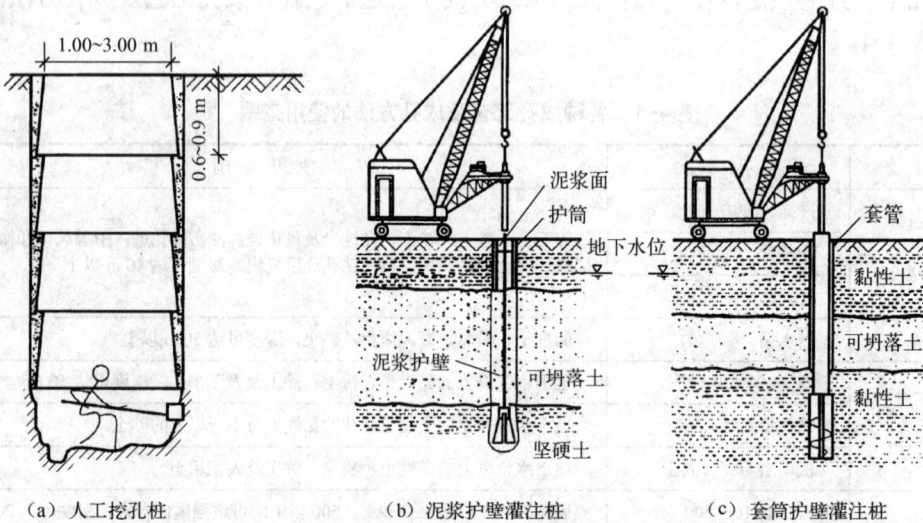

（a）人工挖孔桩   （b）泥浆护壁灌注桩   （c）套筒护壁灌注桩

图 4-5 几种非挤土桩的施工

　　总之，根据不同建筑荷载要求及场地条件，可使用不同桩型，一些新桩型的发展，又有力地推动了上部结构的发展，为建筑结构的设计提供了许多可选择的方案。

4.2.3 桩型选用

　　桩型与成桩工艺的选择应当根据结构类型、荷载性质、桩的使用功能、穿越土层、桩端持力层土类、地下水条件、施工设备、施工环境、施工经验、制桩材料供应等条件因地制宜地进行。其原则应当是经济合理和安全适用。

　　桩基础中桩的主要类型选择参照表见表 4-2，一般除了特殊情况外，同一建筑单元内应避免采用不同类型的桩。

表 4-2 桩基础中桩的主要类型选择参照表

桩 类 型	建筑物类型	地 层 条 件	施 工 条 件
预制桩	重要的有纪念性的大型公共建筑或高层住宅；对基础沉降有严格要求的工业与民用建筑物和构筑物	表层土质及厚度不均匀；地下水位浅有缩孔现象；在一定深度内有可利用的较好的持力层；上部无难以穿透的硬夹层	场地空旷，邻近无危险建筑，没有对噪声、振动及侧向挤压等限制
灌注桩	一般高层住宅及多层建筑	可供利用的桩端持力层起伏较大或持力层以上有不易穿透的硬夹层；无缩孔现象	①要求有一定的场地，供施工机械装卸与运输；②施工时能解决出土堆放问题；③地下无障碍物
扩底短桩	一般 6 层以下建筑物	表土较差．填土厚度在 4~6 m 以下有可供利用的一般第四纪土，而硬层及地下水位都比较深	①要求有一定的场地，供施工机械装卸与运输；②施工时能解决出土堆放问题；③地下无障碍物
大直径桩	重要的大型公共建筑或高层住宅，对基础沉降有严格要求的工业与民用建筑物和构筑物	表层土质及厚度不均匀，水位较深，不缩孔，在一定深度内有较好的持力土层	如采用机械成孔，则要求有一定的场地，供钻孔机械装卸与运输；如采用人工成孔，应具有充分的安全及质量保障措施

4.3 桩的承载力

4.3.1 竖向荷载作用下单桩的工作性能

1. 单桩轴向荷载传递的概念

将桩垂直沉入地基后,由桩侧分布摩阻力 $q_s(z)$ 与桩端分布阻力 q_p 共同抵抗竖向荷载 Q。地基土在桩侧摩阻力 $q_s(z)$ 及桩端阻力 q_p 的作用下产生附加应力,因此导致地基土的变形,引起桩体的沉降;桩体受到荷载 Q 与土体阻力的共同作用而产生桩身轴力,从而导致桩体出现轴向压缩变形;在桩周处由于桩土受力条件的不同而产生相对位移,这种相对位移的大小随深度的变化对桩的侧摩阻力的影响很大;在桩端处桩的沉降与桩端阻力的大小有关。所以,单桩荷载传递理论主要研究桩土体系中的摩阻力分布与发展规律、桩端阻力的发挥过程及桩身内力与变形随荷载变化的分布和发展过程,如图 4-6 所示。

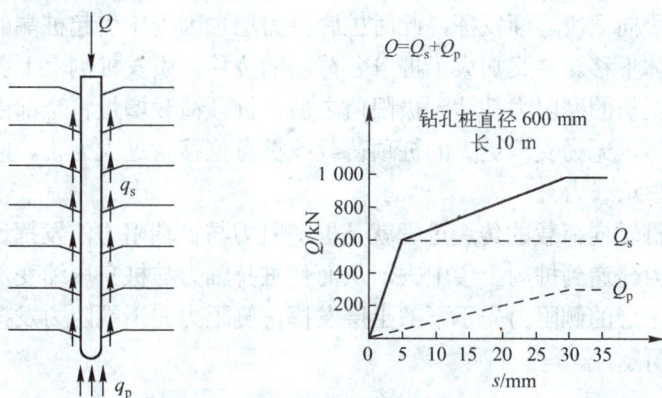

图 4-6 桩的侧阻力与桩的端阻力

桩侧阻力和桩端阻力的发挥过程就是桩土体系的荷载传递过程。桩顶受竖向压力后,桩身压缩并向下位移,桩侧表面与土间发生相对运动,桩侧表面开始受土的向上摩擦力,荷载通过侧阻力向桩周土中传递。由于摩阻力和桩身位移之间的相互关系,使桩身的轴力与桩身的压缩变形量随深度递减。随着荷载增加,桩身下部分的侧阻力及端阻力开始发挥作用,当荷载增加到一定值时,桩端开始发生位移,桩端的反力得到充分发挥。所以靠近桩身上部土层的侧阻力比上部的侧阻力优先发挥作用,侧阻力先于端阻力发挥作用。研究表明,侧阻力和端阻力发挥作用所需要的位移也是不同的。大量的常规直径的桩的测试结果表明,侧阻力所需要的作用相对位移一般不超过 20 mm。对于大直径桩,一般在位移量 $s=(3\%\sim5\%)d$ 的情况下,侧阻力也已经起到重要作用。

端阻力的作用比较复杂,与桩端土的类型与性质及桩的长度、直径、成桩工艺和施工质量等有关。对于岩层和硬的土层,只需要很小的桩端位移就可充分使其端阻力发挥作用,对于一般土层,端阻力完全发挥作用所需的位移量则可能很大。以桩端持力层较为细粒的土的情况为例,要充分发挥端阻力作用,打入桩的桩端沉降 S_p 约为 10% 的桩径;钻孔桩桩端沉降

S_p 约为 20%～30% 的桩径。

这样，对于一般桩基础，在工作荷载作用下，侧阻力可能已经发挥了大部分作用，而端阻力只发挥了很小一部分作用。只有对于支撑于坚硬基岩上的刚性短桩，由于桩端无法下沉，而桩身压缩量很小，摩擦阻力无法发挥作用，端阻力才先于侧阻力发挥作用。

综上所述，一般可归纳为如下几点。

① 在荷载增加的过程中，桩身上部的侧阻力先于下部侧阻力发挥作用。

② 一般情况下，侧阻力先于端阻力发挥作用。

③ 在工作荷载下，对于一般摩擦型桩，侧阻力发挥作用的比例明显高于端阻力发挥的比例。

④ 对于长径比较大的桩，即使桩端持力层为岩层或坚硬土层，由于桩身本身的压缩和桩身的弯曲变形，在工作荷载下端阻力也很难发挥。当长径比大于 100 时，端阻力基本可以忽略而成为摩擦桩。

2. 桩身轴力、桩侧摩阻力和桩身位移的关系

当逐级增加单桩桩顶荷载时，桩身上部由于受到压缩而产生相对于土的向下位移，从而使桩侧表面受到土的向上摩阻力。随着荷载的增加，桩身压缩和位移也随之增大，从而使桩侧摩阻力从桩身上段向下段逐渐发挥，此时桩底持力层也因受压引起桩端的反力，导致桩端下沉、桩身随之整体下移。这又加大了桩身各截面的位移，引发桩侧上下各处摩阻力的进一步发挥。当沿桩身全长的摩阻力都达到极限值之后，桩顶荷载增量将全部由桩端阻力承担，直到桩底持力层破坏、无力支承更大的桩顶荷载或桩身位移量过大为止。此时，桩顶所承受的荷载就是桩的极限承载力。

由此可见，单桩轴向荷载的传递过程就是桩侧阻力与桩端阻力的发挥过程。桩顶荷载通过发挥出来的侧阻力传递到桩周土层中去，从而使桩身轴力与桩身压缩变形随深度递减。一般来说，桩身上部土层的侧阻力先于下部土层发挥，侧阻力先于端阻力发挥。单桩轴向荷载传递过程如图 4-7 所示。

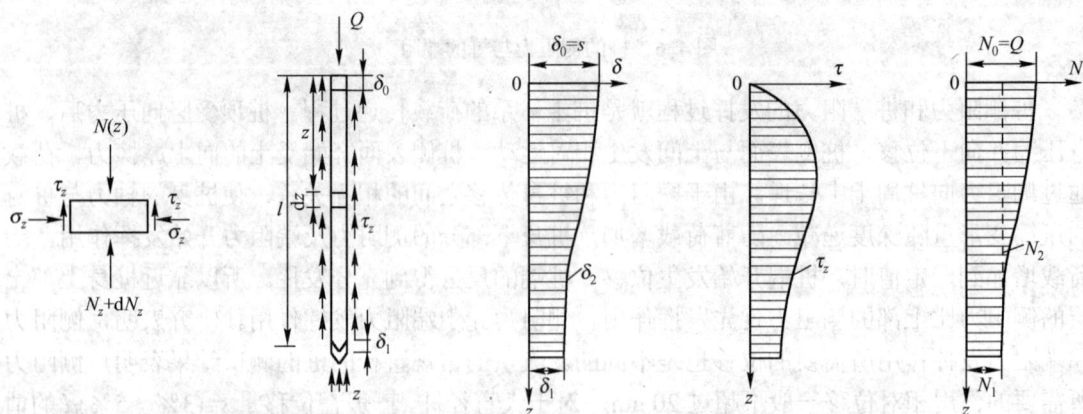

（a）微桩段的作用力　　（b）轴向受压的单桩　　（c）截面位移曲线　　（d）摩阻力分布曲线　　（e）轴力分布曲线

图 4-7　单桩轴向荷载传递过程

如图 4-7（a）所示，长度为 z 的竖向单桩在桩顶轴向力 $N_0=Q$ 的作用下，在桩身任一深度 z 处横截面上所引起的轴力 N_z 将使截面下桩身压缩、桩端下沉 δ_1，致使该截面向下位移了

δ_z。作用于深度 z 处、周长为 u_p、厚度为 dz 的微小桩段上力的平衡条件为：

$$N_z - \tau_z \cdot u_p \cdot dz - \left(N_z + dN_z \right) = 0 \tag{4-2}$$

则桩侧摩阻力 τ_z 与桩身轴力 N_z 的关系为：

$$\tau_z = -\frac{1}{u_p} \frac{dN_z}{dz} \tag{4-3}$$

式中，τ_z——桩侧单位面积上的荷载传递量。

由于桩顶轴力 Q 沿桩身向下通过桩侧摩阻力逐步传给桩周土，因此轴力 N_z 就相应的随深度而递减。

桩端总阻力 Q_p 等于桩底的轴力 N_1，即桩端总阻力 $Q_p=N_1$，而桩侧阻力 $Q_s = Q - Q_p$。

根据桩段 dz 的桩身压缩变形 δ_z 与桩身轴力 N_z 之间的关系 $d\delta_z = -N_z \dfrac{dz}{A_p E_p}$，得：

$$N_z = -A_p E_p \frac{d\delta_z}{dz} \tag{4-4}$$

式中，A_p 及 E_p 为桩身横截面面积和弹性模量。

将式（4-4）代入式（4-3），得：

$$\tau_z = \frac{A_p E_p}{u_p} \frac{d^2\delta_z}{dz^2} \tag{4-5}$$

式（4-5）是单桩轴向荷载传递的基本微分方程。它表明桩侧摩阻力 τ 是桩截面对桩周土的相对位移 δ 的函数 $\tau=f(\delta)$，其大小制约着土对桩侧表面向上作用的正摩阻力 τ 的发挥程度。

由图 4-7（a）可知，任一深度 z 处的桩身轴力 N_z 应为桩顶荷载 $(A_0=Q)$ 与 z 深度范围内的桩侧总阻力之差，即：

$$N_z = Q - \int_0^z u_p \tau_z dz \tag{4-6}$$

桩身截面位移 δ_z 则为桩顶位移 δ_0 与 z 深度范围内的桩身压缩量之差，即：

$$\delta_z = s - \frac{1}{A_p E_p} \int_0^z N_z dz \tag{4-7}$$

上述二式中如取 $z=1$，则式（4-6）变为桩底轴力 N_1（即桩端总阻力 Q_p）表达式；式（4-7）则变为桩端位移 δ_1（即桩的刚体位移）表达式。

3. 影响荷载传递的因素

在任何情况下，桩的长径比 l/d（桩长与桩径之比）对荷载传递的影响都较大。根据 l/d 的大小，桩可分为短桩（$l/d<10$）、中长桩（$l/d>10$）、长桩（$l/d>40$）和超长桩（$l/d>100$）。

N.S.马特斯-H.G.波洛斯（Mattes-Poulos）通过线性弹性理论分析得知，影响单桩荷载传递的因素主要有以下几点。

1）桩的长度（l）与直径（d）之比

随着桩的长径比 l/d 的增大，传递到桩端的荷载减小，桩身下部侧阻力的发挥值相应降低。在均匀土层中的长桩，其桩端阻力分担的荷载比趋于零。对于超长桩，不论桩端土的刚度多大，其桩端阻力分担的荷载都小到可忽略不计，即桩端土的性质对荷载传递不再有任何影响，且上述各影响因素均失去实际意义。可见，长径比很大的桩都属于摩擦桩，在设计这种桩时，若试图采用扩大桩端直径来提高承载力，是不可取的。

2）桩端扩底直径（D）与桩身直径（d）之比

D/d 愈大，桩端阻力分担的荷载比愈大。对于均匀土层中的中长桩，当 $D/d=3$ 时，桩端阻力分担的荷载比将由等直径桩（$D/d=1$）的约 5% 增至约 35%。

3）桩端土刚度（B_b）与桩周土刚度（B_s）之比

B_b/B_s 愈小，桩身轴力沿深度衰减愈快，即传递到桩端的荷载愈小。对于中长桩，当 $B_b/B_s=1$（即均匀土层）时，桩侧摩阻力接近于均匀分布，几乎承担了全部荷载，桩端阻力仅占荷载的 5% 左右，即属于摩擦桩；当 B_b/B_s 增大到 100 时，桩身轴力上段随深度减小，下段近乎沿深度不变，即桩侧摩阻力上段可得到发挥，下段则因桩土相对位移很小（桩端无位移）而无法发挥出来，桩端阻力分担了 60% 以上的荷载，即属于端承型桩；B_b/B_s 再继续增大，对桩端阻力分担荷载比的影响不大。

4）桩身刚度（B_p）与桩周土刚度（B_s）之比

B_p/B_s 愈大，传递到桩端的荷载也愈大，但当 B_p/B_s 超过 1 000 后，对桩端阻力分担荷载比的影响不大。而对 $B_p/B_s \leq 10$ 的中长桩，其桩端阻力分担的荷载几乎为零，这说明对于由砂桩、碎石桩、灰土桩等低刚度桩组成的基础，应按复合地基工作原理进行设计。

4. 桩侧摩阻力和桩端阻力

桩侧摩阻力 τ 与桩—土界面相对位移 δ 的函数关系，如图 4-8 所示的曲线 OCD，且常简化为折线 OAB。OA 段表示桩—土界面相对位移 δ 小于某一限值 δ_u 时，摩阻力 τ 随 δ 线性增大；AB 段则表示一旦桩—土界面相对位移超过某一限值，摩阻力 τ 将保持极限值 τ_u 不变。依照传统经验，桩侧摩阻力达到极限值 τ_u 所需的桩—土相对滑移极限值 δ_u 基本上只与土的类别有关，而与桩径大小无关。相关试验资料表明，对黏性土，δ_u 约为 4～6 mm；对砂类土，δ_u 约为 6～10 mm。

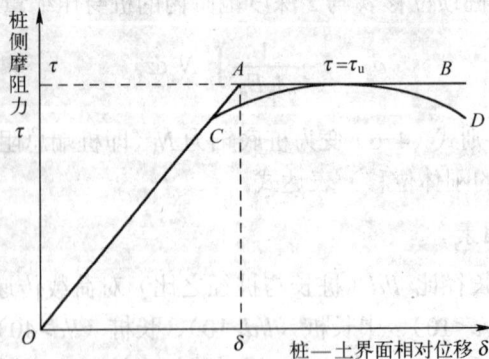

图 4-8　τ—δ 曲线

极限摩阻力 τ_u 可用类似土的抗剪强度的库仑公式表达：

$$\tau_u = c_a + \sigma_x \tan\varphi_a \tag{4-8}$$

式中，c_a——桩侧表面与土之间的附着力；

φ_a——桩侧表面与土之间的摩擦角；

σ_x——深度 z 处作用于桩侧表面的法向压力，它与桩侧土的竖向有效应力 σ'_v 成正比，即：

$$\sigma_x = K_s \sigma_v \qquad (4-9)$$

式中 K_s 为桩侧土的侧压力系数，挤土桩 K_s 的取值范围为 $K_o < K_s < K_p$；非挤土桩因桩孔中土被清除，而使 K_s 的取值范围为 $K_a < K_s < K_0$ (K_a、K_0、K_p 分别为主动压力系数、静止压力系数、被动土压力系数)。

以式（4-8）、式（4-9）的有效应力法计算深度 z 处的单位极限侧阻时，若取 σ'_v 则侧阻将随深度线性增大。然而，砂土中的模型桩试验表明，当桩入土深度达某一临界深度后，侧阻就不再随深度增加，这个现象被称为侧阻的深度效应。A.S.维西克（Vesic，1967）认为：此效应表明邻近桩周的竖向有效应力未必等于覆盖应力，而是线性增加到临界深度 z_c 时达到一个极限（σ'_{vc}），他将其归因于土的"拱作用"。

由此可知，桩侧极限摩阻力与所在的深度、土的类别和性质、成桩方法等诸多因素有关，即发挥极限桩侧摩阻力 τ_u 所需的桩—土相对滑移极限值 δ_u 不仅与土的类别有关，还与桩径大小、施工工艺、土层性质和分布位置有关。

根据土体极限平衡理论导，用于计算桩端阻力的极限平衡理论公式表达为：

$$q_{pu} = \zeta_c c N_c^* + \zeta_\gamma \gamma_1 b N_\gamma^* + \zeta_q \gamma h N_q^* \qquad (4-10)$$

式中，　　　c——土的黏聚力；

γ_1、γ——分别为桩端平面以下和桩端平面以上土的重度，地下水位以下取有效重度；

b、h——桩端宽度（直径）、桩的入土深度；

ζ_c、ζ_γ、ζ_q——桩端为方形、圆形时的形状系数；

N_c^*、N_γ^*、N_q^*——条形基础无量纲的承载力因素，仅与土的内摩擦角 φ 有关。

由于 N_γ 与 N_q 接近，而桩径 b 远小于桩深 h，故可略去式（4-10）中第 2 项，得：

$$q_{pu} = \zeta_c c N_c^* + \zeta_q \gamma h N_q^* \qquad (4-11)$$

式中，形状系数 ζ_c、ζ_q 可按表 4-3 取值。

表 4-3　形状系数的取值

φ	ζ_c	ζ_q
20°	1.20	0.80
25°	1.21	0.79
30°	1.24	0.76
35°	1.32	0.68
40°	1.68	0.52

采用式（4-11）计算单位极限端阻时，端阻将随桩端入土深度线性增大。然而，模型和原型桩试验研究表明，与侧阻的深度效应类似，端阻也存在深度效应现象。当桩端入土深度小于某一临界值时，极限端阻随深度线性增加，而大于该深度后则保持恒值不变。这一深度称为端阻的临界深度，它随持力层密度的提高、上覆荷载的减小而增大。

一般情况下，侧阻与端阻的临界深度之比为 0.3～1.0。关于侧阻和端阻的深度效应问题有待进一步研究。此外，当桩端持力层下存在软弱下卧层且桩端与软弱下卧层的距离小于某一厚度时，桩端阻力将受软弱下卧层的影响而降低。这一厚度被称为端阻的临界厚度，它随持力层密度的提高、桩径的增大而增大。

通常情况下，单桩受荷过程中桩端阻力的发挥不仅滞后于桩侧阻力，而且其充分发挥所需的桩底位移值比桩侧摩阻力到达极限所需的桩身截面位移值大得多，由小型桩试验所得的桩底极限位移 δ_u 值，对砂类土约为 $d/12$～$d/10$，对黏性土约为 $d/10$～$d/4$（d 为桩径）；但对于粗短的支承于坚硬基岩的桩，一般清底好，且桩不太长，桩身压缩量小和桩端沉降小，在桩侧阻力尚未充分发挥时便因桩身材料强度的破坏而失效。因此，对工作状态的单桩，除支承于坚硬基岩的短粗的桩外，桩端阻力的安全储备一般大于桩侧摩阻力的安全储备。

5. 桩侧负摩阻力

1）负摩阻力的概念

在桩顶竖向荷载作用下，当桩相对于桩侧土体向下位移时，土对桩产生向上作用的摩阻力，构成了单桩承载力的一部分，称为正摩阻力，如图 4-9（a）所示。但是，当桩侧土体由于某种原因发生下沉，而且其下沉量大于相应深度处桩的下沉量，即桩侧土体相对于桩产生向下位移时，土对桩就会产生向下作用的摩阻力，称为负摩阻力，如图 4-9（b）所示。桩身受到负摩阻力作用时，相当于在桩身上施加了一个竖直向下的荷载，而使桩身的轴力加大，桩身的沉降增加，桩的承载力降低，因此，负摩阻力的存在对桩的荷载传递是一种不利因素。因此，当桩周土层产生的沉降超过基桩的沉降时，在计算基桩承载力时应计入桩侧负摩阻力。

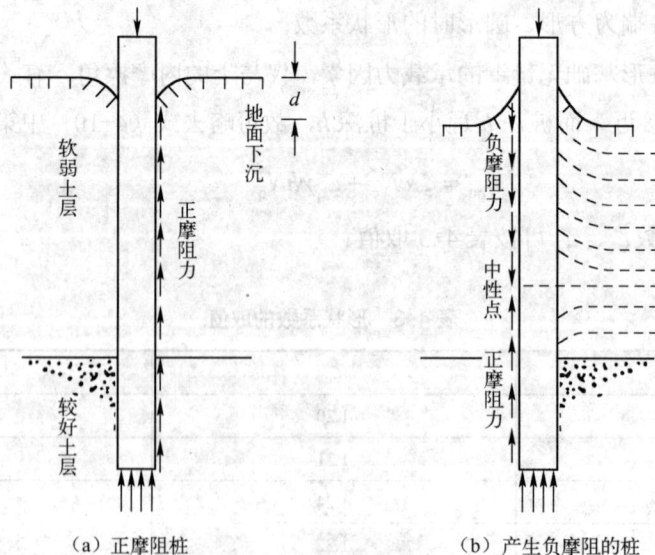

（a）正摩阻桩　　　　　　（b）产生负摩阻的桩

注：d 表示图（b）地面相对图（a）地面的下沉

图 4-9　桩的正、负摩阻力

2）负摩阻力的分布特征

了解桩的负摩阻力的分布特征，必须知道土与桩之间的相对位移及负摩阻力与相对位移之间的关系。

如图 4-10（a）所示，一根承受竖向荷载的单桩穿过正在固结中的土层而达到坚实土层。图 4-10（b）中，曲线 ab 为土层竖向位移，曲线 cd 为桩的截面位移，在 l_n 深度范围内，桩周土的沉降大于桩的压缩变形，桩侧摩阻力向下，为负摩擦区；在 l_n 深度以下，桩周土的沉降小于桩的压缩变形，桩侧摩阻力向上，为正摩擦区。在曲线 ab 和 cd 的交点，桩土相对位移为零，既没有负摩阻力，也没有正摩阻力，称该点为中性点，l_n 称为中性点的深度。根据图 4-10（c）、（d）可知，中性点上下桩侧摩阻力方向相反，在中性点位置，作用在桩上的摩擦力为零，而桩身轴力最大。

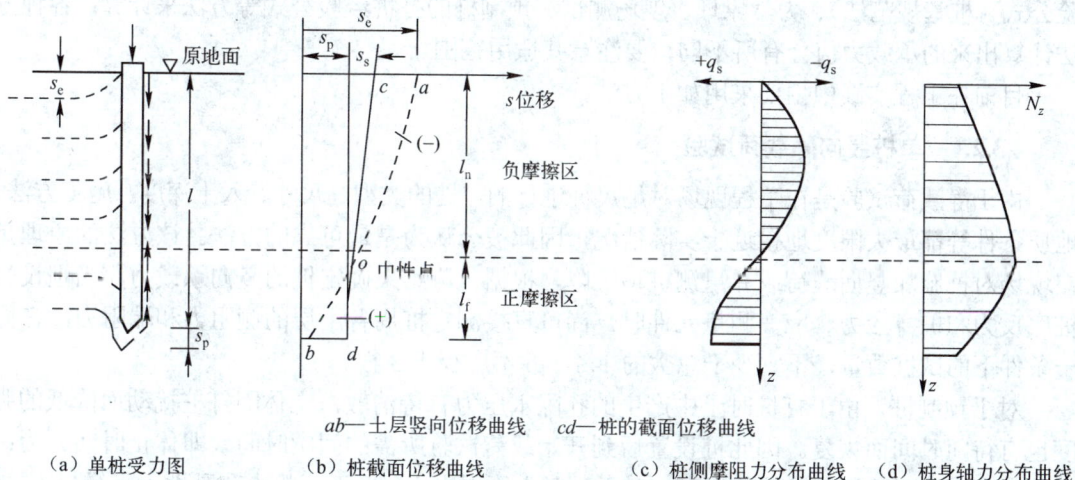

ab—土层竖向位移曲线　　cd—桩的截面位移曲线

（a）单桩受力图　　　（b）桩截面位移曲线　　　　（c）桩侧摩阻力分布曲线　　（d）桩身轴力分布曲线

图 4-10　单桩产生负摩阻力时的荷载传递

由于桩侧负摩阻力是由桩周土层的固结沉降引起的，土层的竖向位移和桩身截面位移都是时间的函数，因此，负摩阻力的产生和发展也要经历一定的时间过程。中性点的位置、摩阻力及桩身轴力都将随时间而有所变化。当沉降趋于稳定时，中性点也将稳定在某一固定深度 l_n 处。此外，中性点深度 l_n 与桩周土的压缩和变形条件、桩和持力层土的刚度等因素有关。

3）中性点深度 l_n 的确定方法

中性点深度应按桩周土层沉降与桩沉降相等的条件计算确定，也可参照表 4-4 确定。

表 4-4　中性点深度 l_n

持力层性质	黏性土、粉土	中密以上砂	砾石、卵石	基岩
中性点深度比 l_n/l_0	0.5～0.6	0.7～0.8	0.9	1.0

注：① l_n、l_0——分别为自桩顶算起的中性点深度和桩周软弱土层下限深度。

　　② 桩穿过自重湿陷性黄土层时，l_n 可按表列值增大 10%（持力层为基岩除外）。

　　③ 当桩周土层固结与桩基固结沉降同时完成时，取 $l_n=0$。

　　④ 当桩周土层计算沉降量小于 20 mm 时，l_n 应按表列值乘以 0.4～0.8 折减。

4.3.2　桩的竖向承载力

桩的承载力是设计桩基础的关键。单桩竖向承载力的确定，取决于三个方面：一是取决于桩本身的材料强度；二是取决于地基土承载能力，即桩在地基土中不丧失稳定性；三是取决于地基土变形，即桩顶不产生过大的位移。因此，设计时必须兼顾，按这三方面分别确定后取其中的小值。

《建筑地基基础设计规范》（GB 50007—2011）中规定：设计中，按单桩承载力确定桩数时，传至承台底面上的荷载效应按正常使用极限状态下荷载效应的标准组合；相应的抗力采用单桩承载力特征值。在计算地基变形时，传至承台顶面上的荷载效应按正常使用极限状态下荷载效应的准永久组合，不计入风荷载和地震作用；相应的限值应为地基变形允许值。

在长期的工程实践中，人们提出了多种确定单桩承载力的方法。可按桩身材料强度、经验公式（桩基规范法）、力学原理、现场测试、预制桩的打桩经验公式等方法来计算；各种方法计算出来的承载力值会有所不同，要注意其适用范围。

目前在工程实践中主要采用如下方法。

4.3.2.1　单桩竖向静载荷试验

由于静载荷试验是在工程现场对足尺桩进行的，桩的类型、尺寸、入土深度、施工方法、地质条件等都最大限度地接近于实际情况，因此被公认为是最可靠的方法。该方法的原理是在现场对桩施加竖向静荷载并量测桩顶沉降，根据量测结果确定桩的竖向承载力。当埋设有桩底反力和桩身应力、应变测量元件时，尚可直接测定桩周各土层的侧阻力和端阻力。在同一条件下的试桩数量，不宜少于总数的 1%，并不应少于 3 根。

对于预制桩，由于打桩时土中产生的孔隙水压力有待消散，土体因打桩扰动而降低的强度也有待随时间而恢复。因此桩设置后到开始载荷试验所需的间歇时间（即休止时间）为：在桩身强度达到设计要求的前提下，对于砂类土不得少于 10 天，粉土和黏性土不得少于 15 天，饱和软黏土不得少于 25 天。

1）静载荷试验装置

如图 4-11 所示，试验装置主要由加荷系统和量测系统组成。采用油压千斤顶加载时，千斤顶的加载反力装置根据现场实际条件取下列三种形式之一：锚桩横梁反力装置、压重平台反力装置、锚桩压重联合反力装置。锚桩横梁反力装置如图 4-11（a）所示，如采用工程桩作锚桩时，锚桩数量不得少于 4 根，并应检测静载试验过程中锚桩的上拔量。压重平台反力装置如图 4-11（b）所示，压重不得小于预计试桩破坏荷载的 1.2 倍。压重应在试验开始前一次加上，并均匀稳固地放置于平台上。当试桩最大加载量超过锚桩的抗拔能力时，可在横梁上放置或悬挂一定重物，由锚桩和重物共同承受千斤顶加载反力。

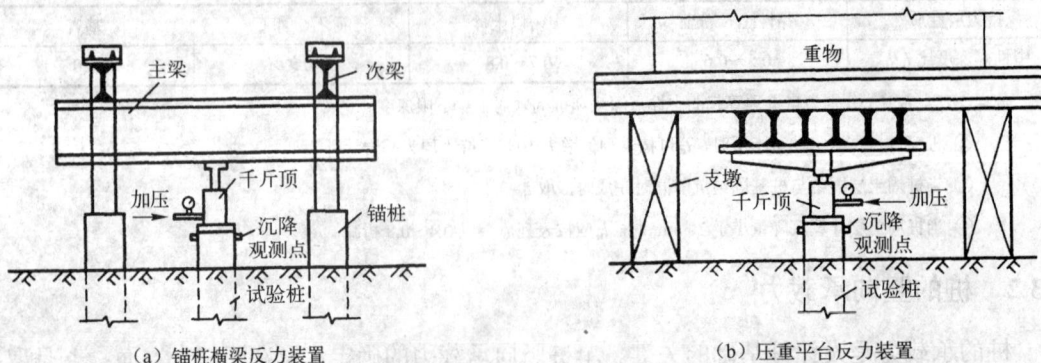

（a）锚桩横梁反力装置　　　　　　（b）压重平台反力装置

图 4-11　单桩静荷载试验加载装置

量测系统主要由千斤顶上的应力环、应变式压力传感器（测荷载大小）及百分表或电子位移计（测试桩沉降）等组成。荷载大小也可采用连于千斤顶的压力表测定。为准确测量桩的沉降，消除相互干扰，要求有基准系统，它由基准桩、基准梁组成，且保证在试桩、锚桩（或压重平台支墩）和基准桩相互之间有足够的距离，一般应大于 4 倍桩径且大于 2 m。

2）试验方法

试验时加载方式通常有慢速维持荷载法、快速维持荷载法、等贯入速率法等时间间隔加载法及循环加载法等。工程中最常用的是慢速维持荷载法，即逐级加载。每级荷载值为预估极限荷载的 1/15～1/10，第一级荷载可双倍施加。每级加荷后间隔 5 min、10 min、15 min、15 min、15 min、30 min、30 min、30 min 测读桩顶沉降。当每小时的沉降量不超过 0.1 mm，并连续出现两次，则认为已趋稳定，可施加下一级荷载。当出现下列情况之一时即可终止加载：

- 某级荷载下，桩顶沉降量为前一级荷载下沉降量的 5 倍；
- 某级荷载下，桩顶沉降量大于前一级荷载下沉降量的 2 倍，且经 24 h 尚未达到相对稳定；
- 已达到锚桩最大抗拔力或压重平台的最大质量时。

终止加载后进行卸载，每级卸载值为每级加载值的 2 倍。每级卸载后间隔 15 min、15 min、30 min 各测记一次，即可卸下一级荷载，全部卸载后，间隔 3～4 h 再读一次。

3）试验结果与承载力的确定

根据载荷试验结果，可绘出桩顶荷载—沉降关系曲线（Q—s 曲线），如图 4-12 所示，以及各级荷载下沉降—时间关系曲线（s—lg t 曲线），如图 4-13 所示。单桩静载荷试验所得的荷载—沉降关系曲线可大体分为陡降型和缓变型两类形态。确定单桩竖向极限承载力 Q_u 的方法如下。

（1）根据沉降随荷载的变化特征确定。对于陡降型 Q—s 曲线（图 4-12 中曲线①），可取曲线发生明显陡降的起始点所对应的荷载为 Q_u。

（2）根据沉降量确定。对于缓变型 Q—s 曲线（图 4-12 中曲线②），一般可取 $s=40～60$ mm 对应的荷载值为 Q_u。对于大直径桩，可取 $s=(0.03～0.06)d$（d 为桩端直径）所对应的荷载值（大桩径取低值，小桩径取高值）；对于细长桩（$l/d>80$），可取 $s=60～80$ mm 对应的荷载值。

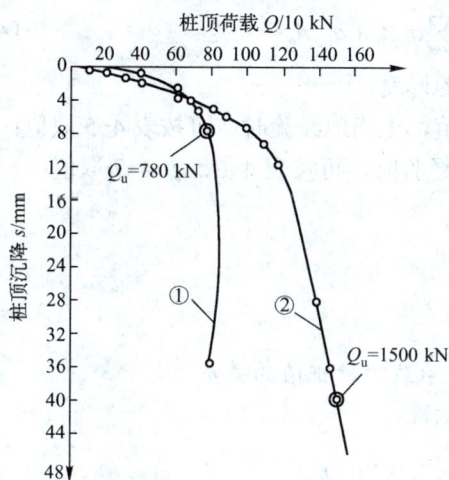

图 4-12　单桩 Q—s 曲线

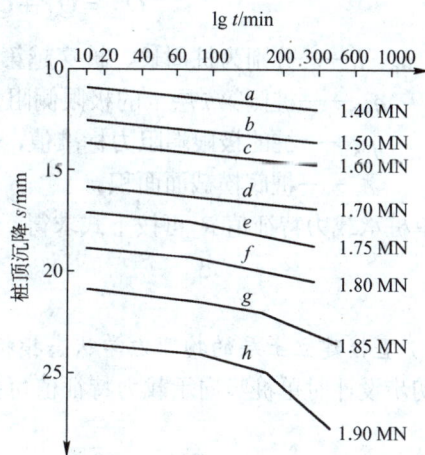

图 4-13　单桩 s—lg t 曲线

（3）根据沉降随时间的变化特征确定。取 s—lg t 曲线尾部出现明显向下弯曲的前一级荷

载值作为 Q_u，也可根据终止加载条件 b 中的前一级荷载值作为 Q_u。测得每根试桩的极限承载力值 Q_u 后，可通过统计方法确定单桩竖向极限承载力的标准值 Q_{uk}。

单桩竖向极限承载力特征值的确定：

$$R_a = Q_{uk} / K \tag{4-12}$$

式中，Q_{uk}——单桩竖向极限承载力标准值，kN；

K——安全系数，取 $K=2.0$。

4.3.2.2　静力触探法

地基基础设计等级为丙级的建筑物，可采用静力触探及标贯试验参数确定承载力特征值。静力触探试验与桩的静载荷试验虽有很大区别，但与桩打入土中的过程基本相似，所以可把静力触探试验近似看成是小尺寸打入桩的现场模拟试验。方法是将圆锥形的金属探头以静力方式按一定速率均匀压入土中。借助探头传感器测出探头侧阻和端阻，即可计算出桩承载力。由于静力触探试验设备简单、自动化程度高，被认为是一种很有发展前途的确定单桩承载力的方法，国外应用极广。静力触探法依单桥探头和双桥探头而分为两种。静力触探法是将测得的比贯入阻力 p_s 与桩侧阻力和端阻力之间建立经验关系，从而按照式（4-14）确定单桩竖向承载力特征值。

4.3.2.3　按公式估算

初步设计时，单桩竖向承载力特征值可按公式估算。静力学公式是根据桩侧摩阻力、桩端阻力与土层的物理力学状态指标的经验关系来确定单桩竖向承载力。这种方法可用于初估单桩承载力特征值及桩数，在各地区各部门均有大量应用。

1）按单桩极限承载力确定单桩承载力特征值

利用经验公式确定单桩极限承载力标准值是多年来传统方法。

当根据土的物理指标与承载力参数之间的经验关系确定单桩竖向极限承载力标准值时，对一般灌注和预制桩，应按下列公式计算：

$$Q_{uk} = Q_{sk} + Q_{pk} = u_p \sum q_{sik} l_i + q_{pk} A_p \tag{4-13}$$

式中，u_p、l_i——分别为桩周长、桩穿越第 i 层土的厚度；

q_{sik}——桩侧第 i 层土的极限侧阻力标准值，无当地经验时，可按表 4-5 取值；

q_{pk}——桩的极限端阻力标准值，无当地经验时，可按表 4-6、表 4-7 取值；

A_p——桩底横截面面积。

单桩承载力特征值 R_a 可按下式求得：

$$R_a = \frac{Q_{sk}}{2} \tag{4-14}$$

2）直接建立土层的物理力学状态指标与单桩承载力特征值的关系

初步设计时单桩竖向承载力特征值可按下式估算：

$$R_a = q_{pa} A_p + u_p \sum_{i=1}^{n} q_{sia} h_i \tag{4-15}$$

式中，R_a——单桩竖向承载力特征值；

q_{pa}、q_{sia}——桩端阻力、桩侧阻力特征值，由当地静载荷试验结果统计分析算得；

A_p——桩底横截面面积；

u_p——桩身周长；

l_i——桩身穿越的第 i 层土层的厚度。

表 4-5　桩的极限侧阻力标准值 q_{sik}　　　　　　　单位：kPa

土的名称	土的状态		混凝土预制桩	泥浆护壁钻（冲）孔桩	干作业钻孔桩
填土	—		22~30	20~28	20~28
淤泥	—		14~20	12~18	12~18
淤泥质土	—		22~30	20~28	20~28
黏性土	流塑	$I_L>1$	24~40	21~38	21~38
	软塑	$0.75<I_L≤1$	40~55	38~53	38~53
	可塑	$0.50<I_L≤0.75$	55~70	53~68	53~66
	硬可塑	$0.25<I_L≤0.50$	70~86	68~84	66~82
	硬塑	$0<I_L≤0.25$	86~98	84~96	82~94
	坚硬	$I_L≤0$	98~105	96~102	94~104
红黏土	$0.7<a_w≤1$		13~32	12~30	12~30
	$0.5<a_w≤0.7$		32~74	30~70	30~70
粉土	稍密	$e>0.9$	26~46	24~42	24~42
	中密	$0.75≤e≤0.9$	46~66	42~62	42~62
	密实	$e<0.75$	66~88	62~82	62~82
粉细砂	稍密	$10<N≤15$	24~48	22~46	22~46
	中密	$15<N≤30$	48~66	46~64	46~64
	密实	$N>30$	66~88	64~86	64~86
中砂	中密	$15<N≤30$	54~74	53~72	53~72
	密实	$N>30$	74~95	72~94	72~94
粗砂	中密	$15<N≤30$	74~95	74~95	76~98
	密实	$N>30$	95~116	95~116	98~120
砾砂	稍密	$10<N_{63.5}≤15$	70~110	50~90	60~100
	中密（密实）	$N_{63.5}>15$	116~138	116~130	112~130
圆砾、角砾	中密、密实	$N_{63.5}>10$	160~200	135~150	135~150
砾石、卵石	中密、密实	$N_{63.5}>10$	200~300	140~170	150~170
全风化软质岩	—	$30<N≤50$	100~120	80~100	80~100
全风化硬质岩	—	$30<N≤50$	140~160	120~140	120~150
强风化软质岩	—	$N_{63.5}>10$	160~240	140~200	140~220
强风化硬质岩	—	$N_{63.5}>10$	220~300	160~240	160~260

注：① 对于尚未完成自重固结的填土和以生活垃圾为主的杂填土，不计算其侧阻力；

② a_w 为含水比，$a_w=\omega/\omega_L$；

③ N 为标准贯入击数；$N_{63.5}$ 为重型圆锥动力触探击数；

④ 全风化、强风化软质岩和全风化、强风化硬质岩系指其母岩分别为 $f_{rk}≤15MPa$、$f_{rk}>30MPa$ 的岩石。

表 4-6　桩的极限端阻力标准值 q_{pk}　　　　　　　单位：kPa

土名称	桩型 土的状态		混凝土预制桩桩长 l/m				泥浆护壁钻（冲）孔桩桩长 l/m				干作业钻孔桩桩长 l/m		
			$l≤9$	$9<l$ $≤16$	$16<l$ $≤30$	$l>30$	$5≤l$ <10	$10≤l$ <15	$15≤l$ <30	$30≤l$	$5≤l$ <10	$10≤l$ <15	$15≤l$ <30
黏性土	软塑	$0.75<I_L$ $≤1$	210~ 850	650~ 1400	1200~ 1800	1300~ 1900	150~ 250	250~ 300	300~ 450	300~ 450	200~ 400	400~ 700	700~ 950
	可塑	$0.50<I_L$ $≤0.75$	850~ 1700	1400~ 2200	1900~ 2800	2300~ 3600	350~ 450	450~ 600	600~ 750	750~ 800	500~ 700	800~ 1100	1000~ 1600
	硬可塑	$0.25<I_L$ $≤0.50$	1500~ 2300	2300~ 3300	2700~ 3600	3600~ 4400	800~ 900	900~ 1000	1000~ 1200	1200~ 1400	850~ 1100	1500~ 1700	1700~ 1900

土名称	桩型\土的状态		混凝土预制桩桩长 l/m				泥浆护壁钻（冲）孔桩桩长 l/m				干作业钻孔桩桩长 l/m		
			$l\leqslant9$	$9<l\leqslant16$	$16<l\leqslant30$	$l>30$	$5\leqslant l<10$	$10\leqslant l<15$	$15\leqslant l<30$	$30\leqslant l$	$5\leqslant l<10$	$10\leqslant l<15$	$15\leqslant l<30$
黏性土	硬塑	$0<I_L\leqslant0.25$	2 500~3 800	3 800~5 500	5 500~6 000	6 000~6 800	1 100~1 200	1 200~1 400	1 400~1 600	1 600~1 800	1 600~1 800	2 200~2 400	2 600~2 800
粉土	中密	$0.75\leqslant e\leqslant0.9$	950~1 700	1 400~2 100	1 900~2 700	2 500~3 400	300~500	500~650	650~750	750~850	800~1 200	1 200~1 400	1 400~1 600
	密实	$e<0.75$	1 500~2 600	2 100~3 000	2 700~3 600	3 600~4 400	650~900	750~900	900~1 100	1 100~1 200	1 200~1 700	1 400~1 900	1 600~2 100
粉砂	稍密	$10<N\leqslant15$	1 000~1 600	1 500~2 300	1 900~2 700	2 100~3 000	350~500	450~600	600~700	650~750	500~950	1 300~1 600	1 500~1 700
	中密、密实	$N>15$	1 400~2 200	2 100~3 000	3 000~4 500	3 800~5 500	600~750	750~900	900~1 100	1 100~1 200	900~1 000	1 700~1 900	1 700~1 900
细砂	中密、密实	$N>15$	2 500~4 000	3 600~5 000	4 400~6 000	5 300~7 000	650~850	900~1 200	1 200~1 500	1 500~1 800	1 200~1 600	2 000~2 400	2 400~2 700
中砂			4 000~6 000	5 500~7 000	6 500~8 000	7 500~9 000	850~1 050	1 100~1 500	1 500~1 900	1 900~2 100	1 800~2 400	2 800~3 800	3 600~4 400
粗砂			5 700~7 500	7 500~9 000	8 500~10 000	95 00~11 000	1 500~1 800	2 100~2 400	2 400~2 600	2 600~2 800	2 900~3 600	4 000~4 600	4 600~5 200
砾砂		$N>15$	6 000~9 500		9 000~10 500		1 400~2 000		2 000~3 200		3 500~5 000		
角砾、圆砾	中密、密实	$N_{63.5}>10$	7 000~10 000		9 500~11 500		1 800~2 200		2 200~3 600		4 000~5 500		
碎石、卵石		$N_{63.5}>10$	8 000~11 000		10 500~13 000		2 000~3 000		3 000~4 000		4 500~6 500		
全风化软质岩		$30<N\leqslant50$	4 000~6 000				1 000~1 600				1 200~2 000		
全风化硬质岩		$30<N\leqslant50$	5 000~8 000				1 200~2 000				1 400~2 400		
强风化软质岩		$N_{63.5}>10$	6 000~9 000				1 400~2 200				1 600~2 600		
强风化硬质岩		$N_{63.5}>10$	7 000~11 000				1 800~2 800				2 000~3 000		

注：① 砂土和碎石类土中桩的极限端阻力取值，要综合考虑土的密实度，桩端进入持力层的深度比 h_b/d，土愈密实，h_b/d 愈大，取值愈高；

② 预制桩的岩石极限端阻力指桩端支承于中、微风化基岩表面或进入强风化岩、软质岩一定深度条件下极限端阻力；

③ 全风化、强风化软质岩和全风化、强风化硬质岩系指其母岩分别为 $f_{rk}\leqslant15$ MPa、$f_{rk}>30$ MPa 的岩石。

表 4-7　干作业挖孔桩（清底干净，D=800 mm）极限端阻力标准值 q_{pk}　　单位：kPa

土的名称		状　态		
黏 性 土		$0.50<I_L\leqslant0.75$	$0<I_L\leqslant0.25$	$I_L\leqslant0$
		800~1 800	1 800~2 400	2 400~3 000
粉　土		—	$0.75<e\leqslant0.9$	$e\leqslant0.75$
		—	1 000~1 500	1 500~2 000
砂土、碎石类土		稍密	中密	密实
	粉砂	500~700	800~1 100	1 200~2 000
	细砂	700~1 100	1 200~1 800	2 000~2 500
	中砂	1 000~2 000	2 200~3 200	3 500~5 000
	粗砂	1 200~2 200	2 500~3 500	4 000~5 500
	砾砂	1 400~2 400	2 600~4 000	5 000~7 000

续表

土 的 名 称		状 态		
砾土、碎石类土	圆砾、角砾	1 600~3 000	3 300~5 000	6 000~9 000
	卵石、碎石	2 000~3 000	3 300~5 000	7 000~11 000

注: ① 当进入持力层深度 h_b 分别为: $h_b \leq D$、$D<h_b\leq 4D$、$h_b>4D$ 时,q_{pk} 可相应取低、中、高值;

② 砂土密实度可根据标贯击数 N 判定,$N\leq 10$ 为松散,$10<N\leq 15$ 为稍密,$15<N\leq 30$ 为中密,$N>30$ 为密实;

③ 当桩的长径比 $l/d<8$ 时,q_{pk} 宜取较低值;

④ 当沉降要求不严时,可适当提高 q_{pk} 值。

【例 4-1】 根据静载荷试验结果确定单桩的竖向承载力。假设某工程为混凝土灌注桩。在建筑场地进行 3 根桩的静载荷试验,其报告提供根据有关曲线确定的极限承载力标准值分别为 590 kN、605 kN、620 kN。

要求:确定单桩竖向承载力特征值 R_a。

解: 由静载荷试验得出单桩的竖向承载力三次试验的平均值为:

$$Q_{um} = (590 + 605 + 620)/3 = 605(\text{kN})$$

极差=620-590=30<605×30%=181.5(kN)

故取 $Q_u=Q_m=605$kN

$$R_a = \frac{Q_u}{2} = \frac{605}{2} = 302.5(\text{kN})$$

【例 4-2】 某建筑场地,拟建建筑物为 8 层住宅楼,确定基础形式为混凝土钻孔灌注桩,桩管直径采用 600 mm。选择黏土层作为持力层,桩尖进入持力层深度不小于 1 m,桩顶的承台厚度 1.0 m,承台顶面距地表 1.0 m。桩长 11 m,桩的入土深度 13 m。土的有关物理力学性质指标见表 4-8。确定基桩的竖向承载力。

表 4-8 例 4-2 土的物理力学性质指标

土层名称	厚度/m	γ/(kN/m³)	ω/%	e	I_p	I_L	E_s/MPa
回填土	0.5	18					
粉质黏土	1.5	19	26.2	0.8	12	0.6	8.5
淤泥质土	9.0	16.4	74	2.09	21.3	2.55	2.18
黏土	>7.0	20.8	17.5	0.50	20	0.26	13

解: $Q_{uk}=Q_{sk}+Q_{pk}=u_p\sum q_{sik}l_i+q_{pk}A_p$

其中 $u_p=3.14\times 0.6=1.884(\text{m})$

$A_p=3.14\times 0.6^2/4=0.282\ 6(\text{m}^2)$

设桩进入黏土层 2 m,淤泥质土取 $q_{sik}=24$ kPa

黏土 $I_L=0.26$,硬可塑,取 $q_{sik}=74$kPa,桩长 1 m,取 $q_{pk}=1\ 600$kPa,则:

$$Q_{uk}=1.884\times(9\times 24+2\times 74)+0.282\ 6\times 1\ 600=1\ 137.9(\text{kN})$$

基桩的竖向承载力特征值为:

$$R_a = \frac{Q_k}{2} = \frac{1\,137.9}{2} = 569(kN)$$

4.3.2.4　群桩竖向承载力的确定

1. 群桩及群桩效应

由两根以上的桩组成的桩基础叫群桩基础。由于桩—承台—地基土三者之间的相互作用，使得群桩的承载力和沉降形状与单桩明显不同。群桩基础受力后，总承载力往往不等于各单桩承载力之和，沉降也大于单桩沉降，这种现象叫群桩效应，如图4-14所示。

对单桩受力情况，桩顶轴向荷载由桩端阻力与桩周摩擦力共同承受。端承群桩受力情况如图4-14（a）所示，桩上荷载通过桩身直接传到桩端土层上，由于桩端较坚硬或桩端面积较小，各桩端间的压力彼此不会影响，此时群桩中各个基桩的工作状况类似单桩。群桩的沉降量与单桩基本相同，群桩的承载力等于各基桩的承载力之和。摩擦群桩受力情况如图4-14（b）所示，同样每根桩的桩顶轴向荷载由桩端阻力与桩周摩擦力共同承担，但因桩距小，桩间摩擦力不能充分发挥作用，同时在桩端产生应力叠加，因此群桩的承载力小于单桩承载力与桩数的乘积，群桩沉降也不等于单桩的沉降。图4-14（c）也为摩擦群桩受力，但是由于桩数少或桩距较大，使得桩端平面处各桩传来的附加压力互不重叠，其工作形状近似于端承群桩。图4-14（d）为单桩与群桩应力影响范围的比较，群桩应力的影响深度和宽度大大超过单桩，桩群的平面尺寸越大，桩数越多，应力扩散角也越大，影响深度范围也越大，且应力随深度收敛得越慢，这是群桩沉降大大超过单桩的根本原因。

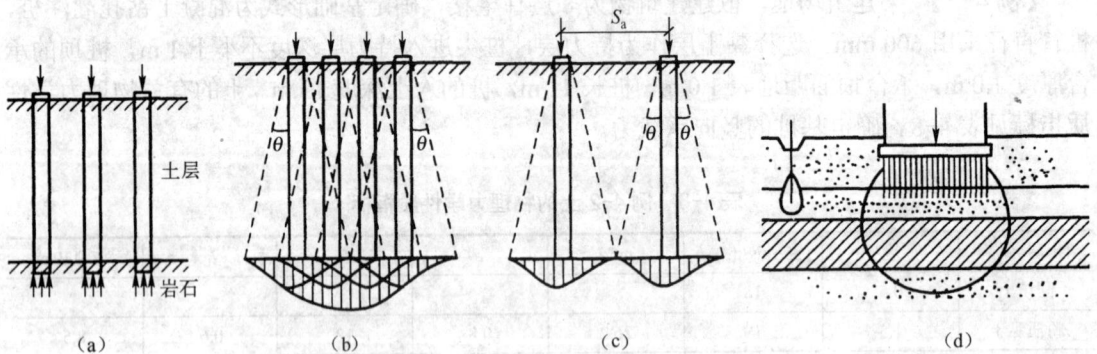

图4-14　群桩效应

用以度量群桩承载力因群桩效应而降低或提高的幅度的指标叫群桩效应系数 η_c，即：

$$\eta_c = \frac{群桩基础承载力}{群桩中各单桩承载力之和} \tag{4-17}$$

试验表明，群桩效应系数与桩距、桩数、桩径、桩入土长度、排列、承台宽度及土性质等因素有关。其中以桩距为主要因素。η_c 可能大于1也可能小于1，但在工程实际中经常取 $\eta_c=1$。

2. 承台下土对分担荷载的作用

传统方法认为，荷载全部由桩承担，承台底地基土不分担荷载，这种考虑无疑是偏于安全的。实际上，对于摩擦桩来说，承台与桩间土直接接触，在竖向压力作用下承台会发生向下的位移，桩间土表面承压，分担了作用于桩上的荷载，其幅度从百分之十几甚至到百分之五十以上。

只有在如下几种情况下，承台与土面分开或不紧密接触，导致分担荷载的作用不存在：承受经常出现的动力作用，如桥梁铁路的桩基础；承台下存在可能产生负摩擦力的土层，如湿陷性黄土、欠固结土、新填土、高灵敏度软土及可液化土，或由于降水地基土固结而与承台脱开；在饱和软土中沉入密集桩群，引起超静孔隙水压力和土体隆起，随着时间推移，桩间土逐渐固结下沉而与承台脱离。

不过在设计中出于安全考虑，一般不计承台下桩间土的承载作用。

3. 桩顶作用效应计算

对于一般建筑物和受水平力（包括力矩与水平剪力）较小的高大建筑物桩径相同的群桩基础，按下列公式计算群桩中单桩的桩顶竖向力（图4-15）。

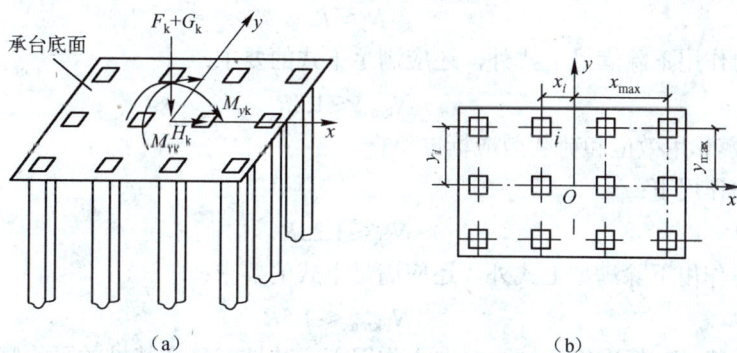

图4-15 桩顶竖向力计算简图

轴心竖向力作用下：

$$Q_k = \frac{F_k + G_k}{n} \tag{4-18}$$

偏心竖向力作用下：

$$Q_{ik} = \frac{F_k + G_k}{n} \pm \frac{M_{xk} y_i}{\sum y_j^2} \pm \frac{M_{yk} x_i}{\sum x_j^2} \tag{4-19}$$

$$Q_{kmax} = \frac{F_k + G_k}{n} + \frac{M_{xk} y_{max}}{\sum y_j^2} + \frac{M_{yk} x_{max}}{\sum x_j^2} \tag{4-20}$$

水平力作用下：

$$H_{ik} = \frac{H_k}{n} \tag{4-21}$$

式中，F_k——相应于荷载效应标准组合时，作用于桩基承台顶面的竖向力标准值；

G_k——桩基承台自重及承台上土自重标准值；

Q_k——相应于荷载效应标准组合轴心竖向力作用下任意一单桩的竖向力标准值；

n——桩基中的桩数；

Q_{ik}——相应于荷载效应标准组合偏心竖向力作用下第 i 根桩的竖向力标准值；

Q_{kmax}——相应于荷载效应标准组合偏心竖向力作用下单桩的最大竖向力标准值；

M_{xk}、M_{yk}——相应于荷载效应标准组合作用于承台底面的外力对通过桩群形心的 x、y 轴的力矩标准值；

x_i、y_i——桩 i 至通过桩群形心的 y、x 轴线的距离，$\sum x_j^2 = x_1^2 + x_2^2 + \cdots + x_n^2$，$\sum y_j^2 = y_1^2 + y_2^2 + \cdots + y_n^2$；

H_k——相应于荷载效应标准组合时，作用于承台底面的水平力标准值；

H_{ik}——相应于荷载效应标准组合时，作用于任一单桩的水平力标准值。

4. 桩基竖向承载力计算

1）桩基竖向承载力计算要求

① 对于荷载效应标准组合。

轴心竖向力作用下：

$$N_k \leq R \tag{4-22}$$

偏心竖向力作用下除满足上式外，还应满足下式的要求：

$$N_{kmax} \leq 1.2R \tag{4-23}$$

② 对于地震作用效应和荷载效应标准组合。

轴心竖向力作用下：

$$N_{Ek} \leq 1.25R \tag{4-24}$$

偏心竖向力作用下除满足上式外，还应满足下式的要求：

$$N_{Ekmax} \leq 1.5R \tag{4-25}$$

式中，N_k——荷载效应标准组合轴心竖向力作用下，基桩或复合基桩的平均竖向力；

N_{kmax}——荷载效应标准组合偏心竖向力作用下，桩顶最大竖向力；

N_{Ek}——地震作用效应和荷载效应标准组合下，基桩或复合基桩的平均竖向力；

N_{Ekmax}——地震作用效应和荷载效应标准组合下，基桩或复合基桩的最大竖向力；

R——基桩或复合基桩竖向承载力特征值。

2）基桩或复合基桩竖向承载力特征值 R 的确定

（1）承台效应的概念。

摩擦型群桩在竖向荷载作用下，由于桩土相对位移，桩间土对承台产生一定竖向抗力，成为桩基竖向承载力的一部分而分担荷载，此种效应称为承台效应。承台底地基土承载力特征值发挥率称为承台效应系数。

承台效应和承台效应系数随下列因素影响而变化。

① 桩距大小。

桩顶受荷载下沉时，桩周土受桩侧剪应力作用而产生竖向位移为 ω_r，即：

$$\omega_r = \frac{1 + \mu_s}{E_0} q_s \cdot d \cdot \ln \frac{nd}{r} \tag{4-26}$$

由式（4-26）看出，桩周土竖向位移随桩侧剪应力 q_s 和桩径 d 增大而线性增加，随着与桩中心距离 r 增大，呈自然对数关系减小，当距离 r 达到 nd 时，位移为零；而 nd 根据实测结果约为$(6\sim10)d$，随着土的变形模量减小而减小。显然，土竖向位移愈小，土反力愈大，对于群桩，桩距愈大，土反力愈大。

② 承台土抗力随承台宽度与桩长之比 B_c/l 减小而减小。

现场原型试验表明，当承台宽度与桩长之比较大时，承台土反力形成的压力泡包围整个桩群，由此导致桩侧阻力、端阻力发挥值降低，承台底土抗力随之加大。由图 4-16 看出，在相同桩数、桩距条件下，承台分担荷载比随 B_c/l 增大而增大。

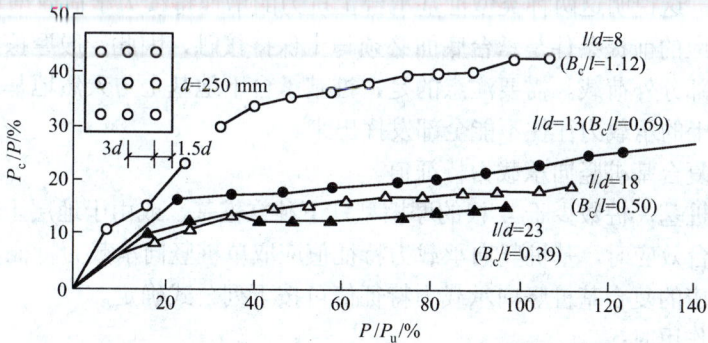

图 4-16　粉土中承台分担荷载比 P_c/P 随承台宽度与桩长比 B_c/l 的变化

③ 承台土抗力随区位和桩的排列而变化。

承台内区（桩群包络线以内）由于桩土相互影响明显，土的竖向位移加大，导致内区土抗力明显小于外区（承台悬挑部分）土抗力，即呈马鞍形分布。从图 4-17（a）还可看出，桩数由 2^2 增至 3^2、4^2，承台分担荷载比 P_c/P 递减，这也反映出承台内、外区面积比随桩数增多而增大导致承台土抗力随之降低。对于单排桩条形基础，由于承台外区面积比大，故其土抗力显著大于多排桩桩基。如图 4-17 所示，多排和单排桩基承台分担荷载比明显不同证实了这一点。

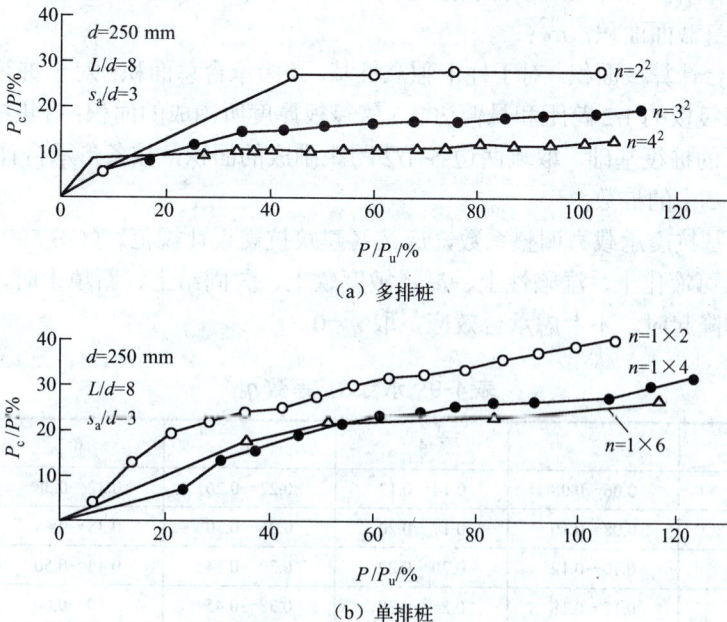

（a）多排桩

（b）单排桩

图 4-17　粉土中多排群桩和单排群桩承台分担荷载比

④ 承台土抗力随荷载的变化。

由图 4-16、图 4-17 看出，桩基受荷载后承台底产生一定土抗力，随荷载增加的土抗力及其荷载分担比的变化分两种模式。第一种模式，荷载到达工作荷载（$P_u/2$）时，荷载分担比

P_c/P 趋于稳定值，也就是说土抗力和荷载增速是同步的，这种变化模式出现于 $B_c/l \leqslant 1$ 和多排桩。对于 $B_c/l > 1$ 和单排桩桩基，属于第二种变化模式，P_c/P 在荷载达到 $P_u/2$ 后仍随荷载水平增大而持续增长，这说明这两种类型桩基承台土抗力的增速持续大于荷载增速。

考虑承台效应的前提条件是承台底面必须与土保持接触，因此一般摩擦型桩基承台下的桩间土参与承担部分外荷载。需要注意的是，桩基承台下地基土与天然地基是不同的，由于桩的存在，桩间土的承载力往往不能全部发挥出来。

（2）基桩或复合基桩竖向承载力特征值。

对于端承型桩基，桩数少于 4 根的摩擦型柱下独立桩基，或由于地层土性、使用条件等因素不宜考虑承台效应时，基桩竖向承载力特征值应取单桩竖向承载力特征值，即 $R=R_a$。

考虑承台效应的复合基桩竖向承载力特征值可按下列公式确定。

不考虑地震作用时：

$$R = R_a + \eta_c \cdot f_{ak} \cdot A_c \qquad (4\text{-}27)$$

考虑地震作用时：

$$R = R_a + \frac{\zeta_a}{1.25} \eta_c \cdot f_{ak} \cdot A_c \qquad (4\text{-}28)$$

式中，η_c——承台效应系数，可按表 4-9 取值；

f_{ak}——承台下 1/2 承台宽度且不超过 5m 深度范围内各层土的地基承载力特征值按厚度加权的平均值，kPa；

A_c——计算基桩所对应的承台底净面积，m^2，$A_c = (A - nA_{ps})/n$；

A_{ps}——桩身截面面积，m^2；

A——承台计算域面积。对于柱下独立桩基，A 为承台总面积；对于桩筏基础，A 为柱、墙筏板的 1/2 跨距和悬臂边 2.5 倍筏板厚度所围成的面积；桩集中布置于单片墙下的桩筏基础，取墙两边各 1/2 跨距围成的面积，按条形承台计算 η_c；

n——桩基中的桩数；

ζ_a——地基抗震承载力调整系数，应按《建筑抗震设计规范》（GB 50011）采用。

当承台底为可液化土、湿陷性土、高灵敏度软土、欠固结土、新填土时，沉桩引起超孔隙水压力和土体隆起时，不考虑承台效应，取 $\eta_c = 0$。

表 4-9　承台效应系数 η_c

B_c/l ＼ s_a/d	3	4	5	6	>6
≤0.4	0.06～0.08	0.14～0.17	0.22～0.26	0.32～0.38	0.50～0.80
0.4～0.8	0.08～0.10	0.17～0.20	0.26～0.30	0.38～0.44	
>0.8	0.10～0.12	0.20～0.22	0.30～0.34	0.44～0.50	
单排桩条形承台	0.15～0.18	0.25～0.30	0.38～0.45	0.50～0.60	

注：① 表中 s_a/d 为桩中心距与桩径之比；B_c/l 为承台宽度与桩长之比。当计算基桩为非正方形排列时，$s_a = \sqrt{A/n}$，A 为承台计算域面积，n 行为总桩数。

② 对于桩布置于墙下的箱、筏承台，η_c 可按单排桩条形基础取值。

③ 对于单排桩条形承台，当承台宽度小于 1.5d 时，η_c 按非条形承台取值。

④ 对于采用后注浆灌注桩的承台，η_c 宜取低值。

⑤ 对于饱和黏性土中的挤土桩基、软土地基上的桩基承台，η_c 宜取低值的 0.8 倍。

对于符合下列条件之一的摩擦型桩基，宜考虑承台效应确定其复合基桩的竖向承载力特征值。

① 上部结构整体刚度较好、体型简单的建（构）筑物（如独栋剪力墙结构、混凝土筒仓，抵抗差异沉降能力强）。

② 对差异沉降适应性较强的排架结构和柔性构筑物（如钢板罐体）。

③ 按变刚度调平原则设计的桩基刚度相对弱化区。变刚度调平设计，是指考虑上部结构形式、荷载和地层分布及相互作用效应，通过调整桩径、桩长、桩距等改变基桩支承刚度分布，以使建筑物沉降趋于均匀、承台内力降低的设计方法。

④ 软土地基的减沉复合疏桩基础，是指软土地基、天然地基承载力基本满足要求的情况下，为减少沉降采用疏布摩擦型桩的复合桩基。

5. 桩身承载力验算

桩身材料破坏，是指由于桩身混凝土受压承载力低于桩侧和桩端土提供的承载力，所以桩身先于地基土发生曲折破坏，或者桩顶部位发生压屈破坏，导致桩失去承载能力。因此桩身材料强度的合理确定对于单桩承载力的充分发挥有十分重要的意义。

对于钢筋混凝土轴心受压桩，其正截面受压承载力应符合下列规定。

当桩顶以下 $5d$（d 为桩身直径）范围的桩身螺旋式箍筋间距不大于 100 mm，且符合《建筑桩基技术规范》规定的基桩的构造要求时，

$$N \leqslant \psi_c f_c A_{ps} + 0.9 f_y' A_s' \tag{4-29}$$

当桩身配筋不符合上述规定时，

$$N \leqslant \psi_c f_c A_{ps} \tag{4-30}$$

式中，N——荷载效应基本组合下的桩顶轴向压力设计值；

ψ_c——基桩成桩工艺系数，对于混凝土预制桩、预应力混凝土空心桩，ψ_c=0.85；对于干作业非挤土灌注桩，ψ_c=0.90；对于泥浆护壁和套管护壁非挤土灌注桩、部分挤土灌注桩、挤土灌注桩，ψ_c=0.7～0.8；对于软土地区挤土灌注桩，ψ_c=0.6；

f_c——混凝土轴心抗压强度设计值；

A_{ps}——桩身截面面积；

f_y'——纵向主筋抗压强度设计值；

A_s'——纵向主筋截面面积。

基桩的构造要求如下。

（1）灌注桩。当桩身直径为 300～2 000 mm 时，正截面配筋率可取 0.65%～0.2%（小直径桩取高值）；对受荷载特别大的桩、抗拔桩和嵌岩端承桩应根据计算确定配筋率，并不应小于上述规定值。

配筋长度应符合下列规定。

① 端承型桩和位于坡地、岸边的基桩应沿桩身等截面或变截面通长配筋。

② 摩擦型桩配筋长度不应小于 2/3 桩长；当受水平荷载时，配筋长度尚不宜小于 4.0/α（α 为桩的水平变形系数）。

③ 对于受地震作用的基桩，桩身配筋长度应穿过可液化土层和软弱土层，进入稳定土层的深度（不包括桩尖部分）应按计算确定；对于碎石土，砾、粗、中砂，密实粉土，坚硬黏性土不应小于 2～3 倍桩身直径，对其他非岩石土不宜小于 4～5 倍桩身直径。

④ 受负摩阻力的桩、因先成桩后开挖基坑而随地基土回弹的桩，其配筋长度应穿过软弱土层并进入稳定土层，进入的深度不应小于 2～3 倍桩身直径。

⑤ 抗拔桩及因地震作用、冻胀或膨胀力作用而受拔力的桩，应等截面或变截面通长配筋。

对于受水平荷载的桩，主筋不应小于 $8\phi12$；对于抗压桩和抗拔桩，主筋不应少于 $6\phi10$；纵向主筋应沿桩身周边均匀布置，其净距不应小于 60 mm。

箍筋应采用螺旋式，直径不应小于 6 mm，间距宜为 200～300 mm；受水平荷载较大桩基、承受水平地震作用的桩基及考虑主筋作用计算桩身受压承载力时，桩顶以下 $5d$ 范围内的箍筋应加密，间距不应大于 100 mm；桩身位于液化土层范围内时箍筋应加密；考虑箍筋受力作用时，箍筋配置应符合现行国家标准《混凝土结构设计规范》（GB 50010）的有关规定；钢筋笼长度超过 4 m 时，应每隔 2 m 左右设一道直径不小于 12 mm 的焊接加劲箍筋。

（2）预制桩。预制桩桩身应配置一定数量的纵向钢筋和箍筋。预制桩的桩身配筋应按吊运、打桩及桩在使用中的受力等条件计算确定。采用锤击法沉桩时，预制桩的最小配筋率不宜小于 0.8%。静压法沉桩时，最小配筋率不宜小于 0.6%，主筋直径不宜小于 14 mm，打入桩桩顶以下 4～5 倍桩身直径长度范围内箍筋应加密，并设置钢筋网片。

4.3.3　桩基沉降计算

近年来，高层建筑越来越高，地质条件也越来越复杂，高层建筑与周围环境的关系日益密切。以往以承载力计算作为桩基础设计主要控制条件的做法已经不能完全适应建筑地基基础设计的要求。因此，对于设计等级为甲级的非嵌岩桩和非深厚坚硬持力层的建筑桩基，设计等级为乙级的体型复杂、荷载分布显著不均匀或桩端平面以下存在软弱土层的建筑桩基、软土地基多层建筑减沉复合疏桩基础，在满足承载力计算的同时，还应以桩的沉降作为一个控制条件，进行沉降计算。建筑桩基沉降变形计算值不应大于桩基沉降变形允许值。

1．桩基沉降变形控制指标

（1）沉降量。

（2）沉降差。

（3）整体倾斜，建筑物桩基础倾斜方向两端点的沉降差与其距离之比值。

（4）局部倾斜，墙下条形承台沿纵向某一长度范围内桩基础两点的沉降差与其距离之比值。

计算桩基沉降变形时，桩基变形控制指标应按下列规定选用：

● 由于土层厚度与性质不均匀、荷载差异、体型复杂、相互影响等因素引起的地基沉降变形，对于砌体承重结构应由局部倾斜控制；

● 对于多层或高层建筑和高耸结构应由整体倾斜值控制；

● 当结构为框架、框架—剪力墙、框架—核心筒结构时，应控制柱（墙）之间的差异沉降。

2. 建筑桩基沉降变形允许值

建筑桩基沉降变形允许值需根据上部结构形式、建筑物高度等综合考虑，应按表 4-10 规定采用。对于表 4-10 中未包括的建筑桩基沉降变形允许值，应根据上部结构对桩基沉降变形的适应能力和使用要求确定。

表 4-10　建筑桩基沉降变形允许值

变 形 特 征		允许值
砌体承重结构基础的局部倾斜		0.002
各类建筑相邻柱（墙）基的沉降差： （1）框架、框架—剪力墙、框架—核心筒结构 （2）砌体墙填充的边排柱 （3）当基础不均匀沉降时不产生附加应力的结构		$0.002\,l_0$ $0.0007\,l_0$ $0.005\,l_0$
单层排架结构（柱距为 6 m）桩基的沉降量/mm		120
桥式吊车轨面的倾斜（按不调整轨道考虑）： 纵向 横向		0.004 0.003
多层和高层建筑的整体倾斜	$H_g\leqslant24$ $24<H_g\leqslant60$ $60<H_g\leqslant100$ $H_g>100$	0.004 0.003 0.002 5 0.002
高耸结构桩基的整体倾斜	$H_g\leqslant20$ $20<H_g\leqslant50$ $50<H_g\leqslant100$ $100<H_g\leqslant150$ $150<H_g\leqslant200$ $200<H_g\leqslant250$	0.008 0.006 0.005 0.004 0.003 0.002
高耸结构基础的沉降量/mm	$H_g\leqslant100$ $100<H_g\leqslant200$ $200<H_g\leqslant250$	350 250 150
体型简单的剪力墙结构高层建筑桩基最大沉降量/mm	—	200

注：l_0 为相邻柱（墙）两测点间距离；H_g 为自室外地面算起的建筑物高度，m。

3. 桩基沉降的计算

1）桩中心距不大于 6 倍桩径的桩基

（1）计算方法。

桩距不大于 6 倍桩径的群桩基础，在工作荷载下的沉降计算方法，目前有两大类。一类是按实体深基础计算模型，采用弹性半空间表面荷载下 Boussinesq（布辛奈斯克）应力解计算附加应力，用分层总和法计算沉降；另一类是以半无限弹性体内部集中力作用下的 Mindlin（明德林）解为基础计算沉降。

由于实体深基础法按 Boussinesq 解计算的附加应力与实际不符（计算应力偏大），且实体深基础模型不能反映桩的长径比、距径比等的影响，因此，按照实体深基础 Boussinesq 解分层总和法计算沉降后，需要乘以等效沉降系数 ψ_e。桩基等效沉降系数 ψ_e，是指弹性半无限体内群桩基础按 Mindlin 位移解计算的沉降量与按等代墩基 Boussinesq 解计算的沉降量之比。该系数实质上纳入了按 Mindlin 位移解计算桩基础沉降时，附加应力及桩群几何参数的影响，因此考虑等效沉降系数后的桩基沉降计算方法称为等效作用分层总和法。

建筑桩基规范规定，对于桩中心距不大于 6 倍桩径的桩基，其最终沉降量计算可采用等效作用分层总和法。该方法采用实体深基础计算模型，将桩与桩间土整体作为实体深基础，不考虑桩基础侧面的应力扩散作用，将承台底面的长与宽看作实体深基础的长和宽，即将桩承台投影面积作为等效作用面积。等效作用面位于桩端平面，作用在桩端平面的等效作用附加压力近似取承台底的平均附加压力。等效作用面以下的应力分布采用各向同性均质直线变形体理论，即采用弹性半空间表面荷载下 Boussinesq 应力解计算附加应力，用分层总和法计算沉降。

桩基沉降计算示意图如图 4-18 所示。

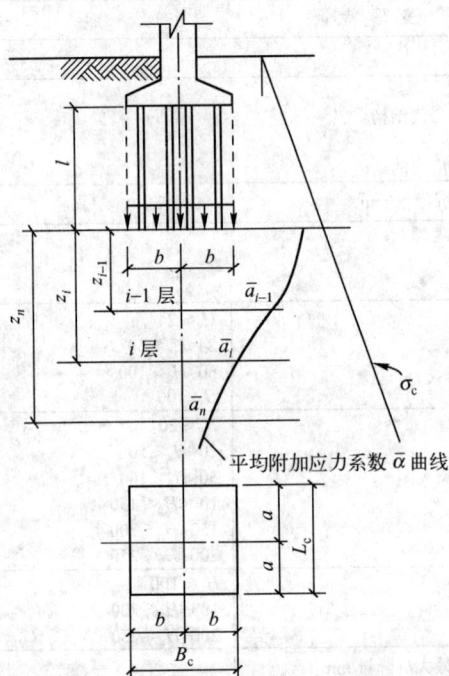

图 4-18　桩基沉降计算示意图

（2）计算公式。

桩基任一点最终沉降量可用角点法按下式计算：

$$s = \psi \cdot \psi_e \cdot s' = \psi \cdot \psi_e \cdot \sum_{j=1}^{m} p_{0j} \sum_{i=1}^{n} \frac{z_{ij}\overline{\alpha}_{ij} - z_{(i-1)j}\overline{\alpha}_{(i-1)j}}{E_{si}} \tag{4-31}$$

式中，s——桩基最终沉降量，mm；

　　s'——采用布辛奈斯克解，按实体深基础分层总和法计算出的桩基沉降量，mm；

　　ψ——桩基沉降计算经验系数，当无当地可靠经验时可按《建筑桩基技术规范》确定；

　　ψ_e——桩基等效沉降系数，可按《建筑桩基技术规范》确定；

　　m——角点法计算点对应的矩形荷载分块数；

　　p_{0j}——第 j 块矩形底面在荷载效应准永久组合下的附加压力，kPa；

　　n——桩基沉降计算深度范围内所划分的土层数；

E_{si}——等效作用面以下第 i 层土的压缩模量，MPa，采用地基土在自重压力至自重压力加附加压力作用时的压缩模量；

~~z_{ij}，$z_{(i-1)j}$——桩端平面第 j 块荷载作用面至第 i 层土、第 $i-1$ 层土底面的距离，m；~~

$\overline{\alpha}_{ij}$，$\overline{\alpha}_{(i-1)j}$——桩端平面第 j 块荷载计算点至第 i 层土、第 $i-1$ 层土底面深度范围内平均附加应力系数，可按《建筑桩基技术规范》附录 D 选用。

计算矩形桩基中点沉降时，桩基沉降量可按下式简化计算：

$$s = \psi \cdot \psi_e \cdot s' = 4 \cdot \psi \cdot \psi_e \cdot p_0 \sum_{i=1}^{n} \frac{z_i \overline{\alpha}_i - z_{i-1}\overline{\alpha}_{i-1}}{E_{si}} \tag{4-32}$$

式中，p_0——在荷载效应准永久组合下承台底的平均附加压力；

$\overline{\alpha}_i$、$\overline{\alpha}_{i-1}$——平均附加应力系数，根据矩形长宽比 a/b 及深宽比 $\dfrac{z_i}{b} = \dfrac{2z_i}{B_c}$，$\dfrac{z_{i-1}}{b} = \dfrac{2z_{i-1}}{B_c}$，按《建筑桩基技术规范》（JGJ 94—2008）附录 D 选用。

（3）桩基等效沉降系数的确定。

桩基等效沉降系数 ψ_e 可按下列公式简化计算：

$$\psi_e = C_0 + \frac{n_b - 1}{C_1(n_b - 1) + C_2} \tag{4-33}$$

$$n_b = \sqrt{n \cdot B_c / L_c} \tag{4-34}$$

式中，n_b——矩形布桩时的短边布桩数，当布桩不规则时可按式（4-34）近似计算；

C_0、C_1、C_2——根据群桩距径比 s_a/d、长径比 l/d 及基础长宽比 L_c/B_c，按《建筑桩基技术规范》（JGJ 94—2008）附录 E 确定；

L_c、B_c、n——分别为矩形承台的长、宽及总桩数。

当布桩不规则时，等效距径比 s_a/d 可按下列公式近似计算：

圆形桩，
$$\frac{s_a}{d} = \frac{\sqrt{A}}{\sqrt{n \cdot d}} \tag{4-35}$$

方形桩，
$$\frac{s_a}{d} = 0.886 \frac{\sqrt{A}}{\sqrt{n \cdot b}} \tag{4-36}$$

式中，A——桩基承台总面积；

b——方形桩截面边长。

计算桩基沉降时，应考虑相邻基础的影响，采用叠加原理计算；桩基等效沉降系数可按独立基础计算。当桩基形状不规则时，可采用等代矩形面积计算桩基等效沉降系数，等效矩形的长宽比可根据承台实际尺寸和形状确定。

（4）桩基沉降计算经验系数的确定。

当无当地可靠经验时，桩基沉降计算经验系数 ψ 可按表 4-11 选用。对于采用后注浆施工工艺的灌注桩，桩基沉降计算经验系数应根据桩端持力土层类别，乘以 0.7（砂、砾、卵石）～0.8（黏性土、粉土）折减系数；饱和土中采用预制桩（不含复打、复压、引孔沉桩）时，应根据桩距、土质、沉桩速率和顺序等因素，乘以 1.3～1.8 挤土效应系数，土的渗透性低，桩距小、桩数多，沉降速率快时取大值。

表 4-11 桩基沉降计算经验系数 ψ

$\overline{E}_s$ /MPa	$\leqslant 10$	15	20	35	$\geqslant 50$
ψ	1.2	0.9	0.65	0.50	0.40

注：① $\overline{E}_s$ 为沉降计算深度范围内压缩模量的当量值，$\overline{E}_s = \sum A_i / \sum \dfrac{A_i}{E_{si}}$，式中 A_i 为第 i 层土附加压力系数沿土层厚度的积分值，可近似按分块面积计算；

② ψ 可根据 $\overline{E}_s$ 内插取值。

（5）桩基沉降计算深度 z_n 的确定。

桩基沉降计算深度 z_n 按应力比法确定，即 z_n 处的附加应力 σ_z 与土的自重应力 σ_c 应符合下式要求：

$$\sigma_z \leqslant 0.2\sigma_c \tag{4-37}$$

$$\sigma_z = \sum_{j=1}^{m} \alpha_j p_{0j} \tag{4-38}$$

式中，α_j——附加应力系数，可根据角点法划分的矩形长宽比及深宽比按《建筑桩基技术规范》附录 D 选用。

2）单桩、单排桩、疏桩基础

实际工程中，采用单柱单桩或一柱两桩、单排桩、桩距大于 $6d$ 的疏桩基础较多。就桩数和桩距等而言，这类桩基不能采用等效作用分层总和法计算沉降。对于这类桩基础中的复合桩基，由于其在设计中考虑了承台分担荷载，所以其计算模式应与普通桩基有所区别。

单桩、单排桩、疏桩基础的最终沉降量计算模式是：基于新推导的 Mindlin 解考虑桩径因素计算桩的附加应力；以 Boussinesq 解计算承台底压力引起的附加应力；将两者叠加按分层总和法计算沉降；同时，计入桩身压缩。

（1）承台底地基土不分担荷载的桩基。

① 桩端平面以下地基中由基桩引起的附加应力，按考虑桩径影响的 Mindlin 解计算确定。

$$\sigma_z = \sigma_{zp} + \sigma_{zsr} + \sigma_{zst} \tag{4-39}$$

$$\sigma_{zp} = \frac{\alpha Q}{l^2} I_P \tag{4-40}$$

$$\sigma_{zsr} = \frac{\beta Q}{l^2} I_{sr} \tag{4-41}$$

$$\sigma_{zst} = \frac{(1-\alpha-\beta)Q}{l^2} I_{st} \tag{4-42}$$

式中，σ_{zp}——端阻力在应力计算点引起的附加应力；

σ_{zsr}——均匀分布侧阻力在应力计算点引起的附加应力；

σ_{zst}——三角形分布侧阻力在应力计算点引起的附加应力；

Q——桩顶作用荷载；

α——桩端阻力比；

β——均匀分布侧阻力比；

l——桩长;

I_p、I_{sr}、I_{st}——考虑桩径影响的明德林解应力影响系数,可将端阻力和侧阻力简化为图 4-19 所示的形式求解。沉降计算时可查阅《建筑桩基技术规范》(JGJ 94—2008) 附录 F 的系数表。

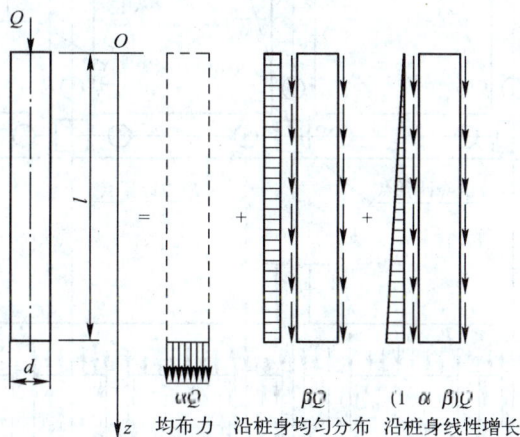

图 4-19　单桩荷载分担及侧阻力、端阻力分布

② 将沉降计算点水平面影响范围内各基桩对应力计算点产生的附加应力叠加,采用单向压缩分层总和法计算土层的沉降。

③ 计入桩身压缩。

桩基的最终沉降可按下列公式计算:

$$s = \psi \sum_{i=1}^{n} \frac{\sigma_{zi}}{E_{si}} \Delta z_i + s_e \tag{4-43}$$

$$\sigma_{zi} = \sum_{j=1}^{m} \frac{Q_j}{l_j^2} \left[\alpha_j I_{pij} + \left(1 - \alpha_j\right) I_{sij} \right] \tag{4-44}$$

$$s_e = \xi_e \frac{Q_j l_j}{E_c A_{ps}} \tag{4-45}$$

(2) 承台底地基土分担荷载的复合桩基。

承台底土压力对地基中某点产生的附加应力按 Boussinesq 解计算,与基桩产生的附加应力叠加,采用与承台底地基土不分担荷载桩基相同的方法计算沉降。最终的沉降计算公式为:

$$s = \psi \sum_{i=1}^{n} \frac{\sigma_{zi} + \sigma_{zci}}{E_{si}} \Delta z_i + s_e \tag{4-46}$$

$$\sigma_{zci} = \sum_{k=1}^{u} \alpha_{ki} \cdot p_{ck} \tag{4-47}$$

式中,m——以沉降计算点为圆心、0.6 倍桩长为半径的水平面影响范围内的基桩数,如图 4-20 所示;

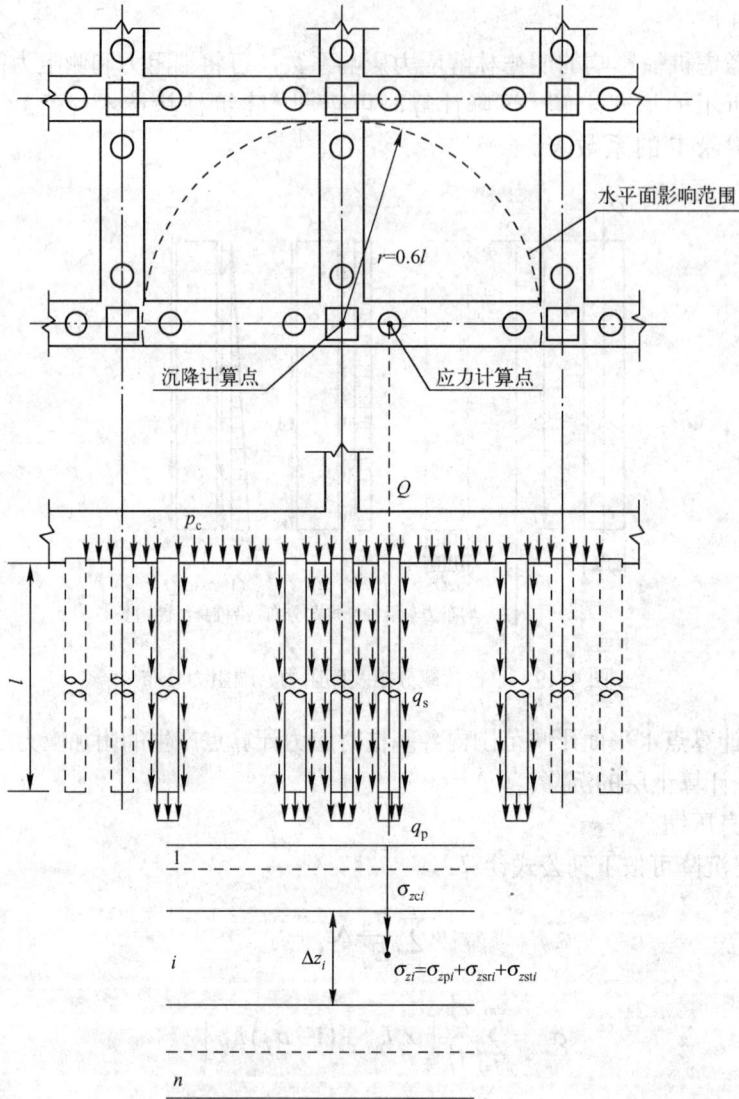

图 4-20　单桩、单排桩、疏桩基础沉降计算示意图

n——沉降计算深度范围内土层的计算分层数，分层数应结合土层性质确定，分层厚度不应超过计算深度的 0.3 倍；

σ_{zi}——水平面影响范围内各基桩对应力计算点桩端平面以下第 i 层土 1/2 厚度处产生的附加竖向应力之和，应力计算点应取与沉降计算点最近的桩中心点；

σ_{zci}——承台压力对应力计算点桩端平面以下第 i 计算土层 1/2 厚度处产生的应力，可将承台板划分为 u 个矩形块，按角点法将各矩形块压力产生的应力叠加计算；

Δz_i——第 i 计算土层厚度，m；

E_{si}——第 i 计算土层的压缩模量，采用土的自重压力至土的自重压力加附加压力作用时的压缩模量，Mpa；

Q_j——第 j 桩在荷载效应准永久组合作用下（对于复合桩基应扣除承台底土分担荷载）

桩顶的附加荷载，kN，当地下室埋深超过 5m 时，取荷载效应准永久组合作用下的总荷载为考虑回弹再压缩的等代附加荷载；

l_j——第 j 桩桩长，m；

A_{ps}——桩身截面面积，m^2；

α_j——第 j 桩总桩端阻力与桩顶荷载之比，近似取极限总端阻力与单桩极限承载力之比；

I_{pij}、I_{sij}——分别为第 j 桩的桩端阻力和桩侧阻力对计算轴线第 i 计算土层 1/2 厚度处的应力影响系数，可按《建筑桩基技术规范》（JGJ 94—2008）附录 F 确定；

E_c——桩身混凝土的弹性模量；

p_{ck}——第 k 块承台底均布压力，可按 $p_{ck}=\eta_{ck} \cdot f_{ak}$ 取值，其中 η_{ck} 为第 k 块承台底板的承台效应系数，按表 4-11 确定；f_{ak} 为承台底地基承载力特征值；

α_{ki}——第 k 块承台底角点处，桩端平面以下第 i 计算土层 1/2 厚度处的附加应力系数，可按《建筑桩基技术规范》附录 D 确定；

s_e——计算桩身压缩；

ξ_e——桩身压缩系数。端承型桩，取 $\xi_e=1.0$；摩擦型桩，当 $l/d \leq 30$ 时，取 $\xi_e=2/3$；$l/d \geq 50$ 时，取 $\xi_e=1/2$；介于两者之间可线性插值；

ψ——沉降计算经验系数，无当地经验时，可取 1.0。

对于单桩、单排桩、疏桩复合桩基础的最终沉降计算深度 z_n，可按应力比法确定，即 z_n 处由桩引起的附加应力 σ_z、由承台土压力引起的附加应力 σ_{zc} 与土的自重应力 σ_c 应符合下式要求：

$$\sigma_z + \sigma_{zc} \leq 0.2\sigma_c \tag{4-48}$$

4.3.4 桩的水平承载力

工程中的桩基础，一般以承受竖向荷载为主，但在风、地震或土、水压力等作用下，桩基础顶部作用有水平荷载。某些情况下，如深基坑支护的锚桩、码头靠船和系缆绳的基础、往复式动力机械基础、海港护坡堤基础等，也可能承受较大的水平荷载。这时需要对桩基础的水平承载力进行验算。

1．水平荷载下桩的失效与变形

桩所受的水平荷载一般都作用（或经平移后作用）于桩顶。桩顶在水平力与弯矩作用下，使桩身挤压土体，并受土体反力作用，发生横向弯曲变形，桩体产生内力。随着水平力的加大，桩的水平位移与土的变形增大，最后，桩一侧出现桩土开裂，另一侧土体明显隆起。如果桩的水平位移超过容许值，则桩身产生裂缝以至断裂或拔出，桩基失效或破坏。实践证明，桩的水平承载力比竖向承载力低得多。

影响桩的水平承载力的因素很多，主要取决于桩的截面刚度、入土深度、桩侧土质条件、桩顶位移允许值、桩顶嵌固情况等。

由于桩与地基的相对刚度及桩长的不同，桩在水平荷载作用下的变形（位）特征，可分为三种类型。

（1）刚性桩（短桩）。地基软弱，桩身较短，桩的抗弯刚度大大超过地基刚度，桩身如同刚体一样绕桩端附近某点转动或倾斜偏移，土体屈服挤出隆起，如图 4-21（a）所示。

（2）半刚性桩（中长桩）。地基较密实，桩身较长，桩的抗弯刚度相对地基刚度较弱，桩身上部发生弯曲变形，下部完全嵌固在地基土中，桩身位移曲线只出现一个位移零点，即桩身只向原直立轴线一侧挠曲变形，如图 4-21（b）所示。

（3）柔性桩（长桩）。地基较松软，桩的长度足够长或刚度很小，桩身位移曲线上出现两个及两个以上位移零点和弯矩零点，即桩身向原直立轴线两侧弹性挠曲变形，且位移和弯矩随桩深衰减很快，计算时可视桩长为无限长，如图 4-21（c）所示。

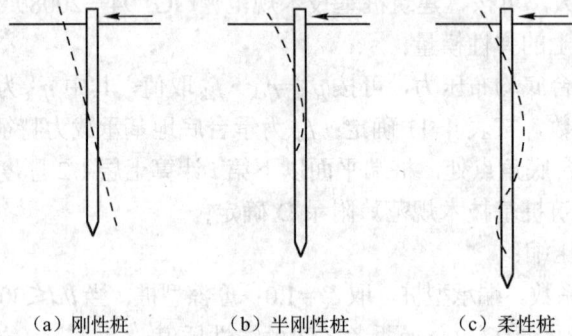

（a）刚性桩　　　（b）半刚性桩　　　（c）柔性桩

图 4-21　桩在水平荷载作用下的变形

半刚性桩和柔性桩统称为弹性桩。

上述三种桩的界限，以桩身变形系数 α（亦称桩特征值）与桩入土长度 l 的乘积大小划定。例如，我国一些设计规范中用的"m"法，以 $\alpha l \geqslant 4$ 为长桩，$\alpha l \leqslant 2.5$ 为短桩。

桩的水平承载力设计值，一般采用现场静荷载试验和理论计算两类方法确定。

桩的水平静荷载试验在原位进行，所得结果较符合实际，可以结合具体的土层和桩基验证计算值。

水平承载力设计值的确定，是指观察各级荷载反复作用的位移值是否趋于稳定，初始阶段因荷载不大，位移值应趋于稳定。如荷载加大到某一级时，桩的位移值不断增大且不稳定，则可认为该级荷载为桩的破坏荷载。因此，其前一级荷载为水平力的极限荷载，可取极限承载力的一半作为单桩水平承载力特征值（即安全系数 2）。

2. 单桩水平承载力的理论计算（m 法）

1）地基水平抗力系数的分布形式

桩在水平力和弯矩作用下，用理论方法计算桩的变位和内力时，通常采用文克勒假定的弹性地基上的竖直梁计算法。该方法假定桩的侧向地基反力 p 与该点的水平位移 x 成比例，即：

$$p = k_h \cdot x \tag{4-49}$$

式中，k_h——地基水平抗力系数（亦称基床系数，地基系数）。

常见的对 k_x 的假定，可以分为以下 4 种常用形式：常数法、C 法、m 法和 K 法，如图 4-22 所示。

常数法假定 k_h 沿深度为常数，适用于桩顶水平位移不大的情况，如高层建筑下抗风力或机器基础的竖直桩。C 法与常数法不同，其分布为：$k_h = Cz^{0.5}$，较适用于黏性土。m 法是假定 $k_h = mz$，即假定 k_h 随深度 z 呈线性变化，m 值为常数，依土质而定，较适用于砂性土。m 法和

C 法较多应用于铁路和公路工程，并已积累了试验数据和经验；K 法在 20 世纪 50 年代的桥梁设计中应用较多，近年已被 C 法和 m 法代替。

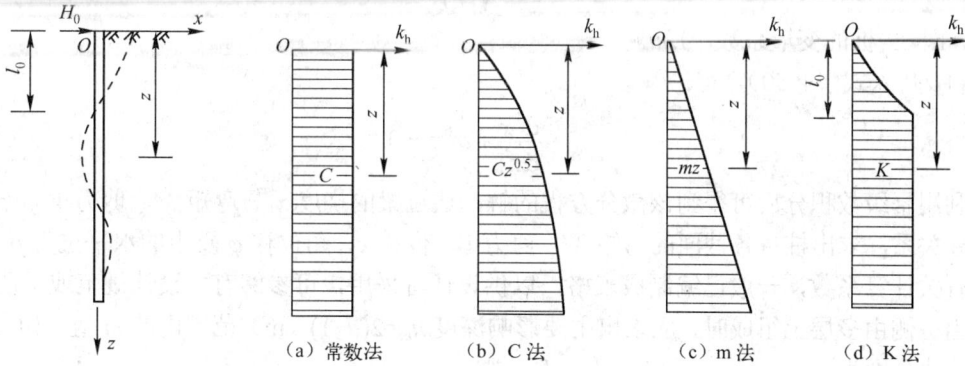

图 4-22 地基水平基床系数 k_h 的几种典型分布

2）挠曲微分方程和 m 法

单桩桩顶在水平力 H_0、弯矩 M_0 和地基对桩侧的水平抗力 p_x 作用下挠曲，根据 m 法的假定 $p_x=mz$，桩的弹性曲线微分方程可写成如下形式：

$$\frac{d^4x}{dz^4} + \frac{mb_0}{EI}z = 0 \tag{4-50}$$

式中，b_0——桩身截面计算宽度，m；

EI——桩身横向抗弯刚度，$kN \cdot m^2$，E 为桩身弹性模量，I 为截面惯性矩；

z、x——桩身截面的深度与该截面的水平位移，m。

m 的具体含义是单位深度内水平抗力系数的变化，应根据单桩水平静载试验确定。如无试验资料时，可参照表 4-12 选取。

表 4-12 地基土水平抗力系数的比例系数 m 值

序号	地基土类别	预制桩、钢桩		灌注桩	
		m /(MN·m^{-4})	相应单桩在地面处水平位移/mm	m /(MN·m^{-4})	相应单桩在地面处水平位移/mm
1	淤泥，淤泥质土，饱和湿陷性黄土	2～4.5	10	2.5～6	6～12
2	流塑、软塑状黏性土，$e>0.9$ 粉土，松散粉细砂，松散稍密填土	4.5～6	10	6～14	4～8
3	可塑状黏性土，$e=0.7～0.9$ 粉土，湿陷性黄土，中密填土，稍密细砂	6～10	10	14～35	3～6
4	硬塑、坚硬状黏性土，湿陷性黄土，$e<0.7$ 粉土，中密的中粗砂，密实老填土	10～22	10	35～100	2～5
5	中密、密实的砾砂，碎石类土			100～300	1.5～3

注：① 当桩顶水平位移大于表列值或灌注桩配筋率≥0.65％时，m 值应适当降低；当预制桩的水平位移小于 10mm 时，m 值可适当提高。

② 当水平荷载为长期或经常出现的荷载时，应将表列数值乘以 0.4 降低采用。

③ 当地基为可液化土层时，应将表列数值乘以土层液化折减系数 φ_L。

若令

$$\alpha = \sqrt[5]{\frac{mb_0}{EI}} \tag{4-51}$$

式中，α——桩的变形系数，$1/m$。

将 α 代入式（4-50），得：

$$\frac{d^4 x}{dz^4} + \alpha^5 z = 0 \tag{4-52}$$

利用幂级数积分后可得到该微分方程的解，通过梁的挠度 x 与弯矩 M、剪力 V 和转角 φ 的微分关系，求出桩身各截面的弯矩 M、剪力 V、位移 x、角位移 φ 及土的水平抗力 p_x。

有关计算系数，一般已编制成表格，以供设计者采用，可参阅有关设计规范或手册。

当桩侧由多层土组成时，应求出主要影响深度 $h_m=2(d+1)$（m）范围内的 m 值，如三层土的有关值分别为 m_1、m_2、m_3 和 h_1、h_2、h_3，则：

$$m = \frac{m_1 h_1^2 + m_2(2h_1 + h_2)h_2 + m_3(2h_1 + 2h_2 + h_3)h_3}{h_m^2} \tag{4-53}$$

如 h_m 范围内只有两层土，则 $h_3=0$，即得相应的 m 值。

单桩受水平荷载作用引起的桩周土抗力分布范围大于桩径（宽），而且和桩截面形状有关，故需用计算宽度 b_0。当圆桩径 $d \leqslant 1$m 时 $b_0=0.9(1.5d+0.5)$；$d>1$m 时，$b_0=0.9(d+1)$。而方桩边宽 $b \leqslant 1$m 时，$b_0=1.5b+0.5$；$b>1$m 时，$b_0=b+1$。

3）桩身最大弯矩及其位置

设计承受水平荷载的单桩，需要知道桩身的最大弯矩值及其作用截面位置，以便计算截面配筋。为此，可简化为根据桩顶荷载 H_0、M_0 及桩的变形系数 α 计算如下系数：

$$C_1 = \alpha M_0 / H_0 \tag{4-54}$$

由系数 C_1 从表 4-10 查得相应的换算深度 $h'=\alpha h$，由此可求得最大弯矩的深度为：

$$z' = h'/\alpha \tag{4-55}$$

同时，由系数 C_1 查得相应的系数 D_{II}，即可由下式计算桩身最大弯矩值：

$$M_{\max} = D_{II} M_0 \tag{4-56}$$

表 4-13 按长桩 $h=4.0/\alpha$ 编制的，即桩的入土深度符合这一条件，一般房屋建筑均可满足。若 $h>4.0/\alpha$，可按该表计算；若 $h \leqslant 4.0/\alpha$，可查阅《建筑桩基技术规范》（JGJ 94—2008）附录表 C.0.3-5。

表 4-13 计算桩身最大弯矩及其位置的系数 C_1 和 D_{II}

$H'=\alpha h$	C_1	D_{II}	$h'=\alpha h$	C_1	D_{II}
0.0	∞	1.000	1.4	-0.145	-4.596
0.1	131.252	1.001	1.5	-0.299	-1.876
0.2	34.186	1.004	1.6	-0.434	-1.128
0.3	15.544	1.012	1.7	-0.555	-0.740
0.4	8.781	1.029	1.8	-0.665	-0.530
0.5	5.539	1.057	1.9	-0.768	-0.396
0.6	3.710	1.101	2.0	-0.865	-0.304

$H'=\alpha h$	C_1	D_{II}	$h'=\alpha h$	C_1	D_{II}
0.7	2.300	1.109	2.2	−1.048	−0.187
0.8	1.791	1.274	2.4	−1.230	−0.118
0.9	1.238	1.441	2.6	−1.420	−0.073
1.0	0.824	1.728	2.8	−1.635	−0.045
1.1	0.503	2.299	3.0	−1.893	−0.026
1.2	0.246	3.876	3.5	−2.994	−0.003
1.3	0.034	23.438	4.0	−0.045	0.011

桩顶刚接于承台的桩，其桩身内弯矩和剪力的有效深度为 $z=4.0/\alpha$，在此深度以下，M 和 V 实际上可忽略不计，只需按构造配筋或不配筋。

4）单桩水平承载力特征值

当桩顶的水平位移的允许值 x_{oa} 为已知时，可按下式计算单桩水平承载力特征值 R_h。
桩顶自由时：

$$R_h = 0.41\alpha^3 EIx_{oa} - 0.665\alpha M_0 \tag{4-57}$$

桩顶刚接时：

$$R_h = 1.08\alpha^3 EIx_{oa} \tag{4-58}$$

式中，R_h 的单位是 kN；x_{oa} 的单位是 m；M_0 的单位是 kN·m。

5）桩基础的水平承载力

计算桩基础的水平承载力时，应将承台与桩（群）作为一个整体结构，求得承台的变位，再计算各桩的内力，验算单桩承载力及桩的截面强度，计算工作比较复杂烦琐。

在某些特定条件下，如全埋入土中的低承台桩基础，且水平力与弯矩均不大、桩数较多时，可采用简化计算办法。此时，弯矩的作用，可按极限状态计算表达式进行验算，桩基中单桩所受水平力按均值计算。桩基础的水平承载力为各单桩的总和，同时考虑桩基承台边侧的被动土体的作用，其取值应据承台变位判定被动土压力的发挥程度而定。当承台变位不大时，以采用静止土压力值为宜。根据土质硬软不同，一般可取静止土压力系数 $k_0=0.5\sim0.7$，对于一般施工条件下夯实的填土，可取 $k_0=0.5$。

3．按规范计算桩基水平承载力

1）受水平荷载的一般建筑物和水平荷载较小的高大建筑物，单桩基础和群桩中基桩应满足式（4-59）要求：

$$H_{ik} \leqslant R_h \tag{4-59}$$

式中，H_{ik}——在荷载效应标准组合下，作用于基桩 i 桩顶处的水平力，kN；

R_h——单桩基础或群桩中基桩的水平承载力特征值，kN，对于单桩基础，可取单桩的水平承载力特征值 R_{ha}。

2）单桩的水平承载力特征值的确定应符合下列规定

（1）对于受水平荷载较大的设计等级为甲级、乙级的建筑桩基，单桩水平承载力特征值应通过单桩水平静载试验确定，试验方法可按现行行业标准《建筑基桩检测技术规范》（JGJ

2003）执行。

（2）对于钢筋混凝土预制桩、钢桩、桩身正截面配筋率不小于 0.65％的灌注桩，可根据静载试验结果，取地面处水平位移为 10 mm（对于水平位移敏感的建筑物取水平位移 6 mm）所对应的荷载的 75％为单桩水平承载力特征值。

（3）对于桩身配筋率小于 0.65％的灌注桩，可取单桩水平静载试验的临界荷载的 75％为单桩水平承载力特征值。

（4）当缺少单桩水平静载试验资料时，可按下列公式估算桩身配筋率小于 0.65％的灌注桩的单桩水平承载力特征值：

$$R_{ha} = \frac{0.75\alpha\gamma_m f_t W_0}{v_M}\left(1.25 + 22\rho_g\right)\left(1 \pm \frac{\zeta_N N}{\gamma_m f_t A_n}\right) \tag{4-60}$$

式中，α——桩的水平变形系数，按式（4-51）确定；

R_{ha}——单桩水平承载力特征值，kN，±号根据桩顶竖向力性质确定，压力取"+"，拉力取"-"；

γ_m——桩截面模量塑性系数，圆形截面 $\gamma_m = 2$，矩形截面 $\gamma_m = 1.75$；

f_t——桩身混凝土抗拉强度设计值，kPa；

W_0——桩身换算截面受拉边缘的截面模量，m^3，圆形截面 $W_0 = \pi d[d^2 + 2(\alpha_E - 1)\rho_g d_0^2]/32$，方形截面 $W_0 = b[b^2 + 2(\alpha_E - 1)\rho_g b_0^2]/6$，其中 d 为桩直径，d_0 为扣除保护层厚度的桩直径，b 为方形截面边长，b_0 为扣除保护层厚度的桩截面宽度，α_E 为钢筋弹性模量与混凝土弹性模量的比值；

v_M——桩身最大弯距系数，按表 4-14 取值，当单桩基础和单排桩基纵向轴线与水平力方向相垂直时，按桩顶铰接考虑；

ρ_g——桩身配筋率；

A_n——桩身换算截面积，圆形截面 $A_n = \pi d^2[1 + (\alpha_E - 1)\rho_g]/4$，方形截面 $A_n = b^2[1 + (\alpha_E - 1)\rho_g]$；

ζ_N——桩顶竖向力影响系数，竖向压力取 0.5，竖向拉力取 1.0；

N——在荷载效应标准组合下桩顶的竖向力，kN。

对于混凝土护壁的挖孔桩，计算单桩水平承载力时，其设计桩径取护壁内直径。当桩的水平承载力由水平位移控制，且缺少单桩水平静载试验资料时，可按下式估算预制桩、钢桩、桩身配筋率不小于 0.65％的灌注桩单桩水平承载力特征值，即：

$$R_{ha} = 0.75\frac{\alpha^3 EI}{v_x}x_{oa} \tag{4-61}$$

式中，EI——桩身抗弯刚度，对于钢筋混凝土桩，$EI = 0.85 E_c I_0$，其中 I_0 为桩身换算截面惯性矩，圆形截面 $I_0 = W_0 d_0/2$，矩形截面 $I_0 = W_0 b_0/2$；

x_{oa}——桩顶允许水平位移，m；

v_x——桩顶水平位移系数，按表 4-14 取值，取值方法同 v_M。

验算永久荷载控制的桩基的水平承载力时，应将上述方法确定的单桩水平承载力特征值乘以调整系数 0.80；验算地震作用桩基的水平承载力时，宜将按上述方法确定的单桩水平承载力特征值乘以调整系数 1.25。

表4-14　桩顶（身）最大弯矩系数 v_M 和桩顶水平位移系数 v_x

桩顶约束情况	桩的换算埋深 ah	v_M	v_x
铰接、自由	4.0	0.768	2.441
	3.5	0.750	2.502
	3.0	0.703	2.727
	2.8	0.675	2.905
	2.6	0.639	3.163
	2.4	0.601	3.526
固接	4.0	0.926	0.940
	3.5	0.934	0.970
	3.0	0.967	1.028
	2.8	0.990	1.055
	2.6	1.018	1.079
	2.4	1.045	1.095

注：① 铰接（自由）的 v_M 系桩身的最大弯矩系数，固接的 v_M 系桩顶的最大弯矩系数；
② 当 $ah>4$ 时，取 $ah=4$。

4.4 桩基础设计

4.4.1 桩基础设计步骤

1．桩基础设计的一般步骤

（1）收集设计基本资料。
（2）选择持力层，确定桩的类型、断面和桩长，初步确定承台底面高程。
（3）确定单桩竖向及水平向承载力特征值。
（4）确定桩数 n 及其平面布置，初步确定承台类型及尺寸。
（5）验算桩基础承载力和地基沉降。
（6）桩身结构设计。
（7）承台设计与计算。
（8）绘制桩基施工图。

2．设计基本资料

桩基设计应具备以下资料。
（1）岩土工程勘察文件：
● 桩基按两类极限状态进行设计所需用岩土物理力学参数及原位测试参数；
● 对建筑场地的不良地质作用，如滑坡、崩塌、泥石流、岩溶、土洞等，有明确判断、结论和防治方案；
● 地下水位埋藏情况、类型和水位变化幅度及抗浮设计水位，土、水的腐蚀性评价，地下水浮力计算的设计水位；
● 抗震设防区按设防烈度提供的液化土层资料；

● 有关地基土冻胀性、湿陷性、膨胀性评价。

（2）建筑场地与环境条件的有关资料：

● 建筑场地现状，包括交通设施、高压架空线、地下管线和地下构筑物的分布；

● 相邻建筑物安全等级、基础形式及埋置深度；

● 附近类似工程地质条件场地的桩基工程试桩资料和单桩承载力设计参数；

● 周围建筑物的防振、防噪声的要求；

● 泥浆排放、弃土条件；

● 建筑物所在地区的抗震设防烈度和建筑场地类别。

（3）建筑物的有关资料：

● 建筑物的总平面布置图；

● 建筑物的结构类型、荷载，建筑物的使用条件和设备对基础竖向及水平位移的要求；

● 建筑结构的安全等级。

（4）施工条件的有关资料：

● 施工机械设备条件、制桩条件、动力条件、施工工艺对地质条件的适应性；

● 水、电及有关建筑材料的供应条件；

● 施工机械的进出场及现场运行条件。

（5）供设计比较用的有关桩型及实施的可行性的资料。

4.4.2　桩型、桩长和截面尺寸的选择

1. 选择桩型

桩型与成桩工艺应根据建筑结构类型、荷载性质、桩的使用功能、穿越土层、桩端持力层、地下水位、施工设备、施工环境、施工经验、制桩材料供应条件等，按安全适用、经济合理的原则选择。选择时可按表 4-15 进行。

表 4-15　桩型与成桩工艺选择

桩类		桩径		最大桩长/m	穿越土层											桩端进入持力层				地下水位		对环境影响		孔底有无挤密
		桩身/mm	扩底端/mm		一般黏性土及其填土	淤泥和淤泥质土	粉土	砂土	碎石土	季节性冻土膨胀土	非自重湿陷性黄土	自重湿陷性黄土	中间有硬夹层	中间有砂夹层	中间有砾石夹层	硬黏性土	密实砂土	碎石土	软质岩石和风化岩石	以上	以下	振动和噪声	排浆	
非挤土成桩	干作业法																							
	长螺旋钻孔灌注桩	300~800	—	28	O	×	O	△	×	O	O	O	△	×	△	O	O	△	△	O	×	无	无	无
	短螺旋钻孔灌注桩	300~800	—	20	O	×	O	△	×	O	O	×	△	×	×	O	O	△	△	O	×	无	无	无
	钻孔扩底灌注桩	300~600	800~1200	30	O	×	O	△	×	O	O	△	△	×	×	O	O	△	△	O	×	无	无	无
	机动洛阳铲成孔灌注桩	300~500	—	20	O	×	O	×	×	O	O	O	△	×	×	O	△	×	×	O	×	无	无	无
	人工挖孔扩底灌注桩	800~2000	1600~3000	30	O	×	△	△	O	O	O	△	△	△	△	O	O	△	△	O	△	无	无	无

续表

| 桩类 | | 桩径 | | | 穿越土层 | | | | | | 黄土 | | 中间有硬夹层 | 中间有砂夹层 | 中间有砾石夹层 | 桩端进入持力层 | | | | 地下水位 | | 对环境影响 | | 孔底有无挤密 |
		桩身/mm	扩底端/mm	最大桩长/m	一般黏性土及其填土	淤泥和淤泥质土	粉土	砂土	碎石土	季节性冻土膨胀土	非自重湿陷性黄土	自重湿陷性黄土				硬黏性土	密实砂土	碎石土	软质岩石和风化岩石	以上	以下	振动和噪声	排浆	
非挤土成桩	泥浆护壁法 潜水钻成孔灌注桩	500~800	—	50	O	O	O	△	×	△	△	×	×	△	×	O	O	O	△	O	O	无	有	无
	反循环钻成孔灌注桩	600~1200	—	80	O	O	O	O	O	O	O	O	O	O	O	O	O	O	△	O	O	无	有	无
	正循环钻成孔灌注桩	600~1200	—	80	O	O	O	O	O	O	O	O	O	O	O	O	O	O	△	O	O	无	有	无
	旋挖成孔灌注桩	600~1200	—	60	O	△	O	O	O	O	O	O	O	O	O	O	O	O	△	O	O	尤	有	尤
	钻孔扩底灌注桩	600~1200	1000~1600	30	O	△	O	△	△	O	O	△	O	△	△	O	O	O	△	O	O	无	无	无
	套管护壁 贝诺托灌注桩	800~1600	—	50	O	O	O	O	O	O	O	O	O	O	O	O	O	O	△	O	O	无	无	无
	短螺旋钻孔灌注桩	300~800	—	20	O	△	O	△	×	△	△	△	△	△	△	△	△	△	×	O	O	无	无	无
部分挤土成桩	灌注桩 冲击成孔灌注桩	600~1200	—	50	O	△	△	△	O	O	O	×	O	△	△	O	O	O	△	O	O	有	无	无
	长螺旋钻孔压灌桩	300~800	—	25	O	△	O	△	△	O	O	△	O	△	△	△	△	△	×	O	O	无	无	无
	钻孔挤扩多支盘桩	700~900	1200~1600	40	O	O	O	O	O	O	O	△	O	O	O	O	O	O	△	O	O	无	无	无
	预制桩 预钻孔打入式预制桩	500	—	50	O	O	O	△	△	O	O	△	O	△	△	O	O	O	△	O	O	有	无	有
	静压混凝土（预应力混凝土）敞口管桩	800	—	60	O	O	O	△	×	O	O	△	O	△	△	O	O	O	△	O	O	无	无	有
	H型钢桩	规格	—	80	O	O	O	△	△	O	O	△	O	△	△	△	△	△	△	O	O	无	无	尤
	敞口钢管桩	600~900	—	80	O	O	O	△	△	O	O	△	O	△	△	△	△	△	△	O	O	无	无	尤
挤土成桩	灌注桩 内夯沉管灌注桩	325,377	460~700	25	O	O	O	△	△	O	O	△	O	×	△	△	△	△	×	O	O	有	无	有
	预制桩 打入式混凝土预制桩闭口钢管桩、混凝土管桩	500×500 1000	—	60	O	O	O	△	△	O	O	△	O	△	△	O	O	O	△	O	O	有	无	有
	静压桩	1000	—	60	O	O	O	△	△	O	O	△	O	△	△	O	O	O	△	O	O	无	无	有

注：表中符号O表示比较合适；△表示有可能采用；×表示不宜采用。

对于框架—核心筒等荷载分布很不均匀的桩筏基础，宜选择基桩尺寸和承载力可调性较大的桩型和工艺。

挤土沉管灌注桩用于淤泥和淤泥质土层时，应局限于多层住宅桩基。

抗震设防烈度为8度及以上地区，不宜采用预应力混凝土管桩（PC）和预应力混凝土空心方桩（PS）。

2．选择持力层，确定桩长

桩的设计长度主要取决于桩端持力层的选择。通常应选择较硬土层作为桩端持力层；10 层以下房屋，当在桩端可达的深度内无坚实土层时，也可选中等强度土层作持力层。

桩端全断面进入持力层的深度，对于黏性土、粉土不宜小于 2d；砂土不宜小于 1.5d，碎石类土不宜小于 d。当存在软弱下卧层时，桩端以下硬持力层厚度不宜小于 3d。

对于嵌岩桩，嵌岩深度应综合荷载、上覆土层、基岩、桩径、桩长等因素确定；对于嵌入倾斜的完整和较完整岩的全断面深度不宜小于 0.4d 且不小于 0.5 m，倾斜度大于 30％的中风化岩，宜根据倾斜度及岩石完整性适当加大嵌岩深度；对于嵌入平整、完整的坚硬岩和较硬岩的深度不宜小于 0.2d 且不小于 0.2 m。

3．选择桩的截面尺寸

选择桩的截面尺寸主要应考虑成桩工艺和结构的荷载情况。一般混凝土预制桩的截面边长不应小于 200 mm；预应力混凝土预制实心桩的截面边长不宜小于 350 mm。

从楼层数和荷载大小来看，10 层以下的建筑桩基可考虑采用直径 500 mm 左右的灌注桩或边长为 400 mm 的预制桩；10～20 层的可采用直径 800～1 000 mm 的灌注桩或边长为 450～500mm 的预制桩；20～30 层的可采用直径 1 000～1 200 mm 的钻（冲、挖）孔灌注桩、边长或直径≥500 mm 的预制桩；30～40 层的可采用直径大于 1 200 mm 的钻（冲、挖）孔灌注桩或直径 500～550 mm 的预应力混凝土管桩和大直径钢管桩。楼层数更多的高层建筑可采用的挖孔灌注桩直径可达 5 m 左右。

4．承台埋深的选择

承台埋深的选择主要考虑结构设计要求、施工方便及地基土冻胀性的影响。膨胀土上的承台，还要考虑土的膨胀性的影响。初步确定承台底的埋深后，就可以计算单桩竖向及水平向承载力。

4.4.3 确定桩数与平面布置

1．确定桩数

当桩的类型、基本尺寸和单桩承载力特征值确定后，可根据上部结构情况，按式（4-62）初步确定桩数：

$$n \geqslant \mu \frac{F_k + G_k}{R_a} \qquad (4\text{-}62)$$

式中，n——桩数；

F_k——相应于荷载效应标准组合作用于桩基承台顶面的竖向力，kN；

G_k——桩基承台和承台上土自重标准值，kN；

R_a——单桩竖向承载力特征值，kN；

μ——系数，当桩为轴心受压时 $\mu=1$，当偏心受压时 $\mu=1.1\sim1.2$。

初步确定的桩数，可据以进行桩的平面布置，如经有关验算可作必要的修改。

2．桩的平面布置

桩基中各桩的中心距主要取决于群桩效应（包括挤土桩的挤土效应）、承台分担荷载的作用及承台用料等。《建筑桩基技术规范》（JGJ 94—2008）中规定的桩的最小中心距见表 4-16。当施工中采取减小挤土效应的可靠措施时，可根据当地经验适当减小。

大面积桩土桩群直接表值适当加大桩距。扩底灌注桩除应符合表 4-16 的要求外，还应满足如下规定：钻、挖孔灌注桩桩距≥1.5D 或（D+1）m（当 D>2 m 时），沉管扩底灌注桩桩距≥2D（D 为扩大端设计桩径）。

桩位布置，应尽可能使上部荷载的中心和桩群横截面的形心重合；应力求各桩受力相近，为扩大惯性矩，宜将桩布置在承台外围，即各桩应距离垂直于偏心荷载或水平力与弯矩较大方向的横截面轴线远些，以使桩群截面对该轴具有较大的惯性矩。

表 4-16　桩的最小中心距

成桩工艺及土类		桩排数≥3 排，桩数≥9 根的摩擦桩基	其他情况
非挤土灌注桩		3.0d	3.0d
部分挤土桩	非饱和土、饱和非黏性土	3.5d	3.0d
	饱和黏性土	4.0d	3.5d
挤土桩	非饱和土、饱和非黏性土	4.0d	3.5d
	饱和黏性土	4.5d	4.0d
钻、挖孔扩底桩		2D 或（D+2.0）m（当 D>2 m）	1.5D 或（D+1.5）m（当 D>2 m）
打入式敞口管桩和 H 型钢桩	非饱和土、饱和非黏性土	2.2D 且 4.0d	2.0D 且 3.5d
	饱和黏性土	2.5D 且 4.5d	2.2D 且 4.0d

注：① d 为圆桩直径或方桩边长，D 为扩大端设计直径；

　　② 当纵横向桩距不相等时，其最小中心距应满足"其他情况"一栏的规定；

　　③ 当为端承型桩时，非挤土灌注桩的"其他情况"一栏可减小至 2.5d。

桩的排列，可采用行列式或梅花式，如图 4-23 所示，适于较大面积的满堂桩基；箱基和带梁筏基下，以及墙下条形基础的桩，宜沿墙或梁下布置成单排或双排，以减小底板厚度或承台梁宽度；柱下独立基础的桩，宜采用承台板，其形状如图 4-24 所示。此外，为了使桩受力合理，在墙的转角及交叉处应布桩，窗下及门下尽可能不布桩。

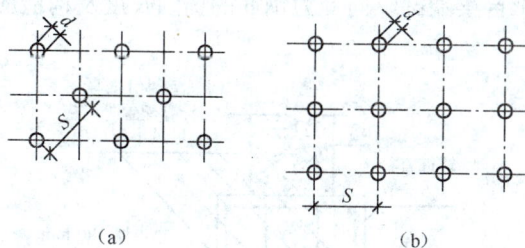

图 4-23　桩的排列

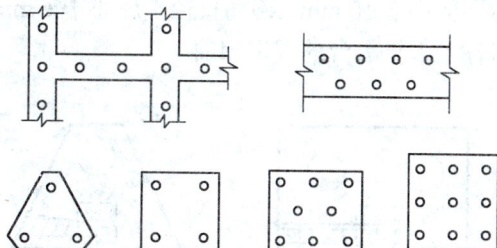

图 4-24　柱下桩基承台平面形状

4.4.4　桩基承台设计

1. 桩基承台的作用

桩基承台的作用包括下列 3 项。

（1）将多根桩联结成整体，共同承受上部荷载。

（2）将上部结构荷载，通过桩承台传递到各根桩的顶部。

（3）桩基承台为现浇钢筋混凝土结构，相当于一个浅基础，因此，桩基承台本身具有类似于浅基础的承载作用，即桩基承台效应。

2．桩基承台的种类

（1）高桩承台：桩顶位于地面以上相当高度的承台称为高桩承台。如上海宝钢位于长江上运输矿石的栈桥桥台。

（2）低桩承台：凡桩顶位于地面以下的桩承台称低桩承台，通常建筑物基础承重的桩承台都属于这一类。低桩承台与浅基础一样，要求承台底面埋置于当地冻结深度以下。

3．桩基承台的材料与施工

（1）桩承台应采用钢筋混凝土材料，现场浇筑施工。因各桩施工时桩顶的高度与桩位不可能非常准确，要将各桩紧密联结成为整体，而桩基承台又无法预制。

（2）承台的混凝土强度等级不宜低于C20。

（3）承台的钢筋配置应符合下列规定。

① 柱下独立桩基承台纵向受力钢筋应通长配置，如图4-25（a）所示。对四桩以上（含四桩）承台宜按双向均匀布置，对三桩的三角形承台应按三向板带均匀布置，且最里面的三根钢筋围成的三角形应在柱截面范围内，如图4-25（b）所示。纵向钢筋锚固长度自边桩内侧（当为圆桩时，应将其直径乘以0.8等效为方桩）算起，不应小于$35d_g$（d_g为钢筋直径）；当不满足时应将纵向钢筋向上弯折，此时水平段的长度不应小于$25d_g$，弯折段长度不应小于$10d_g$。承台纵向受力钢筋的直径不应小于12 mm，间距不应大于200 mm。柱下独立桩基承台的最小配筋率不应小于0.15%。

② 柱下独立两桩承台，应按现行国家标准《混凝土结构设计规范》（GB 50010—2010）中的深受弯构件配置纵向受拉钢筋、水平及竖向分布钢筋。承台纵向受力钢筋端部的锚固长度及构造应与柱下多桩承台的规定相同。

③ 条形承台梁的纵向主筋应符合现行国家标准《混凝土结构设计规范》（GB 50010—2010）中关于最小配筋率的规定，如图4-25（c）所示，主筋直径不应小于12 mm，架立筋直径不应小于10 mm，箍筋直径不应小于6 mm。承台梁端部纵向受力钢筋的锚固长度及构造应与柱下多桩承台的规定相同。

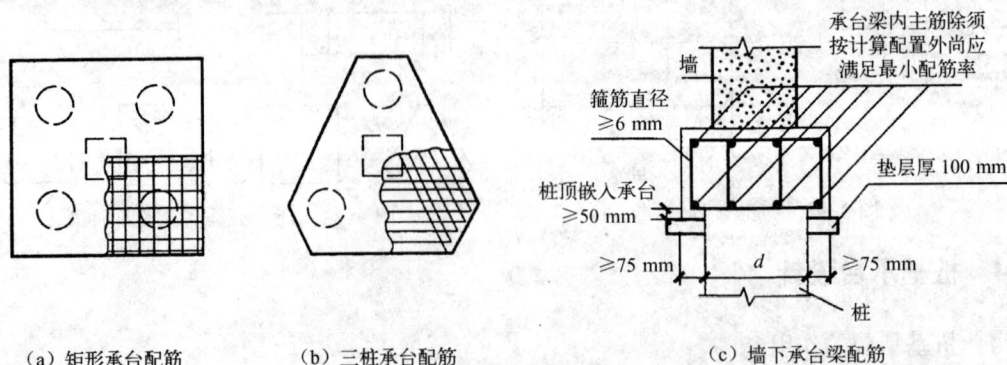

（a）矩形承台配筋   （b）三桩承台配筋   （c）墙下承台梁配筋

图4-25　承台配筋示意图

④ 筏形承台板或箱形承台板在计算中仅考虑局部弯矩作用。考虑到整体弯曲的影响，在纵横两个方向的下层钢筋配筋率不宜小于 0.15%，上层钢筋应按计算配筋率全部连通。当筏板的厚度大于 2000 mm 时，宜在板厚中间部位设置直径不小于 12 mm、间距不大于 300 mm 的双向钢筋网。

（4）承台底面钢筋的混凝土保护层厚度，当有混凝土垫层时不应小于 50 mm，无垫层时不应小于 70 mm，且不应小于桩头嵌入承台内的长度。

4. 桩基承台的尺寸

（1）独立柱下桩基承台的最小宽度不应小于 500 mm，边桩中心至承台边缘的距离不应小于桩的直径或边长，且桩的外边缘至承台边缘的距离不应小于 150 mm。对于墙下条形承台梁，桩的外边缘至承台梁边缘的距离不应小于 75 mm。承台的最小厚度不应小于 300 mm。

（2）高层建筑平板式和梁板式筏形承台的最小厚度不应小于 400 mm，墙下布桩的剪力墙结构筏形承台的最小厚度不应小于 200 mm。

（3）高层建筑箱形承台的构造应符合《高层建筑筏形与箱形基础技术规范》（JGJ 6—2011）的规定。

5. 承台板厚度及强度计算

承台厚度可按冲切及剪切条件确定。一般可先按经验估计承台厚度，然后再进行冲切和剪切强度验算，并根据验算结果进行调整。承台强度计算包括受弯、受冲切、受剪切及局部承压计算，具体可参考《建筑桩基技术规范》（JGJ 94—2008）的相关规定。

4.4.5　桩基础设计例题

【例 4-3】 设计一柱下桩基础，已知由上部结构传至柱下端的一组荷载为：竖向荷载设计值 $F = 3\,040$ kN，弯矩设计值 $M = 400$ kN·m 和水平力 $H = 80$ kN。工程地质资料见表 4-17，已知地下水位为 -4 m。本例题按《建筑桩基技术规范》（JGJ94—2008）计算。

表 4-17　例 4-3 的工程地质资料

地层序号	地层名称	深度/m	地层厚度/m	重度 $\gamma/(kN \cdot m^{-3})$	天然含水量 $\omega/\%$	天然孔隙比 e	液性指数 I_L	黏聚力 c/kPa	内摩擦角 $\varphi/(°)$	压缩模量 E_s/MPa	桩侧阻力特征值 q_{sia}/kPa	桩端阻力特征值 q_{pa}/kPa	承载力特征值 f_a/kPa
1	杂填土	0～1	1.0	16									
2	粉土	1～4	3.0	18	30	1.0	1.0	10	12	4.6	42		120
3	淤泥质黏土	4～16	12.0	17	33	1.1	1.0	5	8	4.4	25		110
4	黏土	16～26	10.0	19	25.5	0.7	0.5	15	20	10.0	60	1 100	285

解：（1）选择桩型、桩材及桩长。

根据试桩初步选择 φ500 mm 钻孔灌注桩，混凝土水下灌注用 C25，钢筋采用 I 级。经查表得 $f_c = 11.9$ N/mm^2，$f_t = 1.27$ N/mm^2，钢筋 $f_y = f'_y = 210$ N/mm^2。初步选择第 4 层（黏土）为桩端持力层、承台底面埋深 1.5 m，桩端进入持力层不得小于 1 m；最小桩长选择为 16+1.0-1.5=15.5 m。

（2）确定单桩竖向承载力特征值。

① 根据桩身材料强度确定单桩竖向承载力特征值，按式（4-29）计算，f_c 按 0.8 折减，

配筋率初步取为 0.5%，则：

$$R_a = \psi_c f_c A_{ps} + 0.9 f'_y A'_s = 0.9 \times 0.8 \times 10 \times 0.5^2 \times \pi/4 +$$
$$0.9 \times 210 \times 0.005 \times 0.5^2 \times \pi/4 = 1\,598(\text{kN})$$

② 初步设计时，根据桩侧阻力特征值 q_{sik}、桩端阻力特征值 q_{pk} 确定单桩竖向承载力特征值，按式（4-13）进行计算，则：

$$R_a = \frac{Q_{uk}}{2} = \frac{q_{pk} A_p + u \sum q_{sik} l_i}{2} =$$
$$\left[1\,100 \times 0.5^2 \times \frac{\pi}{4} + \pi \times 0.5 \left(42 \times 2.5 + 25 \times 12 + 60 \times 1.0\right)\right]/2 = 473(\text{kN})$$

单桩竖向承载力特征值取上述二项计算值的小者，即 $R_a = 473$ kN。

（3）确定桩的数量和平面布置。

初步假定承台底面积为 4×3.6 m²，承台和土自重 $G = 4 \times 3.6 \times 1.5 \times 20 = 432$ kN，则桩数按式（4-62）初步确定为：

$$n = \mu(F_k + G_k)/R_a = 1.1 \times (3\,040 + 420)/473 = 8.05$$

取 $n = 8$ 根，桩距 $S = 3d = 3 \times 0.5$ m $= 1.5$ m。承台平面布置如图 4-26 所示，承台尺寸为 4×3.6 m²，8 根桩呈梅花形布置（$G = 432$ kN）。考虑承台效应，基桩承载力可按式（4-27）、式（4-28）确定，验算考虑承台效应的基桩竖向承载力特征值。

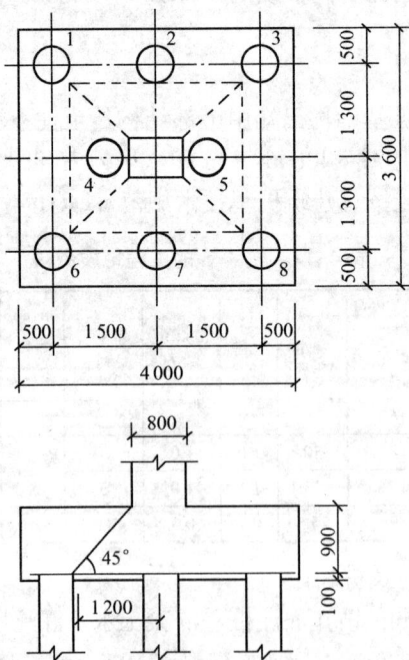

图 4-26　例 4-3 承台平面布置

查表 4-9 得承台效应系数 $\eta_c = 0.13$。计算承台底地基土净面积和内、外区净面积，即：

$$A_c = 4 \times 3.6 - 8 \times 0.5^2 \times \pi/4 = 14.4 - 1.57 = 12.83(\text{m}^2)$$

基桩对应的承台底净面积为：

$$A_{ci}=A_c/n=12.83/8=1.604(\text{m}^2)$$

基底以下 1.8 m（1/2 承台宽）土地基承载力特征值为：

$$f_{ak}=(120\times1.8)／1.8=120(\text{kPa})$$

不考虑地震作用，群桩中任一基桩承载力特征值为：

$$R=R_a+\eta_c f_{ak}A_c=473+0.13\times120\times1.604=498(\text{kN})$$

（4）桩顶作用效应计算。

① 轴心竖向力作用下：

$$N_k=(F_k+G_k)/n=(3\,040+432)/8=434(\text{kN})<R=498\ \text{kN}，满足要求。$$

② 偏心荷载作用下：

$$N_{k\max}=\frac{F_k+G_k}{n}+\frac{m_{xk}y_i}{\sum y_i^2}+\frac{m_{yk}x_i}{\sum x_i^2}=434+\frac{(400+80\times1.5)\times1.5}{4\times1.5^2+2\times0.75^2}$$
$$=434+77-511(\text{kN})<1.2R-597.6\ \text{kN}$$

亦满足要求。

由于 $N_{k\min}=434-77=257\text{kN}>0$，桩不受上拔力。

（5）群桩基础承载力验算。

假设群桩为实体基础（长方锥台形），桩所穿过土层内摩擦角的加权平均值为：

$$\varphi_0=\frac{\sum\varphi_i l_i}{\sum l_i}=\frac{12°\times2.5+8°\times12+20°\times1}{2.5+12+1}=9.42°$$

则

$$A=[3.5+2\times15.5\times\tan(9.42°／4)]\times[3.1+2\times15.5\times\tan(9.42°／4)]$$
$$=4.775\times4.375=20.89(\text{m}^2)$$

按地基基础设计规范，假想实体基础：$b=4.375$ m，$d=17$ m，$\gamma=9$ kN／m^3（有效重度），$\gamma_0=9.6$ kN/m^3（加权平均），则经修正的地基承载力特征值计算式为：

$$f=f_k+\eta_b\gamma(b-3)+\eta_d\gamma_0(d-0.5)$$
$$=280+0.3\times9(4.375-3)+1.6\times9.6(17-0.5)=521.8(\text{kPa})$$

取承台、桩、土混合重度 20 kN/m^3，地下水位以下取 10 kN/m^3，则假设实体自重为：

$$G_k=A(4\times20+13\times10)=20.89\times210=4\,387(\text{kN})$$

轴心荷载时假设实体基础底面压力：

$$P=(F_k+G_k)/A=(3\,040+4\,387)/20.89=355.5(\text{kPa})<f=521.5\ \text{kPa}$$

可见，安全。

偏心荷载时假想实体基础底面压力为：

$$p_{\max}=\frac{F_k+G_k}{A}+\frac{m_k}{W}$$
$$=355.5+\frac{400+80(15.5+1.5)}{4.375\times4.775^2/6}$$
$$=461.4(\text{kPa})<1.2f=626\text{kPa}$$

可见，安全。

（6）群桩沉降计算。

桩中心距 s_a=1.5m，属于小于 6 倍桩径（$6d$=3.0 m）的桩基，可将群桩作为假想的实体基础，按等效作用分层总和法计算群桩的沉降。

桩端平面至承台底范围内平均压力（地下水位之上混合重度取 20 kN/m³）为：

$$p'=2\,800/(4\times3.6)+4\times20+13\times10=404(\text{kPa})$$

桩端平面处土的自重压力：

$$p_c=16\times1+18\times3+7\times12+9\times1=163(\text{kPa})$$

桩端平面处桩基对土的平均附加压力：$p_0=p'-p_c=404-163=241(\text{kPa})$

取 s_a/d=3.0，l/d=15.5/0.5=31，L_c/B_c=1.11，ψ=1.2。

由此查桩基等效沉降系数计算参数表，得（内插值法）C_0=0.059 3，C_1=1.557，C_2=8.778，

$$n_b=\sqrt{n'B_c/L_c}=\sqrt{8\times3.6/4}=2.683\,3$$

$$\psi_c=C_0+\frac{n_b-1}{C_1(n_b-1)+C_2}=0.059\,3+\frac{2.683\,3-1}{1.557\times1.683\,3+8.778}=0.207$$

承台底面积矩形长宽比 $a/b=L_c/B_c$=1.11，深宽比 $z_i/b=2z_i/B_c$，查表 4-11，用内插值法得 $\overline{\alpha}_i$，并按式（4-32）分别计算 $z_i\overline{\alpha}_i$、Δs 和 s，见表 4-18。

地基沉降计算深度 z_n 按附加应力 σ_z=0.2σ_c 验算。假定取 z_i=6 m，计算得：

$$\sigma=\alpha_i p_0=4\times0.037\times241=35.7\text{ kPa}。$$

z_n 深处土的自重应力 $\sigma_c=p_c+z_n\gamma$=163+6×9=217 kPa。可见，σ_z 已减到其值的 0.2 以下（35.7/217=0.164 5），符合要求。即桩基最终沉降量 s=18.94 mm。

表 4-18　层沉降量计算表

i	z_i	$\dfrac{z_i}{b}=\dfrac{2z_i}{B_c}$	$\overline{\alpha}_i$	$z_i\overline{\alpha}_i$	E_{si}/MPa	$\Delta s=4\psi\psi_c p_0\dfrac{z_i\overline{\alpha}_i-z_{i-1}\overline{\alpha}_{i-1}}{E_{si}}$	s/mm
0	0	0	0.250	0	10	0	0
1	5	2.78	0.148 5	0.742 5	10	17.780	17.78
2	7	3.33	0.131 8	0.790 8	10	1.157	18.94
3	8	3.89	0.118 0	0.826 0	10	0.843	19.78
4	9	4.44	0.160 7	0.853 6	10	0.659	20.44

复习参考题

1. 桩基础适宜在什么情况下采用？

2. 试述桩基础的类型。

3. 轴向荷载在桩身是如何传递的？影响桩侧、桩端阻力的因素有哪些？

4. 如何确定单桩竖向极限承载力标准值？如何确定单桩竖向承载力特征值？二者关

系如何?

5. 什么是桩的负摩阻力、中性点? 负摩阻力产生原因是什么? 对桩基础承载力有何影响?

6. 桩基础的设计内容包括哪些?

7. 某场区从天然地面起往下的土层分布是: 黏性土, 厚度 l_1=3 m, q_{s1k}=24 kPa; 粉土, 厚度 l_2=6 m, q_{s2k}=26 kPa; 中密的中砂, q_{s3k}=60 kPa, q_{pk}=3 600 kPa。现采用截面尺寸为 350 mm× 350 mm 的混凝土预制桩, 承台底面在天然地面以下 1.0 m, 桩端进入中密中砂的深度为 1.0 m。试确定单桩竖向承载力特征值。

第5章

特殊土地基

【本章内容概要】

主要介绍软土地基、湿陷性黄土地基、膨胀土地基、红黏土地基、冻土地基、盐渍土地基等几种特殊土地基。主要介绍这几种特殊土地基的分布、特征和对建筑物等产生的危害，并阐述一些避免这些危害所采取的措施。

【本章学习重点与难点】

学习重点：各类特殊土类型、分布及特征。

学习难点：常用的地基处理方法。

5.1 概 述

5.1.1 特殊土的成土环境

我国地域辽阔，地势西高东低，地貌千变万化；我国气候特征属东亚季风气候，各地降雨量极不均衡；我国江河众多，水系发达，湖泊星罗棋布。土的形成与自然环境是密切相关的，自然环境的多样性必然影响成土环境的多变性，特殊的成土环境造成了某些土类具有与一般土显然不同的特殊性质，成土环境主要包括以下几方面。

（1）岩性，是指成土母岩的性质。如石灰石、砂岩、火山喷出物的凝灰岩等，在这些母岩上生成的土的性质各不一样。

（2）气候环境，包括气温、降水、湿度、冰冻等因素。气候条件影响母岩的物理风化和化学风化的程度。

（3）地形地貌环境，山区或平原、高山或深谷等都会影响土的发育变化。

（4）搬运和沉积环境，搬运主要指重力、水流、冰川和风四种形式。岩石的风化物经搬运后是在干旱环境还是在湿润环境下成土，是在酸性环境下还是在碱性环境下成土，这些情况对土的性质有重要的影响。

除上述四种主要成土环境外，其他成土环境，如局部微气候、微地形等对土的形成也具有重要作用，而且各种环境也不是孤立的，而是相互关联、互相影响的。

5.1.2 特殊土的分类及分布

由于成土环境的不同，会造成具有不同特性的土。根据成土环境的不同，这些特殊性土的分布都具有区域性的特点，因此，也称为区域性土或环境土。我国自然环境变化大，世界上几种主要的特殊性土类在我国都有分布，其中主要有软土、黄土、红土、膨胀土、冻土、盐渍土等六大类。我国的主要特殊性土类、分布及成土环境及特性见表 5-1。

表 5-1 我国主要特殊性土类、分布、成土环境及特征

序号	土类名称	主要分布区域	自然环境与成土环境	主要工程特征
1	软土	东南海岸，如天津、连云港、上海、宁波、温州、福州等，此外内陆湖泊地区也有局部分布	滨海、三角洲沉积；湖泊沉积地下水位高，由水流搬运沉积而成	强度低，压缩性高，渗透性小
2	黄土	西北内陆地区，如青海、甘肃、宁夏、陕西、山西、河南等	干旱，半干旱气候环境，降雨量少，蒸发量大，年降雨量小雨 500mm。由风搬运沉积而成	湿陷性
3	膨胀土	云南、贵州、广西、四川、安徽、河南等	温暖湿润，雨量充沛，年降雨量 700～1 700mm，具备良好化学风化条件	膨胀和收缩特性
4	红土	云南、四川、贵州、广西、鄂西、湘西等	碳酸盐岩系北纬 33°以南，温暖湿润气候，以残坡积为主	不均匀性，结构性裂缝发育
5	冻土	青藏高原和大小兴安岭，东西部一些高山顶部	高纬度寒冷地区	冻胀性、融陷性
6	盐渍土	新疆、青海、西藏、甘肃、宁夏、内蒙古等内陆地区，此外尚有滨海部分地区	荒漠半荒漠地区，年降雨量小于 100mm，蒸发量高达 3 000mm 以上的内陆地区，沿海受海水浸渍或海退影响	盐胀性、溶陷性和腐蚀性

5.2 软土地基

软土一般是指主要由细粒土组成的孔隙比大（$e \geqslant 1.0$）、天然含水率高（$w \geqslant w_L$）、压缩性高（$a_{1-2} > 0.5 MPa^{-1}$）、强度低（$C_u < 30kPa$）、渗透性差和具有灵敏结构性的土层。在我国多数分布在沿海地区，在内陆平原和山区也有分布。由于软土具有一系列不利的工程性质，故在其上建造建筑物时易发生或大或小的工程事故。但如对软土进行精心的勘探、测试、分析和评价，并在施工中采取适当的措施，这些事故是完全可以避免的。

5.2.1 软土的成因及其分布

软土是在静水或缓慢流水环境中沉积的、经生物化学作用形成的、天然含水率大、承载力低、软塑到流塑状态的饱和黏性土，包括淤泥、淤泥质土、泥炭、泥炭质土等。软土分布较广，主要位于河流的入海处。按地质成因，我国软土有滨海环境沉积、海陆过渡环境沉积（三角洲沉积）、河流环境沉积、湖泊环境沉积和沼泽环境沉积。其分布见表 5-2。

表 5-2 主要软土地基的分布

成 因 类 型	分 布 地 区
滨海相沉积	上海、天津塘沽、浙江温州、宁波、江苏连云港等
三角洲沉积	长江、珠江地区
河流沉积	各大、中河流的中、下游地区
湖泊沉积	洞庭湖、洪泽湖、太湖以及昆明滇池等
沼泽沉积	内蒙古、东北大兴安岭和小兴安岭，南方及西南森林地区

滨海环境沉积：滨海（或海岸）环境的水动力状态比较复杂，主要受波浪和潮汐作用，主要沉积砂土，包括粗、中、细、粉砂。在平原海岸，沉积有泥质和粉砂质沉积土，有时也会出现滨海沼泽平原。

海陆过渡环境沉积（三角洲沉积）：三角洲沉积属于海陆过渡的环境沉积。它是河流流入海洋时，在河口附近的陆上和浅水环境中形成的碎屑沉积物。三角洲的规模主要取决于河流的大小，它的形成发育是河流作用与海水作用长期斗争的结果。三角洲沉积是一个多种沉积环境的沉积体系，包括三角洲平原、三角洲前沿和前三角洲。

河流环境沉积：河流搬运作用形成的沉积即冲积物。除河床沉积为粗粒沉积外，河漫滩冲击物是在洪水泛滥期所沉积的细颗粒沉积物，其典型的粒度成分有砂粒、粉粒、粘粒、有机物，呈特殊的洪水层理。

湖泊环境沉积：湖泊是陆地上封闭的大型水体，湖泊的水动力条件和沉积作用与潮汐作用弱的海洋相似，湖泊中也有波浪作用和湖流作用，由湖岸到湖心，沉积物一般由粗到细依次变化，在河流入湖处形成与河流入海处一样的三角洲沉积。通常湖泊边缘处的沉积物是较粗的粒料，由于沉积物向湖中的搬运有季节周期性，因而形成季节韵律带状层理。淤泥结构松软，呈暗灰、灰绿或暗黑色，有时有泥炭透镜体。

沼泽环境沉积：沼泽沉积为黏土、泥炭、腐殖土，有时成交互层。通常含有很多有机质，并且分选性很差。

此外，广西、贵州、云南等省的某些地区还存在由泥灰岩、炭质页岩、泥质砂页岩等风化产物和地表的有机物质经水流搬运，沉积于低洼处，长期泡水软化或间接有微生物作用而形成的山地型的软土。其沉积的类型属波洪积、湖沉积和冲沉积为主。其分布面积不大，但厚度变化很大，有时相距 2～3m 内，厚度变化可达 7～8m。

软土厚度较大的地区，地表面常有一层厚度不等的中压缩性或低压缩性的软土硬壳层或表土层，其承载力较下层软土为高，压缩性也较小，常可用来作为浅基础的持力层。硬壳层下则为淤泥或淤泥与泥炭交互层，厚度不等，海岸沉积淤泥厚度可达 5～60m，湖泊沉积淤泥厚度一般为 5～25m，河滩沉积淤泥厚度一般小于 20m。在我国，厚度较大的黏土一般表层约有 0～3m 厚的中或低压缩性黏土（俗称硬壳层或表土层），其层理上大致可分为以下几种类型。

（1）表层为 1～3m 的褐黄色粉质黏土，第 2、3 层为厚约 20m 的高压缩性淤泥质黏土，第四层为较密实的黏土层或砂层。

（2）表层由人工填土及较薄的粉质黏土组成，厚 3～5m，第 2 层为 5～8m 的高压缩性淤泥层，基岩离地表较近，起伏变化较大。

（3）表层为 1m 余厚的黏性土，其下为 30 m 以上的高压缩性淤泥层。

（4）表层为 3～5m 厚褐黄色粉质黏土，以下为淤泥及粉砂交互层。

（5）表层为 3～5m 厚褐黄色粉质黏土，第 2 层为厚度变化很大、呈喇叭口状的高压缩性淤泥，第 3 层为较薄残积层，其下为基岩，多分布在山前沉积平原或河流两岸靠山地区。

（6）表层为浅黄色黏性土，其下为饱和软土或淤泥及泥炭，成因复杂，极大部分为坡洪积、湖沼沉积、冲积及残积，分布面积不大，厚度变化悬殊的山地型软土。

5.2.2 软土的特征及其工程特性

1. 软土的特征

软土具有以下特征。

（1）天然含水率高，一般大于液限 w_L （40%～90%）。

（2）天然孔隙比 e 高，e 一般大于 1.0 或等于 1.0；当软土由生物化学作用形成，并含有机质，其天然孔隙比 e 大于 1.5，此时称为淤泥；天然孔隙比 e 在 1.0～1.5 之间时，称为淤泥质土。

（3）压缩性高，压缩系数 a_{1-2} 大于 0.5MPa^{-1}。

（4）强度低，不排水抗剪强度小于 30kPa，长期强度更低。

（5）渗透系数小，$k=1×10^{-8}～1×10^{-6}$cm/s。

以上软土的这些特征取决于一系列的因素，这些因素可分为两大类：成因的因素和沉积后环境的因素。

① 成因的因素。它是指一定成因类型的软土是在一定沉积环境下沉积而成，具有一定的成分（粒度成分和矿物成分）、结构（微观结构和宏观结构）和构造，它决定了软土工程性质的物质基础及可能变化的范围值。

② 沉积后的环境因素。它是指软土在沉积形成后，在较短的地质历史中，环境的温度、压力等条件和软土发生的干燥、节理的形成、化学风化、淋滤和胶结等物理化学变化，确定现今软土工程性质的实际变化量值。

若要更好地理解和预测软土的工程性质，只了解软土的成因，研究土的成分、结构和构造是不够的，还必须充分了解沉积后的环境因素对软土工程性质的影响。从工程角度来说，还要深入地认识工程条件对软土的影响。我国不同成因类型的主要地区软土的一般物理力学指标和我国沿海地区软黏土的物理力学指标见表 5-3、表 5-4。

表 5-3 不同成因类型软土的物理力学指标

成因类型	地区	土层深度/m	含水率/%	重度/(kN/m³)	孔隙比	液限/%	塑性指数	液性指数	有机质含量/%	渗透系数/(×10⁻⁸cm/s)	压缩系数/MPa⁻¹
泻湖相	温州	1～35	63	16.2	1.79	53	30	1.5	5～8	—	1.93
	宁波	2～12 12～28	50 38	17.0 18.6	1.42 1.08	39 36	17 15	1.65 1.13	—	3 7	0.95 0.72
溺谷相	福州	3～19 1～3，19～25	68 42	15.0 17.1	1.87 1.17	54 41	29 21	1.48 1.05	8～14	8 50	2.03 0.70
滨海相	塘沽	8～17 0～8，17～24	47 39	17.7 18.1	1.31 1.07	42 34	22 15	1.23 1.33	5～10	20	0.97 0.65
	新港	0～9 >18	79 58	15.5～16.5	1.66～2.05	67 56	36 26	1.33 1.09	—	—	1.23 0.88
	连云港	—	40～61	18.2～16.5	1.04～1.63	47～53	20～29	—	—	—	0.9～1.5
三角洲相	上海	6～17 1，5～6，>20	50 37	17.2 17.9	1.37 1.05	43 34	20 13	1.16 1.05	—	60 $i×10^2$	1.24 0.72
	杭州	3～9 9～19	47 35	17.3 18.4	1.34 1.02	41 33	19 15	1.32 1.13	—	—	1.30 1.17
	广州	0.5～10	75	16.0	1.82	46	19	2.53	—	300	1.18
湖沼相	昆明		68 42	16.2 18.5	1.86 0.95	60 34	18 12	1.44 1.67		$i×10^4$ $i×10^5$	0.90 0.40
	水城	—	91 71	14.7 15.7	2.30 1.86	77 72	34 32	1.47 1.01	17.1		2.14 1.18
	盘县		83	14.7	2.16	75	32	1.32	19.7	—	2.25
河漫滩相 河库相	南京		40～50	17.2～18	0.93～1.32	35～44	17～20	1.07～1.6			0.5～0.8
	苏北界首	—	48	17.4	1.31	39	16	1.56			1.09
	水城	—	81 49	14.9 16.7	2.06 1.32	78 52	32 22	1.86 0.86	17.3 10.9	—	1.44 1.07

成因类型	地区	土层深度/m	含水率/%	重度/(kN/m³)	孔隙比	液限/%	塑性指数	液性指数	有机质含量/%	渗透系数/(×10⁻⁸cm/s)	压缩系数/MPa⁻¹
坡积相 洪积相	水城	—	78 61	15.4 15.5	2.05 1.64	74 61	23 28	1.16 1.00	17.9 9.6	—	1.44 1.20
	盘县	—	75 65	15.4 15.1	1.80 1.81	69 78	26 36	1.19 0.88	15.0 15.6	—	1.72 2.04

表 5-4　沿海地区典型软黏土的物理力学指标

土类	地区	含水率/%	重度/(kN/m³)	孔隙比	液限/%	塑限/%	塑性指数	渗透系数/(×10⁻⁸cm/s)	压缩系数/MPa⁻¹
淤泥	天津	71	15.9	1.98	58	31	27	0.1	1.53
	连云港	72	15.7	2.03	53	25	28		1.83
	温岭	56	16.7	1.68	51	26	25		1.58
	温州	63	16.2	1.79	53	23	30		1.93
	福州	68	15.0	1.87	54	25	29	0.8	2.03
	厦门	87	14.8	2.42	60	32	28		1.90
	深圳	83	15.2	2.23	54	30	24	0.4	2.19
	湛江	88	14.9	2.39	55	28	27	0.4	2.09
淤泥质黏土	天津	46	17.6	1.30	42	21	21	1	0.91
	连云港	45	17.4	1.29	47	23	24		
	上海	59	17.3	1.40	42	22	20	6	1.24
	杭州	47	17.3	1.34	41	22	19		
	舟山	51	17.3	1.38	40	21	19	3	0.86
	宁波	50	17.0	1.42	45	25	20	1	0.95
	镇海	47	17.5	1.31	40	20	20		0.97
	温岭	50	17.3	1.28	40	21	19		1.16
	福州	42	17.1	1.17	41	20	21	5	
	湛江	51	17.2	1.34	51~60	26~28	25~32		
淤泥质粉质黏土	天津	39	39	1.07	34	19	15		0.65
	上海	37	37	1.03	34	21	13	20	0.72
	杭州	35	35	1.02	33	18	15		
淤泥质粉质黏土	舟山	36	36	1.03	34	20	14	15	0.65
	宁波	38	38	1.08	36	21	15		0.72
	镇海	40	40	1.10	38	24	14		0.66
淤泥混砂	深圳（五湾）	32	32	0.90	34	21	13		0.50
	深圳（赤湾）	39	39	1.05	33	19	14		0.78
	湛江	41	41	1.14	33	20	13		

软土一般具有如下工程特性。

1）触变性

软土在未破坏时，具固态特征，一经扰动或破坏，即转变为稀释流动状态。尤其是滨海相软土一旦受到扰动（振动、搅拌、挤压或搓揉等），原有结构破坏，土的强度明显降低或很快变成稀释状态。触变性的大小，常用灵敏度 s_t 来表示，一般 s_t 在 3～4 之间，个别可达 8～9。故软土地基在振动荷载下，易产生侧向滑动、沉陷及基底向两侧挤出等现象。

2）高压缩性

压缩系数大，一般 a_{1-2}=0.5～1.5MPa^{-1}，a 是 e-p 曲线上的任一点斜率，与起始压力 P_1 有关，也与压力变化范围 $\Delta P=P_2-P_1$ 有关，故表示为 a_{1-2}。最大可达 4.5MPa^{-1}。压缩指数 C_c 为 0.35～0.75。大部分压缩变形发生在垂直压力为 0.1MPa 左右时，造成建筑物沉降量大。软土地基的变形特性与其天然固结状态相关，欠固结软土在荷载作用下沉降较大，天然状态下的软土层大多属于正常固结状态。

3）低透水性

软土的透水性很低，可认为是不透水的，其渗透系数一般约为 1×10^{-8}～1×10^{-6}cm/s，在自重或荷载作用下固结速率很慢，因此软土的排水固结需要相当长的时间，反映在建筑物的沉降延续时间长，常在数年至 10 年以上。同时，在加载初期地基中常出现较高的孔隙水压力，影响地基的强度。

4）低强度性

软土的天然不排水抗剪强度一般小于 20kPa，其变化范围约为 5～25kPa，有效内摩擦角 φ' 为 12°～35°，固结不排水剪内摩擦角 φ_{cu} 为 12°～17°，软土地基的承载力常为 50～80kPa。

5）不均匀性

软土由微细的和高分散的颗粒组成，土质不均匀，当沉降环境变化时，黏性土层中常局部夹有厚薄不等的粉土使水平和垂直分布上有所差异，使建筑物地基易产生差异沉降，造成建筑物产生裂缝或损坏。

6）流变性

软土除排水固结引起变形外，在一定剪应力作用下，土体还会发生缓慢而长期的剪切变形，对地基沉降有较大影响，对斜坡、堤岸、码头及地基稳定性不利。因流变产生的沉降持续时间，可达数十年。软土的长期强度小于瞬时强度。

2．软土对建筑物的影响

1）沉降大而不均匀

根据大量实测资料表明，一般三层砖混结构房屋的沉降量为 15～20cm，四层为 20～50cm，五至六层可达 70cm。如土质不均匀、上部荷载的差异、复杂的体型，都会引起建筑物严重的差异沉降和倾斜，使房屋损坏、管道断裂、污水不能排出等。

2）沉降速度快

随着荷载的增加而增加，一般民用或工业建筑其活荷载小时，竣工时沉降速度约为 0.5～1.5mm/d，活荷载较大的工业构筑物可达 45.3mm/d。

3）沉降稳定时间较长

一般建筑物的沉降持续时间常在 10 年以上，需进行长时间的维护。

软土地基的工程分析和评价应根据其工程特性，结合不同工程要求进行，需要注意的是，软土地基承载力综合评定的原则不能单靠理论计算，要以地区经验为主，其变形控制原则比安全强度控制原则更为重要。

3．软土地基防治措施

1）建筑措施

（1）建筑设计力求体型简单、荷载均匀。过长或体型复杂的建筑，应设置必要的沉降缝或在中间用连接框架隔开。

（2）选用轻型结构，如框架轻板体系、钢结构及选用轻质墙体材料。

2）结构措施

（1）采用浅基础，利用软土上部硬壳层作持力层，避免室内过厚的填土。

（2）选用伐片基础或箱形基础，提高基础刚度，减小基底附加压力，减小不均匀沉降。采用架空地面，减少回填土重量。

（3）增强建筑物的整体刚度，如控制建筑物的长高比，不使之过大（<2.5），合理布置纵横墙，加强基础刚度，墙上设置多道圈梁等。

3）地基处理措施

（1）采用置换及拌入法，用砂、碎石等材料置换软弱地基中部分软弱土体，形成复合地基，或在软土中掺入水泥、石灰等，形成加固体，与未加固部分形成复合地基，达到提高地基承载力、减小压缩量的目的。常用的方法有振冲置换法、生石灰桩法、深层搅拌法、高压喷浆法等。对暗埋的塘、浜、沟、坑穴等，可用局部挖除、换土垫层、灌浆、悬浮式短桩等方法。

（2）对大面积厚层软土地基，采用砂井预压、真空预压、堆载预压等措施，以加速地基排水固结，提高其抗剪强度，适应荷载对地基的要求。

4）施工措施

（1）建筑物各部分差异较大，合理安排施工顺序，先施工高度大、重量重的部分，以便在施工期内先完成部分沉降，后施工高度低和重量轻的部分，以减少部分差异沉降。

（2）施工注意基坑土的保护，通常可在坑底保留 20cm 厚左右，施工垫层时再挖除，避免扰动土体而破坏土的结构。如已被扰动，可挖去扰动部分，用砂、碎石回填处理。同时注意井点降低地下水对邻近建筑物的影响。

（3）对仓库建筑物或油罐、水池等构筑物，适当控制活荷载的施加速度，使软土逐步固结，地基强度逐步增长，以适应荷载增长的要求，同时可借以降低总沉降量，防止土的侧向挤出，避免建筑物产生局部破坏或倾斜。

5.3　湿陷性黄土地基

5.3.1　湿陷性黄土的分布及其特征

黄土是我国地域分布最为广泛的一种特殊性土类，它是第四纪时期形成的一种特殊堆积物。广泛分布于北纬34°～35°、面积达60万平方公里的干旱和半干旱区内，其中以黄土高原的黄土分布最为集中，沉积最为典型。黄土高原的范围是太行山以西、日月山以东、秦岭以北、长城以南的区域，包括青海、甘肃、宁夏、陕西、山西、河南等省的部分地区。

黄土因沉积的地质年代不同而在性质上有很大的差别,晚更新世(Q_3)及以后年代的黄土又因成因不同而有明显差别。原生黄土具有风沉积的全部特征。黄土沉积后,经后期其他地质作用改造再沉积的类似黄土的沉积物,成为次黄土。黄土形成年代越久,大孔结构越化,土质越趋密实,强度增高,压缩性减小,湿陷性减弱,甚至不具有湿陷性;反之,形成年代越近,黄土特性越明显。中国黄土按地质形成年代和工程特性基本划分为下列 4 个地层。

(1)早更新世黄土,简称为 Q_1 黄土,形成于距今 70 万～120 万年之间。粉粒和黏粒含量比后期黄土要高,质地均匀,致密坚硬,低压缩,无湿陷性。

(2)中更新世黄土,简称 Q_2 黄土,形成于距今 10 万～70 万年之间。同样具有粉粒和黏粒含量比后期黄土要高,质地均匀、致密坚硬、低压缩性的特点。但其最上部已表现出轻微湿陷性,是西北地区黄土地层的主体。

(3)晚更新世黄土,简称 Q_3 黄土,形成于距今 0.5 万～10 万年之间。质地均匀,但较疏松,肉眼可见大孔,具湿陷性或强烈湿陷性。

(4)全新世黄土,简称 Q_4 黄土,形成于距今 5 千年内。一般土质疏松,肉眼可见大孔,具湿陷性或强烈湿陷性。

通常将早期和中期形成的 Q_1 和 Q_2 黄土统称为老黄土,将其后形成的 Q_3 和 Q_4 黄土称为新黄土,可以看出,通常所说的湿陷性黄土指的就是新黄土,参见表 5-5。

表 5-5 黄土的地层划分

地质年代	地层划分		试验压力 200～300kPa	备注
全新世 Q_4	新黄土	黄土状土	具有湿陷性	包括湿陷性黄土和新近堆积黄土,常具有高压缩性
晚更新世 Q_3		马兰黄土	具有湿陷性	
中更新世 Q_2	老黄土	离石黄土	不具有湿陷性	有无湿陷性由实际压力或上覆土的饱和自重压力进行浸水试验确定
早更新世 Q_1		午城黄土	不具有湿陷性	

午城黄土和离石黄土属于老黄土,前者为微红及棕红,而后者为深黄及棕黄。老黄土的土质密实,颗粒均匀,无大孔或略具大孔结构,除离石黄土层上部具有轻微湿陷性外,老黄土一般不具有湿陷性,分布于山西高原、豫西山前高地、渭北高原、陕甘和陇西高原。覆盖于离石黄土层上部的马兰黄土及全新世中的各种成因的次生黄土属于新黄土,其颜色呈褐黄至黄色,土质均匀,结构疏松、大孔发育,一般具有湿陷性。主要分布在黄土地区的河岸阶地,其中近期堆积的全新世黄土,形成历史只有几百年,土质不均匀,结构松散,大孔排列杂乱,多虫孔,孔壁有白色碳酸盐粉末状结晶。新近堆积的黄土在外貌和物理性质上与马兰黄土差别不大,但其力学性质比马兰黄土差,一般具有湿陷性和高压缩性。新近堆积的黄土多分布于河漫滩,地基阶地,山区洼地的表层,黄土塬、梁、峁的坡脚,洪积扇或山前坡积地带。

黄土的成因主要是以风力搬运堆积为主,从西北黄土高原到华北山西、河南一带,厚度逐渐变薄,湿陷性逐渐降低。具有天然含水率的黄土,如未受水浸湿,一般强度较高,压缩性较小,在一定压力下受水浸湿,土的结构不破坏,并无显著附加下沉,一般为非湿陷性黄土;而某些黄土在一定压力下受水浸湿,土结构迅速破坏,产生显著附加下沉,强度也迅速降低,称为湿陷性黄土。非湿陷性黄土地基的设计和施工与一般黏性土地基无大差异,故本节仅讨论对工程建设危害较大的湿陷性黄土。

湿陷性黄土在我国分布较广，面积约 45 万平方公里，按工程地质特征和湿陷性强弱程度，可将湿陷性黄土划分为 7 个分区。

（1）陇西地区。湿陷性黄土层厚通常大于 10m。地基湿陷性等级多为Ⅲ、Ⅳ级。对工程危害性大。

（2）陇东陕北地区。湿陷性黄土层厚通常大于 10m。地基湿陷性等级多为Ⅲ、Ⅳ级。对工程危害性较大。

（3）关中地区。湿陷性黄土厚 4～12m，对工程有一定危害性。

（4）山西地区。湿陷性黄土厚 2～16m，地基湿陷性等级多为Ⅱ、Ⅲ级，对工程有一定危害。

（5）河南地区。湿陷性黄土厚 4～8m，一般为非自重湿陷性，对工程危害性不大。

（6）冀鲁地区。土层厚 2～6m，非自重湿陷性。地基湿陷等级为Ⅰ级。

（7）北部边缘地区，包括晋陕宁区与河西走廊区。土层厚度 1～5m，非自重湿陷性，地基湿陷等级为Ⅰ、Ⅱ级。

黄土的外观颜色比较杂乱，颜色以黄色为主，有灰黄、褐黄等；具有与一般粉土与黏土不同的特性，主要是具有大孔隙和湿陷性，具体如下：

- 以粉土为主，粉粒含量一般大于 60%；
- 含水率低，一般 w 为 10%～20%；
- 天然密度小，ρ 为 1.40～1.65g/cm^3；
- 孔隙比大，通常 $e>1.0$；
- 塑性指数中偏低，I_P 为 7～13，属粉土或粉质黏土；
- 压缩系数 α 为 0.2～0.6MPa^{-1}，属中、高压缩性，关键为遇水急剧下沉，具湿陷性；
- 富含碳酸钙盐类，如石英、高岭土成分，含盐量大于 0.3%，有时含有石灰质结核（俗称"僵石"）。

5.3.2　黄土地基湿陷性的影响因素

1. 黄土的湿陷机理

黄土的湿陷现象是一个复杂的地质、物理、化学过程，国内外学者对其湿陷机理有不同的假说，如毛细管假说、溶盐假说、胶体不足假说、欠压密理论和结构学假说等，但至今尚未获得能够充分解释所有湿陷现象和本质的统一理论。以下简要介绍几种被公认为比较合理的假说。

黄土欠压密理论认为，在干旱、少雨气候下，黄土沉积过程中水分不断蒸发，土粒间盐类析出，胶体凝固，形成固化粘聚力，在土湿度不大时，上覆土层不足以克服土中形成的固化粘聚力，因而形成欠压密状态，一旦受水浸湿，固化粘聚力消失，则产生沉陷。

溶盐假说认为，黄土湿陷是因为黄土中存在着大量的易溶盐。黄土中含水率较低时，易溶盐处于微晶状态，附于颗粒表面，起胶结作用。而受水浸湿后，易溶盐溶解，胶结作用消失，从而产生湿陷。但溶盐假说并不能解释所有湿陷现象，如我国湿陷性黄土中易溶盐含量就较少。

结构学说认为，黄土湿陷的根本原因是其特殊的粒状架空结构体系所造成。该结构体系由集粒和碎屑组成的骨架颗粒相互连接形成，含有大量架空孔隙。颗粒间的黏结成度是在干旱、半干旱条件下形成，来源于上覆土中的压密，少量的水在颗粒间接触处形成毛管压力，粒间电分子引力，粒间摩擦及少量胶凝物质的固化黏聚等。该结构体系在水和外荷载作用下，必然导致连接强度降低、连接点破坏，致使整个结构体系失去稳定。

尽管解释黄土湿陷原因的观点各异，但归纳起来可分为外因和内因两个方面。黄土受水侵蚀和荷载作用是湿陷发生的外因，主要是建筑物本身的上下水道漏水、大量降雨渗入地下，以及附近修建水库、渠道蓄水渗漏等引起的黄土的湿陷；黄土的结构特征及物质成分是湿陷的内在原因，主要是黄土中含有大量多种可溶盐，如硫酸钠、碳酸钠、碳酸镁和氯化钠等物质，受水浸湿后被溶化，土中胶结力大为减弱，导致土粒变形，同时薄膜水增厚也在黄土压密过程中起到润滑的作用。

2．影响黄土地基湿陷性的主要因素

1）黄土的物质成分与构造

黄土的颗粒成分以粉粒为主，达 50%以上，黄土中的黏粒部分被胶结成集粒或附在砂粒及粗粉粒的表面上。黄土中的粉粒和集粒共同构成了支承结构的骨架，较大的砂粒则"浮"在结构体中。由于排列比较疏松，接触连接点较少，构成一定数量的架空孔隙，如图 5-1 所示。黄土结构中的孔隙可以分为三类。

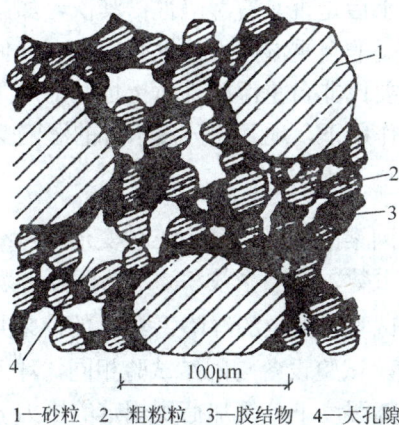

1—砂粒　2—粗粉粒　3—胶结物　4—大孔隙

图 5-1　黄土的结构示意图

（1）大孔隙：基本上是肉眼可以看到的、直径约 0.5～1.0mm 的孔道。

（2）细孔隙：是架空结构中大颗粒的粒间孔隙，肉眼看不见，可在放大镜下观察到。

（3）毛细孔隙：由大颗粒与附在其表面上的小颗粒所形成的粒间孔隙，肉眼看不到。

这三种孔隙导致了黄土的高孔隙度，故黄土又称为"大孔土"。

黄土中胶结物多寡和成分及颗粒的组成和分布，对于黄土的结构特点和湿陷性的强弱有着重要的影响。若胶结物含量大，可把骨架颗粒包围起来，则结构致密。颗粒含量特别是胶结能力较强的小于 0.001mm 颗粒的含量多，其均匀分布在骨架之间也起到胶结物的作用，使湿陷性降低、力学性质得到改善。反之，粒径大于 0.005mm 的颗粒增多，胶结物多呈薄膜状分布，骨架颗粒多数彼此直接接触，其结构疏松，强度降低而湿陷性增强。我国黄土湿陷性存在着由西北向东南递减的趋势。这与由西北向东南方向砂粒含量减少而粘粒含量增多是一致的。即胶结物含量大，粘粒含量多，黄土的结构则致密，湿陷性降低；反之，结构疏松、强度降低、湿陷性增强。此外，黄土中的盐类及其存在状态对湿陷性也有着直接的影响，如以较难溶解的碳酸钙为主而具有胶结作用时，湿陷性减弱，但石膏及其他碳酸盐、硫酸盐和氯化物等易溶盐的含量愈大时，湿陷性增强。

2）黄土的物理性质

黄土的湿陷性与其孔隙比和含水率等土的物理性质有关。天然孔隙比越大，或天然含水率越小，则湿陷性越强。饱和度 $S_r \geqslant 80\%$ 的黄土，称为饱和黄土，饱和黄土的湿陷性已退化。在天然含水率相同时，黄土的湿陷变形随湿度的增加而增大。

3）外加压力

黄土的湿陷性还与外加压力有关。在天然孔隙比和含水率不变的情况下，外加压力增大，黄土的湿陷量也显著增加，但当压力超过某一数值后，再增加压力，湿陷量反而减少。

5.3.3 黄土地基湿陷性的评价

正确评价黄土地基的湿陷性具有很重要的工程意义，一般包括三个方面的内容：首先，需要查明黄土在一定压力下浸水后是否具有湿陷性；其次，如果是湿陷性黄土则要判别场地的湿陷类型，是自重湿陷性还是非自重湿陷性，这是因为在其他条件相同时，自重湿陷性黄土地基受水浸湿后的湿陷事故要比非自重湿陷性黄土地基的严重；最后，判定湿陷黄土地基的湿陷等级，即在规定的压力作用下，地基充分浸水时的湿陷变形的强弱程度。

1. 黄土湿陷性的判别

黄土的压缩特性根据作用因素的不同，分为三种变形：压缩变形、湿陷变形和渗透溶滤变形，分别对应的系数为压缩系数、湿陷系数和渗透溶滤变形系数。而黄土是否具有湿陷性及湿陷性的强弱应按室内压缩试验所测定的湿陷系数 δ_s 的值来判定。即按某一给定压力下土体浸水后的湿陷系数 δ_s 来衡量。试验设备与固结试验相同，环刀面积采用 50cm^2，过程是在压缩仪中将环刀试样保持在天然湿度下分级加荷到规定的压力 p，当压力稳定后测得试样高度 h_p，然后加水浸湿，浸水宜为纯水，测得下沉稳定后高度 h'_p。设土样原始高度为 h_0，则土的湿陷系数为：

$$\delta_s = \frac{h_p - h'_p}{h_0} \tag{5-1}$$

式中，h_p——保持天然湿度和结构的土样，加压至土的饱和自重压力时，下沉稳定后的高度，cm；

h'_p——上述加压稳定后的土样，在浸水作用下下沉稳定后的高度，cm；

h_0——土样的原始高度，cm。

湿陷稳定标准是：下沉量不大于 0.01mm/h，每级加荷增量为 25kPa 或 100kPa。

在工程中，用 δ_s 来判别黄土的湿陷性，当 $\delta_s < 0.015$ 时，黄土应定为非湿陷性的；$\delta_s \geqslant 0.015$ 时，黄土应定为湿陷性的，见表 5-6。

表 5-6　黄土的湿陷性判别

类　别	湿陷系数	备　注
非湿陷性黄土	$\delta_s < 0.015$	一般属于中更新世（Q_2）即午晚黄土和离石黄土的上部
湿陷性黄土	$\delta_s \geqslant 0.015$	主要属于晚更新世（Q_3）的马兰黄土以及全新世（Q_4）的黄土状土

　　试验时测定湿陷系数的压力 p 应采用黄土地基实际压力，但是，初勘阶段建筑物的平面位置、基础尺寸和埋深等尚未确定，即实际压力大小难以预估。因此《黄土规范》规定：自基础底面（初勘时，自地面下 1.5m）算起，对晚更新世（Q_3）黄土、全新世（Q_4）黄土和基底压力不超过 200kPa 的建筑，10m 以内的土层应用 200kPa，10m 以下至非湿陷性土层顶面，应用其上覆土的饱和自重应力（当大于 300kPa 时，仍应用 300kPa），对中更新世（Q_2）黄土或基底压力大的高、重建筑，均宜用实际压力判别黄土的湿陷性。

　　黄土的湿陷量与所承受的压力大小有关。换言之，黄土的湿陷量是压力的函数。事实上，存在一个压力界限值。若黄土所受压力低于该数值，即使浸了水也只产生压缩变形而无湿陷现象。该界限称为湿陷起始压力 p_{sh}，它是一个很有实用价值的指标。当设计荷载不是很大的非自重湿陷性黄土地基的基础和土垫层时，可适当选取基础底面尺寸及埋深或土垫层厚度，使基底或垫层地面总压应力 $\leqslant p_{sh}$，即可避免湿陷发生。故湿陷起始压力是一个很重要的参量。一般的，湿陷起始压力可根据室内压缩试验或野外载荷试验来确定。其分析方法有单线法和双线法两种。

　　1）单线法

　　在同一取土点的同一深度处，至少以环刀切取 5 个试样。各试样均分别在天然湿度下分级加荷至不同的规定压力。下沉稳定后测定土样高度 h_p，再浸水至湿陷稳定为止。测试样高度 h_p'，绘制 $p—\delta_s$ 曲线。在 $p—\delta_s$ 曲线上取 $\delta_s = 0.015$ 所对应的压力作为湿陷起始压力 p_{sh}。

　　2）双线法

　　在同一取土点的同一深度处，以环刀切取 2 个试样。一个试样在天然湿度下分级加荷，另一个试样在天然湿度下加第一级荷重，下沉稳定后浸水，至湿陷稳定后再分级加荷。分别测定两个试样在级压力下、下沉稳定后的试样高度 h_p 和浸水下沉稳定后的试样高度 h_p'，绘制不浸水试样的 $p—h_p$ 曲线和浸水试样的 $p—h_p'$ 曲线，如图 5-2 所示。然后按公式（5-1）计算各级荷载下的湿陷系数 δ_s，并绘制 $p—\delta_s$ 曲线。p_{sh} 的确定方法与单线法相同。

　　加荷稳定标准是下沉量不大于 0.01mm/h，每级加荷增量为 25～50kPa 或 50～100kPa。

　　上述方法是针对室内压缩试验而言，与野外载荷试验方法相同，在此不再赘述。我国各地湿陷起始压力相差较大，而且大量试验结果表明，黄土的湿陷起始压力随土的密度、湿度、胶结物含量及土的埋藏深度等的增加而增加。

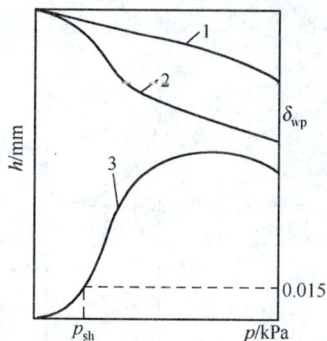

1—$p—h_p$ 曲线（不浸水）；2—$p—h_p'$ 曲线（浸水）；
3—$P—\delta_s$ 曲线

图 5-2　双线法压缩试验曲线

2．场地湿陷类别的判定

工程实践表明，自重湿陷性黄土无外荷作用时，浸水后也会迅速发生剧烈的湿陷，甚至一些很轻的建筑物也难免遭受其害。而对非自重湿陷性黄土地基则很少发生。对这两种湿陷性黄土地基，所采取的设计和施工措施应有所区别。因此，必须正确划分场地的湿陷类型。建筑物场地的湿陷类型，应按实测自重湿陷量或计算自重湿陷量 Δ_{zs} 来判定。实测自重湿陷量应根据现场试坑浸水试验确定。其结果可靠，但费水费时，且有时受各种条件限制而不易做到。计算自重湿陷量可按下式计算：

$$\Delta_{zs} = \beta_0 \sum_{i=1}^{n} \delta_{zsi} h_i \tag{5-2}$$

式中，δ_{zsi}——第 i 层土在上覆土的饱和（$S_r > 0.85$）自重应力作用下的湿陷系数；

h_i——第 i 层土的厚度，cm；

n——总计算土层内湿陷土层的数目。总计算厚度应从天然地面算起（当挖、填方厚度及面积较大时，自设计地面算起）至其下全部湿陷性黄土层的底面为止，但 $\delta_s < 0.015$ 的土层不计。

β_0——因土质地区而异的修正系数；陇西地区可取 1.5，陇东陕北地区取 1.2；对关中地区，当场地在湿陷性土层内，分布为全新世（Q_4）黄土和晚更新世（Q_3）黄土时，可取 1.1，分布是以中更新世（Q_2）为主时，可取 0.7；对山西、河南、河北及其他边缘黄土地区可取 0.5。

测定自重湿陷系数 δ_{zs} 的方法是：将环刀试样保持在天然湿度下，采用快速分级加荷，加至试样的上覆土的饱和自重压力；待下沉稳定后浸水，至湿陷稳定为止。稳定标准是：变形量不大于 0.01mm/h。

根据试验结果绘制 e—p 关系曲线，如图 5-3 所示。试验开始分级加荷，如图 5-3（a）中 ab 曲线所示。待试样在设计荷载 p_d 作用下压缩稳定后（b 点），保持 p_d 不变；加水浸湿，土样下陷并至稳定（c 点），如竖向直线所示。b、c 两点孔隙比的差值 $e_m = e_1 - e_2$，称为大孔隙系数。如再继续分级加荷，则土样的压缩变形曲线如图中 cd 曲线所示。p_{d1}，p_{d2}，p_{d3}······作用下浸水，测用同一地点相同深度取的几个试样，分别在不同荷载作用下得到各试样相应的大孔隙系数 e_{m1}、e_{m2}、e_{m3}······绘制 e—p 曲线，如图 5-3（b）所示。

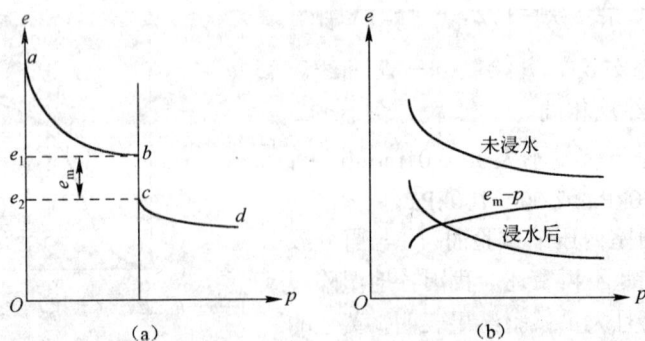

图 5-3　黄土湿陷试验 e—p 关系曲线

场地湿陷类别的判定根据自重湿陷量 Δ_{zs} 的数值来判定，当 $\Delta_{zs} \leqslant 7cm$ 时，应定为非自重湿陷性黄土场地；大于 7cm 时，应定为自重湿陷性黄土场地。

3．场地总湿陷量的计算及湿陷性等级的划分

湿陷性黄土地基的湿陷等级，应根据基底下各土层累计的总湿量的大小等因素按表 5-7 判定。总湿陷量可按下式计算：

$$\Delta_s = \sum_{i=1}^{n} \beta \delta_{si} h_i \tag{5-3}$$

式中，δ_{si}——第 i 层上的湿陷系数；

h_i——第 i 层土的厚度，cm；

β——考虑地基土的侧向挤出和浸水几率等因素的修正系数。

基底下 5m（或压缩层）深度内，β 可取 1.5；5m（或压缩层）深度以下，对非自重湿陷性黄土场地可不计算。

Δ_s 是湿陷性黄土地基在规定压力下充分浸水后可能发生的湿陷变形值。设计时应根据黄土地基的湿陷等级考虑相应的设计措施。相同情况下湿陷等级越高，设计措施要求也越高。湿陷性黄土地基的湿陷等级见表 5-7。

表 5-7　湿陷性黄土地基的湿陷等级

总湿陷量/cm　　计算自重湿陷量/cm　　湿陷类型	自重湿陷性场地		非自重湿陷性场地
	$7 < \Delta_{zs} \leqslant 35$	$\Delta_{zs} > 35$	$\Delta_s \leqslant 7$
$\Delta_s \leqslant 30$	I（轻微）	II（中等）	—
$30 < \Delta_s \leqslant 60$	II（中等）	II 或 III	III（严重）
$\Delta_s > 60$	—	III（严重）	IV（很严重）

注：① 当总湿陷量 $30cm < \Delta_s \leqslant 50cm$，计算自重湿陷量 $7cm < \Delta_{zs} \leqslant 30cm$ 时，可判定 II；

② 当总湿陷量 $\Delta_s \geqslant 50cm$，计算自重湿陷量 $\Delta_{zs} \geqslant 30cm$ 时，可判定 III。

【例 5-1】　陕北地区从建筑场地，工程地质勘察中探坑每隔 1m 取土样，测得各土样 δ_{zsi} 和 δ_{si}，见表 5-8。试确定该场地的湿陷类型和地基的湿陷等级。

表 5-8　例 5-1 土样 δ_{zsi} 和 δ_{si} 之值

取土深度/m	1	2	3	4	5	6	7	8	9	10
δ_{zsi}	0.002	0.014	0.020	0.013	0.026	0.056	0.045	0.014	0.001	0.020
δ_{si}	0.070	0.060	0.073	0.025	0.088	0.084	0.071	0.037	0.002	0.039
备注	δ_{zsi} 或 $\delta_{si} < 0.015$，属非湿陷性土层									

解：（1）场地湿陷类型判别。

计算自重湿陷量 Δ_{zs}，自天然地面算起至其下全部湿陷性黄土层面为止，陕北地区可取 $\beta_0 = 1.2$，由式（8-2），得：

$$\Delta_{zs} = \beta_0 \sum_{i=1}^{n} \delta_{zsi} h_i = 1.2 \times (0.020 + 0.026 + 0.056 + 0.020 + 0.045) \times 100$$
$$= 20.04(cm)$$

经计算得，$\Delta_{zs} = 20.04cm < 7cm$，故该场地应判定为自重湿陷性黄土场地。

（2）黄土地基湿陷等级判别。

计算黄土地从的总湿陷量 Δ_s，取 $\beta = \beta_0$，则：

$$\Delta_s = \sum_{i=1}^{n} \beta \delta_{si} h_i = 1.2 \times (0.070 + 0.060 + 0.025 + 0.088 + 0.084 + 0.071 + 0.037 + 0.039) \times 100$$
$$= 65.64(cm)$$

经计算得 $\Delta_{zs} = 65.64cm < 60cm$，因此该湿陷性黄土地基的湿陷性等级可判定为Ⅲ级（严重）。

5.3.4 湿陷性黄土地基计算

1. 湿陷性黄土地基承载力计算

1）地基承载力基本值 f_0 的确定

对于晚更新世、全更新世湿陷性黄土和新近堆积黄土地基上的各类建筑，饱和黄土地基上的乙、丙类建筑，可根据土的物理、力学性质指标的平均值或建议值，按表 5-9～表 5-13 来确定；对于饱和黄土地基上的甲类建筑和乙类建筑中 10 层以上的高层建筑，宜采用静荷载试验来确定，或按上述各表结合理论公式计算综合确定；对于丁类建筑，可根据邻近建筑的经验确定。

表 5-9 晚更新世、全新世湿陷性黄土承载力 f_0 单位：kPa

w_L ＼ w /%	≤13	16	19	22	25
22	180	170	150	130	110
25	190	180	160	140	120
28	210	190	170	150	130
31	230	210	190	170	150
34	250	230	210	190	170
37		250	230	210	190

注：对于天然含水率小于塑限含水率的土，可按塑限含水率确定土的承载力。

表 5-10 新近堆积黄土承载力 f_0

静力触探比贯入阻力 P_a/MPa	0.3	0.7	1.1	1.5	1.9	2.3	2.8	3.3
f_0 /kPa	55	75	92	108	124	140	161	182

注：本表为确定河谷低阶地的新近堆积黄土的承载力。

表 5-11 饱和黄土承载力 f_0 单位：kPa

a_{1-2}/MPa \ w/w_L	0.8	0.9	1.0	1.1	1.2
0.1	186	180			
0.2	175	170	165		
0.3	160	155	150	145	
0.4	145	140	135	130	125
0.5	130	125	120	115	110
0.6	118	115	110	105	100
0.7	106	100	95	90	85
0.8		90	85	80	75
0.9			75	70	65
1.0					55

注：当土的饱和度在 70%～80% 时，亦可按此表查取承载力。

表 5-12 新近堆积黄土承载力 f_0 单位：kPa

a_{1-2}/MPa \ w/w_L	0.4	0.5	0.6	0.7	0.8	0.8
0.2	148	143	138	133	128	123
0.4	136	132	126	122	116	112
0.6	125	120	115	110	105	100
0.8	115	110	105	100	95	90
1.0		100	95	90	85	80
1.2			85	80	75	70
1.4				70	65	60

注：压缩系数可取 50～100kPa 或 100～200kPa 压力下的大值。

表 5-13 新近堆积黄土承载力 f_0

轻便触探捶击数	7	11	15	19	23	27
f_0/kPa	80	90	100	110	120	135

静荷载试验方法来确定承载力采用黄土载荷试验特征曲线，如图 5-4 所示。地基的沉降随着荷载的增大而增大，在出现比例极限 p_0 点后，曲线的陡率随荷载的增大而增加。当地基达到极限状态时，曲线的陡率发生激增，这时载荷板的荷载 p_j 就称为极限荷载。在工程实践中，载荷试验不易求得 p_j 值，因此常采用沉降与载荷板的宽度 b 或圆形板的直径 d 的比值作为控制标准。对于一般湿陷性黄土，将 s/b（s/d）= 0.02 所对应的压力作为承载力基本值；对于新近堆积的黄土和饱和黄土，将 s/b（s/d）= 0.01～0.015 时所对应的压力作为承载力基本值。

2）地基承载力特征值 f_{ak}

地基承载力特征值应按下列式计算：

$$f_{ak} = \psi_f f_0 \qquad (5\text{-}4)$$

式中，ψ_f——回归修正系数，对湿陷性黄土地基上的各类建筑与饱和黄土地基上的一般建筑，ψ_f 宜取 1；对饱和黄土地基上的甲类建筑与乙类中的重要建筑，ψ_f 应按相关公式计算来确定。

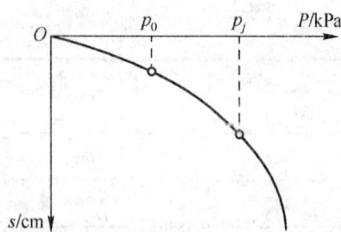

3）地基承载力设计值 f_a

地基承载力设计值应按下面公式计算：

$$f_a = f_{ak} + \eta_b \gamma (b-3) + \eta_d \gamma_m (d-1.5) \qquad (5\text{-}5)$$

式中，f_a——地基承载力经基础宽度和基础埋深修正后的设计值，kPa；

f_{ak}——基地承载力标准值，kPa；

η_b、η_d——基础宽度和埋置深度的地基承载力修正系数，可按基底以下土的类别来取值，见表 5-14；

γ——基底以下土的重度，地下水位以下取有效重度，kN/m³；

γ_m——基础底面以上土的加权平均重度，地下水位以下取有效重度，kN/m³；

b——基础底面宽度，m，当基地宽度小于 3m 时按 3m 计，大于 6m 时按 6m 计；

d——基础埋置深度，m，当基础埋深小于 1.5m 时，按 1.5m 计。

表 5-14　基础的宽度和埋置深度的承载力修正系数

基础土类别	有关物理指标	修正系数	
		η_b	η_d
晚更新世、全新世	$w \leqslant 24\%$	0.2	1.25
湿陷性黄土	$w > 24\%$	0	1.10
饱和黄土	$e < 0.85$, $I_L < 0.85$	0.2	1.25
	$e > 0.85$, $I_L > 0.85$	0	1.10
	$e \geqslant 1.0$, $I_L \geqslant 1.0$	0	1.00
新近堆积黄土		0	1.00

2. 湿陷性黄土地基沉降计算

对于新近堆积的黄土，沉降计算的方法及建筑物的容许变性值按《建筑地基基础设计规范》（GB 50007—2011）中的规定进行。

湿陷性黄土地基的沉降量包括压缩变形和湿陷变形两部分，按下式计算：

$$s = s_h + s_w \qquad (5\text{-}6)$$

$$s_h = \psi_s \sum_{i=1}^{n} \frac{p_0}{E_{si}} (z_i \bar{a}_i - z_{i-1} \bar{a}_{i-1}) \qquad (5\text{-}7)$$

$$s_w = \sum_{i=1}^{n} \frac{e_{mi}}{1 + e_{1i}} h_i \qquad (5\text{-}8)$$

图 5-4　黄土地基载荷试验曲线

式中，s——黄土地基总沉降量；

　　s_h——天然含水率的黄土未浸水的沉降量；

　　s_w——黄土浸水后的湿陷变形量；

　　p_0——对应于荷载标准值时的基础底面处的附加压力，kPa；

　　E_{si}——基础底面下，第 i 层土的压缩模量，按实际压力范围取值，kPa；

　　z_i、z_{i-1}——基础底面至第 i 层土，第 i-1 层土底面的距离，m；

　　$\bar{a}_i$、$\bar{a}_{i-1}$——基础底面计算点至第 i 层土、第 i-1 层土底面范围内平均附加应力系数；

　　e_{mi}——在相应的附加压力作用下，第 i 层土样浸水前后孔隙比的变化，即第 i 层土样的大孔隙系数；

　　e_{1i}——第 i 层土样浸水前的孔隙比；

　　h_i——第 i 层黄土的厚度，mm；

　　ψ_s——沉降计算经验修正系数，应根据湿陷性黄土地区的特点选用，见表 5-15。表中的计算深度范围内上的压缩量的当量值（即为加权平均值）E_s 可按下式计算：

$$\bar{E}_s = \sum A_i / \sum (A_i / E_{si}) \tag{5-9}$$

式中，A_i——第 i 层土附加力面积；

　　E_{si}——第 i 层土的压缩模量。

表 5-15　沉降计算经验修正系数

E_s/MPa	3.0	5.0	7.5	10.0	12.5	15.0	17.5	20.0
ψ_s	1.80	1.22	0.82	0.62	0.50	0.40	0.35	0.30

5.3.5　黄土地基的勘察和处理

1. 黄土地基的勘察

湿陷性黄土地区的地基勘察除满足一般勘察要求外，还需针对湿陷性黄土的特点进行如下勘察工作。

（1）应着重查明地层时代、成因、湿陷性土层的厚度、土的物理力学性质（包括湿陷起始压力），湿陷系数随深度的变化、地下水位变化幅度和其他工程地质条件，以及划分湿陷类型和湿陷等级，确定湿陷性、非湿陷性土层在平面与深度上的界限。

（2）划分不同的地貌单元，查明湿陷洼地、黄土溶洞、滑坡、崩塌、冲沟和泥石等不良地质现象的分布地段、规模和发展趋势及其对建设的影响。

（3）了解场地内有无地下坑穴，如古墓、古井、坑、穴、地道、砂井和砂巷等；研究地形的起伏和地面水的积累及排泄条件；调查洪水淹没范围及其发生时间，地下水位的深度及其季节性变化情况，地表水体和灌溉情况等。

（4）调查邻近已有建筑物的现状及其开裂与损坏情况。

（5）采取原状土样，必须保持其天然湿度、密度和结构（Ⅰ级土试样），探井中取样竖向间距一般为 1m，土样直径不宜小于 12cm。钻孔中取样时，必须注意钻进工艺。取土勘探点中应有一定数量的探井。在Ⅲ、Ⅳ级自重湿陷性黄土场地上，探井数量不得少于取土勘探点

的 $\frac{1}{3} \sim \frac{1}{2}$。并且场地内应有一定数量的取土勘探点穿透湿陷性黄土层。

在进行黄土地基的勘察后，如湿陷性黄土地基的压缩变形、湿陷变形或强度不能满足设计要求时，应针对不同的土质条件和建筑物的类别，采取相应的措施。建筑物的类别根据其重要性、地基受水浸湿可能性的大小和在使用上对不均匀沉降限制的严格程度，可分为甲、乙、丙、丁四类，具体如下。

（1）甲类建筑：高度大于 40m 的高层建筑；高度大于 50m 的构筑物；高度大于 100m 的高耸结构；结构重要的建筑；地基受水浸湿可能性大的重要建筑；对不均匀沉降有严格限制的建筑。

（2）乙类建筑：高度在 24～40m 的高层建筑；高度在 30～50m 的构筑物；高度在 50～100m 的高耸结构；地基受水浸湿可能性较大或可能小的重要建筑；地基受水浸湿可能性大的一般建筑。

（3）丙类建筑：除乙类以外的一般建筑和构筑物。多层住宅楼、办公楼、教学楼；高度不超过 50m 的烟囱；跨度小于 24m 的吊车额定起重量大于 30t 的机加工车间；食堂，县、区影剧院，理化试验室。

（4）丁类建筑：1～2 层的简易住宅、简易办公房屋；小型机加工车间；小型工具、机修车间；小型库房等次要建筑。

2. 黄土地基的处理

湿陷性黄土地基的设计和施工应满足承载力、湿陷变形、压缩变形及稳定性要求，并针对黄土地基湿陷性特点和工程要求，除了必须遵守一般的设计和施工原则外，还应针对湿陷性的特点因地制宜采用适当的工程措施防止地基湿陷以确保建筑物安全和正常使用，一般包括以下三个方面。

1）地基处理

地基处理的目的在于破坏湿陷性黄土的大孔结构，以便全部或者部分消除地基的湿陷性，从根本上避免或削弱湿陷现象的发生。常用的湿陷性黄土地基处理方法见表 5-16。

表 5-16　常用的湿陷性黄土地基处理方法

处理方法		适 用 范 围	一般可处理（或穿透）基底下的湿陷性土层厚度/m
垫层法		地下水位以上，局部或整片处理	1～3
夯实法	强夯	饱和度小于 60% 的湿陷性黄土，局部或整片处理	3～6
	重夯		1～2
挤密法		地下水位以上，局部或整片处理	5～15
桩基础		基础荷载大，有可靠的持力层	≤30
预浸水法		湿陷程度很严重的自重湿陷性黄土	可消除地面下 6m 以下全部土层的湿陷性，上部尚应采用垫层法处理
单液硅化或碱液加固法		一般用于加固地下水位以上的已有建筑物地基	≤10 单液硅化加固的最大深度可达 20m

注：在雨季、冬季选择垫层法、夯实法和挤密法处理地基时，施工期间应采取防雨、防冻措施。并应防止地面水流入已处理和未处理的坑基和坑槽内。

估算非自重湿陷性黄土地基的单桩承载力时，桩端阻力和桩侧摩阻力均应按饱和状态下的土性指标确定。计算自重湿陷性黄土地基的单桩承载力时，不计湿陷性土层范围内桩侧摩阻力，并应扣除桩侧负摩阻力。桩侧负摩阻力的计算深度，应自桩基承台底面算起至湿陷性土层顶面为止。

2）防水措施

防水措施的目的是消除黄土发生湿陷变形的外因。要求做好建筑物在施工及长期使用期间的防水、排水工作，防止地基土受水浸湿。其基本防水措施包括以下三方面内容。

（1）场地防水措施。尽量选择具有排水畅通或利于场地排水的地形条件，避开受洪水或水库等可能引起地下水位上升的地段，确保管道和贮水构筑物不漏水，场地内应设排水沟等。

（2）单体建筑物的防水措施。建筑物周围必须设置具有一定宽度的混凝土散水，以便排泄屋面水，确保建筑物地面严密不漏水。室内的给水、排水管道应尽量明装，室外管道布置应尽量远离建筑物，检漏管沟应做好防水处理。

（3）施工阶段的防水措施。施工现场应平整，做好临时性防洪、排水措施。大型基坑开挖时应防止地面水流入，坑底应保持一定坡度便于集水和排水。尽量缩短基坑暴露时间。

3）结构措施

从地基基础和上部结构相互作用的概念出发，在建筑结构设计中采取适当措施，以减小建筑物的不均匀沉降或使结构能适应地基的湿陷变形。如选取适宜的结构体系和基础形式，加强建筑物的整体性和空间刚度，加强砌体和构件的刚度，预留沉降净空等。在湿陷性黄土地基的设计中，应根据建筑物的类别和场地湿陷类型，结合当地的建筑经验、施工与维护管理条件综合确定。

4）施工措施及使用维护

湿陷性黄土地基的建筑物施工，应根据地基土的特性和设计要求合理安排施工程序，防止施工用水和场地雨水流入建筑物地基引起湿陷。在使用期间，对建筑物和管道应经常进行维护和检修，确保防水措施的有效发挥，防止地基浸水湿陷。

在上述措施中，地基处理是主要的工程措施。采用防水、结构措施，应根据地基处理的程度不同而有所差别。若通过地基处理消除了全部地基土的湿陷性，就不必再考虑其他措施；若只是消除地基主要部分湿陷量，则设计还应辅以防水和结构措施。而且对于各类建筑进行地基处理时应有具体的要求。

（1）甲类建筑。

对于甲类建筑进行地基处理时，应穿透全部湿陷土层，或消除地基的全部湿陷量，处理厚度要求如下。

① 非自重湿陷性黄土场地，应对基础下湿陷起始压力小于附加压力与上覆土的饱和自重压力之和的所有土层进行处理，或处理至基础下的压缩层下限为止。

② 在自重湿陷性黄土场地，应处理基础以下的全部湿陷性土层。

（2）乙类建筑。

对乙类建筑进行地基处理时，应消除地基部分湿陷量。其最小处理厚度如下。

① 非自重湿陷性黄土场地，不应小于压缩层厚度的 2/3。

② 自重湿陷性黄土场地，不应小于湿陷性土层厚度的 2/3，并应控制未处理土层的湿陷量不大于 20cm。

③ 如地基的宽度大或湿陷性土层的厚度大，处理 2/3 压缩层或 2/3 湿陷性土层确实有困难时，在建筑物范围内应采用整片处理。处理厚度：前者不小于 4m，后者不小于 6m。

（3）丙类建筑。

对丙类建筑进行地基处理时，应消除地基的部分湿陷量。其最小处理厚度，可按表 5-17 查取选用。

（4）丁类建筑。

对于丁类建筑的地基一律不处理。

表 5-17　消除地基部分湿陷量的最小处理厚度

地基湿陷等级	湿 陷 类 型	
	非自重湿陷性场地	自重湿陷性场地
II	2.0	2.0
III	—	3.0
IV	—	4.0

5.4　膨胀土地基

5.4.1　膨胀土的分布及其特征

膨胀土是颗粒高分散，成分主要由强亲水性的蒙脱石和伊利石矿物（黏土矿物）组成，对环境的湿热变化敏感，同时具有显著的吸水膨胀和失水收缩两种变形性能的黏性土。一般的，其强度较高，压缩性低，易被误认为是建筑性能较好的地基土。通常，任何黏性土都具有膨胀和收缩特性，但胀缩量不大，对工程无太多影响；而膨胀土的膨胀—收缩—再膨胀的周期性变化特征非常显著，常给工程带来很大的危害。我国先后已有 20 多个省区发现有膨胀土，它常给人类的工程活动带来危害，是崩塌、滑坡、泥石流等地质灾害的根源。据估计，全世界每年因膨胀土造成的经济损失大约 50 亿美元以上。因此需将其与一般黏性土区别，作为特殊土处理。膨胀土亦可称为胀缩性土。

膨胀土的物理力学性能如下。

（1）天然含水率接近塑限，为 20%～30%，一般饱和度 s_r >0.85。

（2）天然孔隙比 e 中等偏小，为 0.5～0.8；

（3）d <0.005mm 的黏粒含量占比为 24%～40%；

（4）液限 w_L 为 38%～55%；塑限 w_p 为 20%～35%；塑性指数 I_P 为 18～35，为黏土，多数在 22～35 之间。

（5）自由膨胀率 δ_{ef} 为 40%～58%，最高可大于 70%，膨胀率 δ_{ep} 为 1%～4%，膨胀压力 p_e 为 10～110kPa。

（6）缩限 w_s 为 11%～18%，红黏土类型的膨胀土 w_p 偏大。

（7）抗剪强度指标 c、ϕ 值，浸水前后相差较大，尤其 c 值可差数倍。

膨胀土多数分布在我国湖北、广西、云南、贵州、河北、山东、陕西、江苏、四川、安徽、河南等地。在国外，美国 50 个州中有膨胀土的占 40 个州。此外，在印度、澳大利亚、南美洲、非洲、中东和南亚地区也有不同程度的分布。我国膨胀土除少数形成于全新世（Q_4）外，其地质年代多属第四纪晚更新世（Q_3）或更早一些，具有黄、红、灰白等色，常呈斑状，并含有铁锰质或钙质结核，具有如下一些工程特征。

（1）多出露于二级及二级以上的河谷阶地、山前和盆地边缘及丘陵地带。地形坡度平缓，一般坡度小于 12 度，无明显的天然陡坎。膨胀土在结构上多呈现坚硬—硬塑状态，结构致密、呈棱形土块者常具有胀缩性，且棱形土块越小，胀缩性越强。

（2）裂隙发育是膨胀土的一个重要特征，常见光滑面或擦痕。裂隙有竖向、斜交和水平三种。裂隙间常充填灰绿、灰白色黏土。竖向裂隙常出露地表，裂隙宽度随深度的增加而逐渐歼灭；斜交剪切缝隙越发育，胀缩性越严重。此外，膨胀土地区旱季常出现地裂，上宽下窄，长可达数十米至百米，深数米，壁面陡立而粗糙，雨季则闭合。

（3）膨胀土的粘粒含量一般很高，粒径小于 0.002mm 的胶体颗粒含量一般超过 20%。液限大于 40%，塑性指数大于 17，且多在 22~35 之间。自由膨胀率一般超过 40%（红黏土除外）。其天然含水率接近或略小于塑限，液性指数常小于零，压缩性小，多属低压缩性土。

（4）膨胀土的含水率变化易产生胀缩变形。初始含水率与胀后含水率越接近，土的膨胀就越小，收缩的可能性和收缩值就越大。膨胀土地区多为上层滞水或裂隙水，水位随季节性变化，常引起地基的不均匀胀缩变形。

5.4.2 膨胀土的成因及影响膨胀土变形的因素

膨胀土的成因环境主要是温和湿润且具备化学风化的良好条件，在这种环境条件下，以硅酸盐为主的矿物不断分解，钙被大量淋失，钾离子被次生矿物吸收形成伊利石和以伊利石—蒙脱石混合物为主的黏性土。土中蒙脱石含量越多，其膨胀量和膨胀力越大。

膨胀土的胀缩变形特性主要取决于膨胀土的矿物成分与含量、微观结构等内在机制（内因），但同时受到气候、地形地貌等外部环境（外因）的影响。

1. 影响膨胀土胀缩变形的内因

1）矿物成分

膨胀土中黏土矿物主要是蒙脱石和伊利石。蒙脱石矿物亲水性强，具有既易吸水又易失水的强烈活动性。伊利石亲水性比蒙脱石低，但也有较高的活动性。两种矿物含量的大小直接决定了土的膨胀性大小。此外，蒙脱石矿物吸附外来阳离子的类型对土的胀缩性也有影响，如吸附钠离子（钠蒙脱石）时就具有特别强烈的胀缩性。

2）微观结构

膨胀土中黏土矿物多呈晶状片，颗粒彼此叠聚成一种微集聚体结构单元，其微观结构为颗粒彼此面—面叠聚形成的分散结构，该结构具有很大的吸水膨胀和失水收缩的能力。因此膨胀土的胀缩性还取决于其矿物在空间分布上的结构特征。

3）粘粒含量

由于黏土颗粒细小，比面积大，因而具有很大的表面能，对水分子和水中阳离子的吸附能力强。因此土中黏粒含量（粒径小于 $2\mu m$）越高，则土的胀缩性越强。

4）干密度

土的胀缩表现于土的体积变化。土的密度越大，则孔隙比越小，浸水膨胀越强烈，失水收缩越小；反之，孔隙比越大，浸水膨胀越小，失水收缩越大。

5）初始含水率

土的初始含水率与胀后含水率的差值影响土的胀缩变形，初始含水率与胀后含水率相差越大，则遇水后土的膨胀越小，失水后土的收缩越小。

6）土的结构强度

结构强度越大，土体限制胀缩变形的能力也越大。当土的结构受到破坏以后，土的胀缩性随之增强。

2. 影响膨胀土胀缩变形的外因

1）气候条件

一般膨胀土分布地区降雨量集中，旱季较长。若建筑场地潜水位较低，则表层膨胀土受大气影响，土中水分处于剧烈变动之中，对室外土层影响较大，故基础室内外土的胀缩变形存在明显差异，甚至外缩内胀，使建筑物受到往复不均匀变形的影响，导致建筑物开裂。实测资料表明，季节性气候变化对地基土中水分的影响随深度的增加而递减。

2）地形地貌

高地临空面大，地基中水分蒸发条件好，故含水率变化幅度大，地基土的胀缩变形也较剧烈。因此一般低地的膨胀土地基较高地的同类地基的胀缩变形又要小得多。

3）日照环境

日照的时间与强度也不可忽视。通常房屋向阳面开裂较多，背阳面（即北面）开裂较少。此外，建筑物周围树木（尤其是不落叶的阔叶林）对胀缩变形也将造成不利影响（树根吸水，减少土中含水率），加剧地基的干缩变形；建筑物内外的局部水源补给，也会增加胀缩变形的差异。

5.4.3　膨胀土的危害

膨胀土的抗剪强度为典型的变动强度，具有峰值强度极高而残余强度极低的特性。由于膨胀土的超固结性，初期强度极高，现场开挖很困难，然而随着胀缩效应和风化作用时间的增加，其抗剪强度又大幅度衰减。在风化带以内，湿胀干缩效应显著，经过多次湿胀干缩循环后，黏聚力大幅度下降。

由于膨胀土具有显著的吸水膨胀和失水收缩的变形特性，使建造在其上的构筑物随季节性气候的变化而反复不断地产生不均匀的升降，致使房屋开裂、倾斜，公路发生破坏，堤岸、路堑产生滑坡，涵洞、桥梁等刚性结构物产生不均匀沉降等，造成巨大损失。主要表现在如下几方面。

（1）建筑物的开裂破坏具有地区性成群出现的特点，建筑物裂缝随气候变化不停地张开和闭合。对于低层建筑，由于低层轻型、砖混结构重量轻、整体性较差，且基础埋置浅，地基土易受外界环境变化的影响而产生胀缩变形，其损坏最为严重。

（2）因建筑物在垂直和水平方向受弯扭，故转角处首先开裂，墙上常出现对称或不对称的八字形、X 形交叉裂缝，外纵墙基础因受到地基膨胀过程中产生的竖向切力和侧向水平推力作用而产生水平裂缝，如图 5-5 所示，室内地坪和楼板则发生纵向隆起开裂。

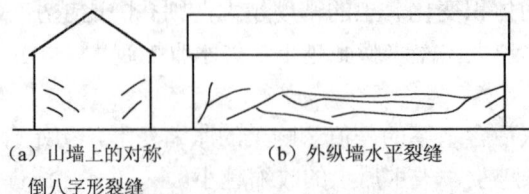

（a）山墙上的对称　　　　（b）外纵墙水平裂缝
倒八字形裂缝

图 5-5　膨胀土地基上房屋墙面裂缝

（3）膨胀土地区边坡不稳定，易产生水平滑坡，引起房屋和构筑物开裂，且损坏，比平地上更为严重。

（4）对于道路交通工程也有影响，膨胀土地区的道路，由于路幅内土基含水率的不均匀变化，从而引起不均匀收缩，并产生很大幅度的横向波浪形变形。雨季路面渗水，路基受水浸软化，在行车荷载下形成泥浆，并沿着路面的缝隙溅泥冒浆。

5.4.4 膨胀土的工程特性与地基计算

1. 膨胀土的胀缩性指标

为判别及评价膨胀土的胀缩性，除一般物理力学指标外，尚应确定如下胀缩性指标。

1）自由膨胀率

自由膨胀率表示膨胀土在无结构力影响下和无压力作用下的膨胀特性，可反映土的矿物成分及含量，用于初步判定是否为膨胀土。其测定方法是将人工制备的磨细烘干土样（结构内部无约束力），经无颈漏斗注入量土杯（容积 10 ml）内，盛满刮平后，倒入盛有蒸馏水的量筒（容积 50 ml）内，加入凝聚剂并用搅拌器上下均匀搅拌 10 次，使土样充分吸水膨胀，不稳定后测其体积。则在水中增加的体积与原体积之比即为自由膨胀率，可按下式计算：

$$\delta_{ef} = \frac{V_w - V_0}{V_0} \tag{5-10}$$

式中，V_w——土样在水中膨胀稳定后的体积，ml；

V_0——干土样原有体积，ml。

2）膨胀率

膨胀率 δ_{ep} 可用于评价地基的胀缩等级，并计算膨胀土地基的变形量及测定膨胀力。膨胀率是指原状土样在一定压力下，处于侧限条件下浸水膨胀后，土样增加的高度与原高度之比。试验时，将原状土置于侧限压缩仪中，根据工程需要确定最大压力，并逐级加荷至最大压力。待下沉稳定后，浸水使其膨胀并测读膨胀稳定值。然后逐级卸荷至零，测定各级压力下膨胀稳定时的土样高度变化值。膨胀率 δ_{ep} 的计算公式为：

$$\delta_{ep} = \frac{h_w - h_0}{h_0} \tag{5-11}$$

式中，h_w——侧限条件下土样浸水膨胀稳定后的高度，mm；

h_0——土样的原始高度，mm。

3）线缩率和收缩系数

膨胀土失水收缩，其收缩性可用线缩率和收缩系数表示。它们是地基变形计算中的两项主要指标。线缩率是指土的竖向收缩变形与原状土样高度之比。试验时将土样从环刀中推出后，置于 20℃恒温或 15～40℃自然条件下干缩，按规定时间测读试样高度，并同时测定其含水率 ω。土的线缩率的计算公式为：

$$\delta_s(\%) = \frac{h_0 - h_i}{h_0} \times 100 \tag{5-12}$$

式中，h_i——某含水率 ω_i 时的土样高度，mm；

h_0——土样的原始高度，mm。

根据不同时刻的线缩率及相应的含水率可绘制出收缩曲线，如图 5-6 所示。可以看出，随着含水率的蒸发，土样高度逐渐减小，δ_s 增大。原状土样在直线收缩阶段中含水率降低 1% 时的竖向线缩率的改变即为收缩系数：

$$\lambda_s = \frac{\Delta\delta_s}{\Delta\omega} \tag{5-13}$$

式中，$\Delta\omega$——收缩过程中，直线变化内两点含水率之差，%；

　　　$\Delta\delta_s$——两点含水率之差对应的竖向线缩率之差，%。

4）膨胀力

原状土样在体积不变时，由于浸水产生的最大内应力称为膨胀力 p_e。若以试验结果中各级压力下的膨胀率 δ_{ep} 为纵坐标，压力 p 为横坐标，可得 $p-\delta_{ep}$ 关系曲线，如图 5-7 所示，该曲线与横坐际的交点即为膨胀力 p_e。

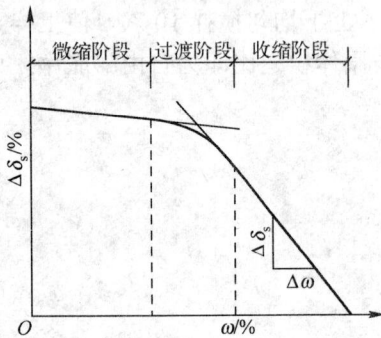

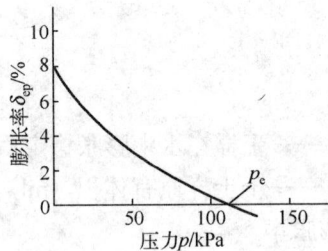

图 5-6　收缩曲线　　　　图 5-7　$p-\delta_{ep}$ 关系曲线图

在选择基础形式及基底压力时，膨胀力是一个很有用的指标，若需减小膨胀力变形，则应使基底压力接近 p_e。

2. 膨胀土地基变形计算

膨胀土地基变形计算包括地基土的膨胀变形量 s_e、收缩变形量 s_s 和胀缩变形量的计算等，具体计算方法如下。

（1）膨胀土地基的膨胀变形量为：

$$s_e = \psi_e \sum_{i=1}^{n} \delta_{epi} h_i \tag{5-14}$$

式中，ψ_e——计算膨胀变形量的经验系数，宜根据当地经验确定，若无可依据经验时，三层及三层以下建筑物，可取 0.6；

　　　δ_{epi}——基础底面下第 i 层土在压力 p_i（该层土平均自重应力与附加应力之和）作用下的膨胀率，由室内试验确定；

　　　h_i——第 i 层土的计算厚度，mm，一般为基底宽度的 0.4 倍；

　　　n——自基底至计算深度内所划分的土层数，如图 5-8 所示，计算深度可取大气影响深度，有浸水可能时，可按浸水影响深度 s 确定。

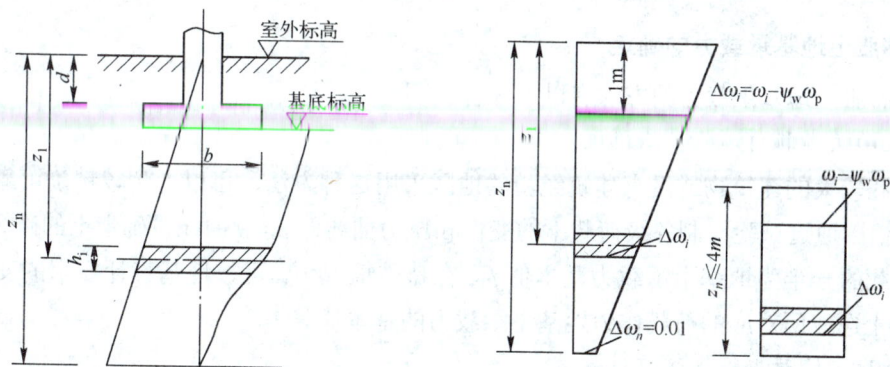

图 5-8 地基土变形计算简图

（2）地基土的收缩变形量为：

$$s_s = \psi_s \sum_{i=1}^{n} \lambda_{si} \Delta w_i h_i \qquad (5\text{-}15)$$

式中，ψ_s——计算收缩变形量的经验系数，宜根据当地经验确定，若无可经验依据时，二层及三层以下建筑物，可取 0.8；

λ_{si}——第 i 层土的垂直收缩系数，由室内试验确定；

Δw_i——地基土收缩过程中，第 i 层土可能发生的含水率变化的平均值；

n——自基底至计算深度内所划分的土层数，计算深度可取大气影响深度，应由各地区土的深层变形观测或含水率观测及地温观测资料确定。

（3）地基土的胀缩变形量为：

$$s = \psi \sum_{i=1}^{n} (\delta_{epi} + \lambda_{si} \Delta w_i) h_i \qquad (5\text{-}16)$$

式中，ψ——计算胀缩变形量的经验系数，一般取 0.7。

地基土的计算变形量应符合下面要求：

$$s_j \leqslant [s_j] \qquad (5\text{-}17)$$

式中，s_j——天然地基或人工地基及采用其他处理措施后的地基变形量计算值，mm；

$[s_j]$——建筑物的膨胀土地基容许变形值，mm，见表 5-18。

表 5-18   建筑物的膨胀土地基容许变形值

结 构 类 型	地基相对变形		地基变形量 /mm
	种类	数值	
砖混结构	局部倾斜	0.001	15
房屋有三到四个开间及四角有构造柱或配筋砖混承重结构	局部倾斜	0.001 5	30
工业与民用建筑相邻柱基：			
（1）框架结构无填充墙时	变形差	0.001 l	30
（2）框架结构有填充墙时	变形差	0.000 5 l	20
（3）当基础不均匀沉降时	变形差	0.003 l	40

注：l 为相邻柱基的中心距离，m。

3. 膨胀土地基承载力的确定

确定膨胀土地基承载力的方法有以下 3 种。

1）现场浸水载荷试验方法确定

对荷载较大的建筑物或没有建筑经验的地区采用这种方法，可以得到较精确可靠的地基承载力数值。通过试验绘制各级荷载下的变性和压力曲线即 p—s 曲线，确定土的破坏荷载，取破坏荷载的一半为地基土承载力基本值 f_0。在特殊情况下，可按地基设计要求的变形值在 p—s 曲线上选取所对应的荷载作为地基土承载力的基本值。

2）根据土的抗剪强度指标计算

采用饱和三轴不排水快剪试验确定土的抗剪强度指标，并利用公式来计算地基承载力设计值。

3）经验法

某些地区已有大量的试验资料，制定了承载力表，可供一般工程采用。如无资料，可按表 5-19 来确定。

表 5-19   膨胀土地基承载力基本值 f_0 单位：kPa

$a_w = \dfrac{w}{w_L}$ \ 孔隙比 e	0.6	0.9	1.1	备　　注
$a_w < 0.5$	350	280	200	此表适用于基坑开挖时土的含水率等于或小于勘察取土试验时土的天然含水率
$0.5 \leq a_w < 0.6$	300	220	170	
$0.6 \leq a_w \leq 0.7$	250	200	150	

5.4.5 膨胀土地基的评价

1. 膨胀土的判别

膨胀土的判别是解决膨胀土地基勘察、设计的首要问题。它主要依据工程地质特征与自由膨胀率 δ_{ef}。凡 $\delta_{ef} \geq 40\%$，且具有下述工程特征的场地判定为膨胀土。

① 分布在 II 级以上河谷阶地、丘陵地区及山前缓坡地带，无明显自然陡坡。

② 裂纹发育，常有光滑面和擦痕，有的裂隙中充填着灰白，灰绿色黏土，在自然条件下呈坚硬或硬塑状态。

③ 常见浅层塑性滑坡、地裂，新开挖坑（槽）壁易发生坍塌等。

④ 建筑物裂缝随气候变化而张开和闭合。

2. 膨胀土的膨胀潜势

不同胀缩性能的膨胀土对建筑物的危害程度明显不同。故判定为膨胀土后，还应进一步确定膨胀土的胀缩性能，即胀缩强弱。δ_{ef} 较小的膨胀土，膨胀潜势较弱，建筑物损坏轻微；δ_{ef} 较大的膨胀土，膨胀潜势较强，建筑物损坏严重。按 δ_{ef} 的大小划分土的膨胀潜势强弱，以判别土的胀缩性高低，见表 5-20。

表 5-20 膨胀土的膨胀潜势分类

自由膨胀率 δ_{ef}	膨胀潜势
$40 < \delta_{ef} < 65$	弱
$65 \leqslant \delta_{ef} < 90$	中
$\delta_{ef} \geqslant 90$	强

3．膨胀土地基的胀缩等级

根据膨胀土地基的膨胀、收缩变形对低层砖混房屋的影响程度，膨胀土地基的膨胀等级可分为三级，见表 5-21。

表 5-21 膨胀土地基的胀缩等级

地基分级变形量 s_e	级 别	破 坏 程 度
$15 \leqslant s_e < 35$	I	轻微
$35 \leqslant s_e < 70$	II	中等
$s_e \geqslant 70$	III	严重

注：计算分级变形量时，膨胀率的压力取 50kPa。

4．膨胀土的建筑场地

根据地形地貌条件，膨胀土的建筑场地可分为以下两类。

（1）平坦场地：地形坡度 i 在 5°以内，或地形坡度 i 在 5°～14°之间，具坡尖水平距离大于 10m 的坡顶地带。

（2）坡地场地：地形坡度 $i \geqslant 5°$，或地形坡度虽然 $i < 5°$，但是在同一建筑物范围内局部地形高差大于 1m。

5.4.6 膨胀土地基的勘察与工程措施

1．膨胀土地基的勘察

膨胀土地基勘察除满足一般勘察要求外，还应着重进行如下工作：

- 收集当地多年的气象资料（降水量、气温、蒸发量、地温等），了解其变化特点；
- 查明膨胀土的成因，划分地貌单元，了解地形形态及有无不良地质现象；
- 调查地表水排泄积累情况及地下水的类型、埋藏条件、水位和变化幅度；
- 测定土的物理力学性质指标，进行收缩试验、膨胀力试验和膨胀率试验，确定膨胀土地基的胀缩等级；
- 调查植被等周围环境对建筑物的影响，分析当地建筑物损坏原因。

2．膨胀土地基的工程措施

膨胀土地基的工程建设，应根据当地气候条件、地基胀缩等级、场地工程地质和水文地质条件，结合当地建筑施工经验，因地制宜采取综合措施，一般可从以下几方面考虑。

1）建筑规划措施

选择场地时应避开地质条件不良地段，如浅层滑坡、地裂发育、地下水位剧烈等地段。尽量布置在地形条件比较简单、地质较均匀、胀缩性较弱的场地。坡地建筑应避免大开挖，依山就势布置，同时应利用和保护天然排水系统，并设置必要的排洪、借流和导流等排水措施，加强隔水、排水，防止局部浸水和渗漏现象。

建筑上力求体型简单，建筑物不宜过长，在地基土不均匀、建筑平面转折、高差较大及建筑结构类型不同处，应设置沉降缝。一般的坪可采用预制块铺砌，块体间嵌柔性材料，大面积地面做分格变形缝；对有特殊要求的地坪可采用地面配筋或地面架空等措施，尽量与墙体脱开。民用建筑层数宜多于 2 层，以加大基底压力，防止膨胀变形。并应合理确定建筑物与周围树木间距离，避免选用吸水量大、蒸发量大的树种绿化。

2）结构措施

结构上应加强建筑物的整体刚度，承重墙体宜采用拉结较好的实心砖墙，不得采用空斗墙、砌块墙或无砂混凝土砌体，避免采用对变形敏感的砖拱结构、无砂大孔混凝土和无筋中型砌块等。基础顶部和房屋顶层宜设置圈梁，其他层隔层设置或层层设置。建筑物的角段和内外墙的连接处，必要时可增设水平钢筋。

加大基础埋深，且不应小于1m。当以基础埋深为主要防治措施时，基底埋置宜超过大气影响深度或通过变形验算确定。较均匀的膨胀土地基可采用条基；基础埋深较大或条基基底压力较小时，宜采用墩基。

可采用地基处理方法减小或消除地基胀缩对建筑物的危害，常用的方法有换土垫层、土性改良、深基础等；换土应采用非膨胀性黏土、沙石或灰土等材料，厚度应通过变形计算确定，垫层宽度应大于基底宽度。土性改良可通过在膨胀土中掺入一定量的石灰来提高土的强度，也可采用压力灌浆将石灰浆液灌注入膨胀土的裂缝中起加固作用。当大气影响深度较深、膨胀土层较厚、选用地基加固或墩式基础施工困难时，可选用桩基础穿越。

3）防水保湿措施

（1）在建筑物周围做好地表防水、排水设施，如渗、排水沟等，沟底应作防水处理，以防下渗，尽量避免采用挖土明沟；散水坡适当加宽（可做成 1.2～1.5m），其下做砂或炉渣垫层，并设隔水层，防止地表水向地基渗水。

（2）对室内炉、窑、暖气沟等采取隔热措施，可做 300mm 厚的炉渣垫层，防止地基水分过多散失。

（3）管道距建筑物外墙、基础外缘距离不小于 3m；同时严防埋设的管道漏水，使地基尽量保持原有天然湿度。

（4）屋面排水宜采用外排水。排水量较大时，应采用雨水明沟或管道排水。

4）施工措施

在施工中应尽量减少地速中台水量的变化。基槽开挖施工宜分段快速作业，避免基坑岩土体受到曝晒或浸泡。雨季施工应采取防水措施。当基槽开挖接近基底设计标高时，宜预留150～300 mm 厚土层，待下一工序开始前挖除；基槽验槽后应及时封闭坑底和坑壁；基坑施工完毕后，应及时分层回填夯实。

由于膨胀土坡地具有多向失水性和不稳定性，坡地建筑比平坦场地的破坏严重，故应尽量避免在坡坎上建筑。若无法避开，首先应采取排水措施，设置支挡和护坡进行治坡，整治环境，再开始兴建建筑。

5）地基处理措施

根据土的胀缩等级、当地材料及施工工艺等，进行综合技术经济比较后确定处理方法，具体有以下几种方法。

（1）换土垫层：可采用非膨胀性土或灰土。换土厚度可通过变性计算确定。

（2）砂石垫层：平坦场地上Ⅰ、Ⅱ级膨胀土地基可采用这种方法，厚度不应小于300mm。垫层宽度应大于基底宽度，两侧宜用相同材料回填，并做好防水处理。

（3）桩基础：桩基础应穿过膨胀土层，使桩尖进入非膨胀土层或伸入大气影响急剧层以下一定的深度。桩的下端可发挥锚固作用，抵抗膨胀土对上部桩的上拔力。

一般情况下，常用的是换土、砂土垫层法，必要时可使用桩基础。另外，在美国采用石灰浆灌入法加固膨胀土地区铁路路基；澳大利亚采取移去树木或在树木与房屋中间设置竖直隔墙及深基托换等方法来减小或避免大树吸水与蒸发引起房屋的破坏。

5.5　红黏土地基

5.5.1　红黏土的形成和分布

红黏土是石灰岩、白云岩等碳酸盐系出露区的岩石在湿热气候条件下，经长期的成土化学风化作用（红土化作用），形成棕红、褐红、褐黄等色的高塑性黏土。其液限一般大于50%，具有表面收缩、上硬下软、裂隙发育等特征。

红黏土是一种物理力学性质独特的高塑性黏土，广泛分布在我国贵州、云南、广西等省，湖南、湖北、安徽、四川等部分地区也有分布。通常堆积在山坡、山麓、盆地或洼地中，主要为残积、坡积类型。常为岩溶地区的覆盖层，因受基岩起伏影响，厚度变化较大。若红黏土层受间歇性水流冲蚀，被搬运至低洼处，沉积形成新土层，但仍保留其基本特征，一般红黏土的液限w_L >50%，而液限大于45%者称为次生红黏土。

5.5.2　红黏土的物理性质及主要特征

红黏土的物理性质如下：

- 黏粒含量高，d <0.005mm 的黏粒含量高，达 55%～70%；
- 天然孔隙比e很大，为 1.1～1.7；
- 天然含水率w 为 20%～75%，液限w_L 为 50%～110%；
- 饱和度s_r >0.85，多数处于饱和状态；
- 较低压缩性，a_{1-2} <0.3MPa^{-1}；
- 塑性指数I_P 为 30～50，属高塑性黏土；
- 强度高，c =40～90kPa，ϕ =8°～20°；
- 液性指数较小，一般为-0.1～0.4；
- 地基承载力高，一般为 180～380 kPa，在孔隙比相同时，其承载力约为软黏土的2～3 倍；
- 红黏土的各种性能指标变化幅度很大，具有较高的分散性。

我国各地区红黏土的液限w_L、塑限w_p 和孔隙比e的统计值见表 5-22。从表中可以看出，云南、贵州等地红黏土的孔隙比e高达 1.36 左右。需要注意的是，勿将红黏土认为是软土或大孔土。

表 5-22   各地区红黏土的 w_L、w_P、e 的统计值

省　区		云　南	贵　州	广　西	四　川	湖　北	湖　南	广　东	皖　南	山　东
w_L	界值	50～80	40～110	39～92	35～85	39～81	40～80	40～80	40～65	50～80
	中值	63	73	68	58	63	65	55	54	42
w_P	界值	29～50	20～50	20～43	20～40	20～45	20～50	17～50	18～30	17～30
	中值	37	35	35	30	28	29	24	29	19
e	界值	0.80～1.80	0.80～2.00	0.80～1.70	0.70～1.80	0.70～1.80	0.85～1.30	0.60～1.40	0.70～1.20	0.60～0.90
	中值	1.38	1.36	1.10	1.10	1.20	1.05	0.97	0.88	0.75

红黏土的矿物成分主要为石英和高岭石（或伊利石），化学成分以 SiO_2、Fe_2O_3、Al_2O_3 为主。土中基本结构单元除静电引力和吸附水膜连接外，还有铁质胶结，使土体具有较高的连接强度，抑制土粒扩散层厚度和晶格扩展，在自然条件下具有较好的水稳性。由于红黏土分布区气候潮湿多雨，含水率远高于缩限，在自然条件下失水，土粒结合水膜减薄、颗粒距离缩小，使红黏土具有明显的收缩性和裂隙发育等特征。土层厚度一般为 3～10m，个别地带厚达 20～30m。因受基岩起伏影响，往往在水平距离很短范围内，厚度可能突变很大。沿深度状态上部硬、下部软，由于胀缩交替变化，红黏土中网状裂隙发育，裂隙延伸至地下 3～4m，破坏了土体的完整性，因而位于斜坡、陡坡上的竖向裂缝容易引起滑坡。有些地区的红黏土还具有胀缩性。

5.5.3　红黏土的工程特性

1．高塑性和高孔隙比

红黏土呈高分散性，黏粒含量高，粒间胶体氧化铁具有较强的黏结力，并形成团粒，因此，反映出具有高塑性的特征，特别表现在液限比一般黏性土高。由于团粒结构在形成过程中造成总的孔隙体积大，因此孔隙比大于 1.0，它与黄土的不同在于单个孔隙体积很小，粘粒间胶结力强且非亲水性，故红黏土无湿陷性。

2．土层的不均匀性

红黏土厚度不均匀特性主要表现在以下三个方面。

（1）母岩岩性和成土特性决定了红黏土厚度不大。尤其在高原山区，分布零星，由于石灰岩和白云岩岩溶化强烈，岩面起伏大，形成许多石笋石芽，导致红黏土的厚度在水平方向上变化大。因受基岩起伏影响，往往在水平距离仅 1m 范围内，厚度可突变 4～5m，有很不均匀的特性。

（2）下伏碳酸盐岩系地层中的岩溶发育，在地表水和地下岩溶水的单独或联合作用下，由于水的冲蚀、吸蚀等作用，在红黏土地层中可形成洞穴，成为山洞。只要冲蚀、吸蚀作用不停止，山洞可迅速发展扩大，由于这些洞体埋藏浅，在自重或外荷载作用下，可演变成地表塌陷。

（3）土体结构的裂缝性。自然状态下的红黏土呈致密状态，无层理，表面受大气影响呈坚硬或硬塑状态。当失水后土体发生收缩，土体中出现裂缝，接近地表的裂缝呈竖向开口状，往深处逐渐减弱，呈网状微裂隙且闭合。由于裂缝的存在，土体整体性遭到破坏，总体强度

较小。此外，裂缝又促使深部失水，有些裂缝发展成为地裂，如图 5-9 所示。图中标出了裂缝周围含水率的等值线，由此可以看出在地裂缝附近含水率低于远处。这类地层被开挖后，开挖面因暴露后受气候的影响，裂缝的发生和发展迅速，可将开挖面切割的支离破碎，而影响到边坡的稳定性。

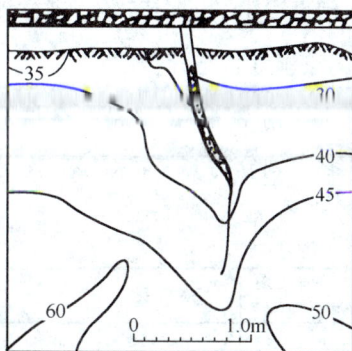

图 5-9　地裂缝附近土体中含水率等值曲线

5.5.4　红黏土的工程分类

红黏土的分类方法有五种之多，如按成因分类、按土性分类、按湿度状态分类、按土体结构分类和按地基岩土条件分类等。而对地基承载力的确定和地基的评价最有影响的是以下三类。

1. 按土体结构分类

天然状态的红黏土为整体致密状，土中形成网状裂缝后，致使土体变成了由不同延伸方向、宽度和长度的裂缝面所分割的土块所构成的土体，致密状少裂隙土体与富裂隙土体的工程性质有明显的差异。由土中裂隙特征及天然与扰动状态土样无侧限抗压强度之比 s_t 作为分类依据。土体结构类型分类见表 5-23。

表 5-23　土体结构类型分类

土体结构	外观特征	s_t
致密状	偶见裂缝<1 条/m	>1.2
巨块状	较多见裂缝 1~5 条/m	0.8~1.2
碎块状	富裂缝>5 条/m	<0.8

2. 按地基岩土条件分类

红黏土地基的不均匀性对建筑物地基设计和处理造成严重的影响，特别是在岩溶发育区内，表面土层下的溶沟溶槽、石笋石芽起伏变化，不宜掌握其变化规律，所以工程界提出了结合上部建筑的特点，事先假定某一条件，通过系统沉降计算来确定基底下某一临界深度 z，根据临界深度可将岩土构成情况进行分类。

设地基沉降检验段长度为 6.0m，相邻基础的形式、尺寸及基底荷载相似，基底土为坚硬或硬塑状态。对于单独基础总荷载 $p_1=500~3\ 000kN$；对于条形基础每延米荷载 $p_2=100~150kN/m$。根据临界深度可将岩层分为 I 类和 II 类。

I 类：全部由红黏土组成。

II 类：由红黏土与下伏岩层组成。

临界深度可按下式计算：

对于单独基础，$z=0.003\ p_1+1.5（m）$　　　　　　　　　　（5-18）

对于条形基础，$z=0.05\ p_2-4.5（m）$　　　　　　　　　　（5-19）

对于 I 类地基无需考虑地基的不均匀沉降问题，可视作均匀地基；对于 II 类岩土条件，地基应根据岩土间的不同组合进行评价及处理。

3. 按湿度状态分类

含水比 $a_w = w/w_L$ 又是一个与土的力学指标有着相关紧密性,利用含水比和液性指数 I_L 可将红黏土划分为五类。湿度状态分类标准见表 5-24。

表 5-24　湿度状态分类标准

状态指标 / 状态	坚硬	硬塑	可塑	软塑	流塑
$a_w = w/w_L$	$a_w \leq 0.55$	$0.55 < a_w \leq 0.70$	$0.70 < a_w \leq 0.85$	$0.85 < a_w \leq 1.0$	$a_w > 1.0$
I_L	$I_L \leq 0$	$0 < I_L \leq 0.33$	$0.33 < I_L \leq 0.67$	$0.67 < I_L \leq 1.0$	$I_L > 1.0$

5.5.5　红黏土的地基承载力确定

均质红黏土地基的承载力可根据经验方法和理论方法来确定。

1. 经验方法

一种经验方法是根据状态指标与载荷试验结果经统计按下面经验公式计算:

$$f_0 = 121.8 \times (0.596\,8)^{I_r} \times (2.820)^{\frac{1}{a_w}} \tag{5-20}$$

另一种经验方法是根据静力触探指标经统计按下面经验公式来计算:

$$f_0 = 0.09 p_s + 90 \tag{5-21}$$

式中，　f_0——红黏土地基承载力基本值,kPa;

　　　　I_r——液塑比, $I_r = w_L / w_p$;

　　　　a_w——含水比, $a_w = w/w_L$;

　　　　p_s——静力触探比贯入阻力,kPa。

2. 按承载力公式计算确定

按承载力公式进行计算时,抗剪强度指标由三轴压缩试验求得,若采用直剪仪快剪指标时,其抗剪强度指标应修正,对 c 值一般乘以 0.6~0.8 的系数,对 φ 值一般乘以 0.8~1.0 的系数。

5.5.6　红黏土的地基的防治措施与处理

红黏土是较好的地基土,但由于下卧层常为溶蚀的基岩,同时基岩上存在较弱的土层,构成不均匀的地基,一般易引起建筑物的不均匀变形,导致建筑物出现开裂、倾斜等情况,在设计和施工时,应采用必要的措施。

(1) 充分考虑红黏土上硬下软的竖向分布特征,基础尽量浅埋。

(2) 若土层下部有软土下阶层存在,则在设计时应注意验算地基变形值如沉降值、沉降差等,确定它们是否合乎要求。

(3) 建筑物避免建在跨越地裂密集带或深长地裂地段;采用天然地基时基础宜浅埋。对不均匀地基宜作地基处理;对有土洞或土层厚度不均匀的地段可采用换土填洞、改变基础宽度、增减基础埋深、调整相邻地段基底压力、加强基础上部结构刚度或采用桩基等方法。

(4) 对基岩面起伏大、岩质坚硬的地基,可采用人工挖孔灌注桩或墩基。当下卧层岩层单向倾斜较大时，可调整基础的深度、宽度或采用桩基等进行处理，也可将基础沿基岩的倾斜方向分段做成阶梯形，从而使地基变形趋于一致。对于大块孤石石芽、石笋或局部岩层出露等情况，宜在基础与岩土接触部位将岩石露出部分削低，做厚度不小于50cm的褥垫，然后再根据土质，结合结构、施工进行综合处理。

（5）红黏土有胀缩的特点，在开挖基础后，应及时施工基础，防止暴晒和雨水下渗使地基土干缩和湿化。或留一定厚度的土层待基础施工时挖除，或用覆盖物保护开挖的基槽，防止基土干缩和湿化。

（6）采用红黏土作压实填土时，土料应干燥，其最优含水率、干密度应符合工程的具体要求，通过击实试验来确定。

（7）对场地和基坑边坡，应及时保护或维护，防止失水干缩，导致剥落、滑坡，并做好防水、排水措施。

（8）土中出现的细微网状裂缝可使抗剪强度降低50%以上，主要影响土体的稳定性，所以，当土体承受较大水平荷载或外侧地面倾斜、有临空地面等情况时，应验算自稳定性；当仅受竖直荷载时，应适当折减地基承载力。土中深长的地裂缝对工程危害极大，地裂缝可长达数公里，深可达8～9m，在其上的建筑无一不损坏，这不是一般工程措施可以治理的。故原则上应避免在裂缝地区施工建造建筑物等。

5.6　盐渍土地基

5.6.1　盐渍土的形成和分布

岩石在风化过程中分离出少量的易溶盐类，这些易溶盐被水流带至江河、湖泊、洼地或随水渗入地下溶于地下水中，当地下水沿土层的毛细管升高至地表或接近地表，盐分经蒸发作用从水中分离出来聚集于地表或地表下土层中。一般的，土体中的易溶盐含量大于0.3%，且具有溶陷、盐胀、腐蚀等特性的土称为盐渍土。

盐渍土的形成应具备以下条件。

（1）地下水的矿化度较高，有充分的盐分来源。岩层含盐矿物的风化产物是盐渍土中盐分的主要来源，而且盐渍土中盐分的化学成分也与这些风化产物的成分有关。此外，海水的侵入、倒灌等将盐渗入土中与工业废水或含盐废弃物一起使土体中含盐量增高，这也是重要的盐分的来源。

（2）盐能够迁移和积聚，盐的迁移和积聚主要靠风力或水流完成的。在沙漠干旱地区，大风常将含盐的土粒或盐的晶体吹落到远处，积聚起来，使盐重新分布。地表水和地下水在流动过程中把所溶解的盐分带到低洼处，可形成大的盐湖。有些地区长期大量开采地下水，农田灌溉不当，也会造成盐分的积聚。

（3）地下水位高，毛细作用能达到地表或接近地表，有被蒸发作用影响的可能。土中水能通过土层蒸发而形成盐的深度称为临界深度。土中水的埋深大于临界深度时，则不致形成盐渍土。临界深度的大小取决于土的毛细上升高度和蒸发强度。在含盐量（矿化度）很高的水流经过的地区，如遇到干旱的气候环境，由于强烈蒸发，盐类析出并积聚在土体中形成盐渍土。在滨海地区，地下水中的盐分，通过毛细作用，将下部的盐输送到地表，由于地表的蒸发作用，将盐分析出，形成盐渍土。内陆盆地因地势低洼，周围封闭，排水不畅，地下水位高，利于水分蒸发，易形成盐渍土。

（4）气候比较干燥，一般年降雨量小于蒸发量的地区，易形成盐渍土。在干旱半干旱地区，因蒸发量大，降雨量小，毛细作用强，极利于盐分布在表面聚集而形成盐渍土。

盐渍土厚度一般不大，自地表向下约 1.5~4.0m，其厚度与地下水埋深、土的毛细作用上升高度及蒸发作用影响深度（蒸发强度）等有关。绝大部分盐渍土分布地区，地表有一层白色盐霜或盐壳，厚度在数厘米至数十厘米，随季节气候、水文地质变化而结晶溶解渗入土层内。

盐渍土分布广泛，一般分布在地势较低且地下水位较高的地段，如内陆洼地、盐湖和河流两岸的漫滩、低阶地、牛轭湖及三角洲洼地、山间洼地等。盐渍土在世界各地均有分布，前苏联、美国、伊拉克、埃及、沙特阿拉伯、阿尔及利亚、印度及非洲、欧洲等许多国家和地区均有分布。我国的盐渍土主要分布在西北干旱地区的新疆、青海、西藏北部、甘肃、宁夏、内蒙古等地势低洼的盆地和平原中，其次分布在华北平原、松辽平原等地。另外，在滨海地区的辽东湾、渤海湾、莱州湾、杭州湾及包括台湾在内的诸岛屿沿岸，也有相当面积的盐渍土存在。有些盐渍土中以含碳酸钠或碳酸氢钠为主，由于碱性较大，pH 值一般为 8~10.5，所以这种土称为碱土或碱性盐渍土，农业上称为苏打土。这种土零星分布于我国东北的松辽平原及华北的黄、淮、海河平原。

5.6.2 盐渍土的分类

按照不同的分类方法，可以对盐渍土进行不同的分类，一般情况下对盐渍土可按所含盐的类别、含盐量和溶解度进行分类。

1. 按含盐的成分分类

盐渍土中含盐成分主要为氯盐、硫酸盐和碳酸盐，盐渍土中各种盐类的含量决定盐渍土的性质，见表 5-25；按 100 克土中阴离子含量（按毫克当量计）的比值作为分类指标，可对盐渍土进行分类，见表 5-26。

表 5-25 主要易溶盐盐渍土的基本性质

盐类名称	包含化学成分	基 本 性 质	对建筑物的影响
氯盐类盐渍土	$NaCl$、KCl、$CaCl_2$、$MgCl_2$ 等	分布最广，地表常有盐霜与盐壳特征；溶解度大，吸湿性强，结晶时体积不膨胀，具脱水作用，故土的最佳含水率低，且长期维持在最佳含水率附近，使土易于压实且能使冰点显著下降；氯盐含量越大，则土的液限、塑限、塑限指数及可塑性越低，强度越高；天然孔隙比较低，密度较高，并具有一定的腐蚀性	当氯盐含量大于 4% 时，将对混凝土、钢铁、木材、砖等建筑材料具有不同程度的腐蚀
硫酸盐类盐渍土	Na_2SO_4、$MgSO_4$	分布较广，地表常覆盖一层松软的粉状、雪状盐晶；硫酸盐含量越大，体积越大，且随温度降低变化而胀缩，不断的循环使土体松胀，胀松现象一般出现在地表下大约 0.3m 左右；由于硫酸盐渍土的松胀和膨胀性，使土强度随总含盐量的增加而降低，当总含盐量约为 12% 时，可使强度降低到不含盐时的一半左右；具有较强腐蚀性	当硫酸盐含量超过 1% 时，对混凝土产生有害影响，对其他建筑材料也有不同程度的腐蚀作用
碳酸盐类盐渍土	Na_2CO_3、$NaHCO_3$	碳酸盐水溶液有很大的碱性反应；碳酸盐对黏土胶体颗粒起很大的分散作用；土中存在大量的吸附性钠离子，其与土中胶体颗粒互相作用，形成结合水膜，使土颗粒间的连接力减弱，土体体积增大，遇水时产生强烈膨胀，使土的透水性减弱，密度减小；当碳酸盐渍土中碳酸钠含量超过 0.5% 时，即产生明显膨胀，密度随之降低，其液、塑限也随含盐量增高而增高，土的碳酸钠，碳酸氢钠能加强土的亲水性	易导致地基稳定性及强度降低，边坡坍滑等且由于碳酸氢钠能加强土的亲水性使沥青乳化，对各种建筑材料存在不同程度的腐蚀性

表 5-26 盐渍土按含盐成分分类

盐渍土名称	氯盐渍土	亚氯盐渍土	亚硫酸盐渍土	硫酸盐渍土	碳酸(氢)盐渍土
$\dfrac{Cl^-}{SO_4^{2-}}$	>2.5	1.5~2.5	1~1.3	<1	—
$\dfrac{CO_3^{2-}+HCO_3^-}{Cl^-+SO_4^{2-}}$	—	—	—	—	>0.33

2. 按含盐量分类

盐渍土按土中可溶盐的含量多少进行分类是国内外最常用的分类方法。我国交通部《公路路基设计规范》(JTGD30—2004)将盐渍土路基按含盐量分为四类,见表 5-27。我国《铁路路基设计规范》(TB10001—2005)按含盐量的盐渍土分类,见表 5-28。

表 5-27 我国公路地基设计规范盐渍土分类方法

含量 c /% \ 盐渍土名称	弱盐渍土	中盐渍土	强盐渍土	超强盐渍土
氯盐、亚氯盐	0.5~1	1~5	5~8	>8
碳酸盐、亚硫酸盐	—	0.5~2	2~5	>5
碱性盐	—	0.5~1.0	1~2	>2

表 5-28 我国《铁路路基设计规范》盐渍土分类方法

含量 c /% \ 盐渍土名称	弱盐渍土	中盐渍土	强盐渍土	超盐渍土
氯盐,亚氯盐	0.5~1	1~5	5~8	>8
硫酸盐,亚硫酸盐	—	0.5~2.5	2.5~5	>5
碳酸盐含量	—	0.5~1	1~2	>2

3. 按含盐的溶解度分类

根据土中含盐的溶解度大小,盐渍土可分为易溶盐渍土、中溶盐渍土和难溶盐渍土三类,见表 5-29。

表 5-29 盐渍土按溶解度分类

盐渍土名称	化学成分	溶解度/% ($t=20℃$)
易溶盐渍土	$NaCl$、KCl、$CaCl_2$、Na_2SO_4、$MgSO_4$、Na_2CO_3、$NaHCO_3$等	9.6~42.7
中溶盐渍土	$CaSO_4·2H_2O$、$CaSO_4$	0.2
难溶盐渍土	$CaCO_3$、$MgCO_3$	0.001 4

5.6.3 盐渍土地基的工程特性及评价

对盐渍土地基的工程特性主要考虑盐渍土地基的溶陷性、盐胀性和腐蚀性三个方面的特性。同时,对盐渍土地基的评价也是从这三方面来进行的。

1. 溶陷性

溶陷变形是指天然状态的盐渍土在自重压力或附加压力下,受水浸湿时所产生的附加变形。盐渍土产生这种变形的性质称之为溶陷性。研究表明，只有干燥和稍湿的盐渍土才具有这种性质，且大多为自重溶陷。盐渍土的溶陷性可以用单一的有荷载作用时的溶陷系数 δ 来衡量，其测定方法有两种：一种是由室内压缩试验确定，与测定黄土的湿陷系数相似，可用如下公式表示：

$$\delta = \frac{h_p - h_p'}{h_0} \tag{5-22}$$

式中，h_p——原状土样在压力 p 作用下沉降稳定后的高度，mm；

h_p'——在同一压力下，浸水溶滤下沉降稳定后的高度，mm；

h_0——土样的原始高度，mm。

另一种是通过现场试验来确定溶陷系数，可用如下公式表示：

$$\delta = \frac{\Delta s}{h} \tag{5-23}$$

式中，Δs——载荷板压力为 p 时，盐渍土浸水后的溶陷量，mm；

h——载荷板下盐渍土的湿润深度，mm。

地基的溶陷量 s 可根据溶陷系数来计算，根据溶陷量可把盐渍土地基划分为 3 个等级，见表 5-30，溶陷量计算公式为：

$$s = \sum_{i=1}^{n} \delta_i h_i \tag{5-24}$$

式中，δ_i——第 i 层土的溶陷系数；

h_i——第 i 层土的厚度，mm；

n——基础底面下地基溶陷范围内土层数目。

表 5-30   盐渍土地基的溶陷等级

溶陷等级	I	II	III
溶陷量 s/mm	$70 < s \leqslant 150$	$150 < s \leqslant 400$	> 400

2．盐胀性

由于膨胀引起的危害是十分严重的，因此应对盐渍土地基上的外地坪、路面、台阶等采取有效的防膨胀措施。一般的，盐渍土地基的盐胀性可以分为结晶盐胀和非结晶盐胀两类。

结晶盐胀是由于盐渍土因温度降低或失去水分后，溶于孔隙水中的盐浓缩并析出结晶所产生的体积膨胀。非结晶膨胀是指由于盐渍土中存在着大量吸附阳离子，特别是低价的水化阳离子与黏土胶粒相互作用，使扩散层水膜厚度增大引起的土体膨胀。

对于结晶盐胀，当土中的硫酸钠含量超过某一定值（约 2%）时，在低温或含水率下降时，硫酸钠发生结晶膨胀，对于无上覆压力的地面或路基，膨胀高度可达数十毫米至数百毫米，这是盐渍土地区的一个十分严重的问题；对于非结晶膨胀，最具代表的是碳酸盐渍土，当含水率增加时，土质泥泞不堪，液化后使土松散，会破坏地基的稳定性，另外盐分渗入与其接触的基础或墙体，会在结晶过程中将材料及其砌体膨胀破坏。

3．腐蚀性

盐渍土的腐蚀性是一个十分复杂的问题。盐渍土中含有大量的无机盐，它使土具有明显的腐蚀性，从而对建筑物基础和地下设施构成一种严重的腐蚀环境，影响其耐久性和安全使用。按照不同的破坏机理，盐渍土腐蚀性可归纳为化学作用类、电化学腐蚀类、物理作用类、微生物作用类、杂散电流作用类等。

土中的氯盐是易溶盐，在水溶液中全部离解为阴、阳离子，属于电解质，具有很强的腐蚀作用，对于金属类的管线、设备及混凝土中的钢筋等都会造成严重的损坏；土中的硫酸盐，主要指钠盐、镁盐和钙盐，这些都属于易溶盐和中溶盐，对黏土制品和水泥的腐蚀非常严重。同时，碳酸盐对金属也具有一定的腐蚀性。腐蚀性等级可按照土中盐离子的含量分为四个等级，见表 5-31。

表 5-31　盐渍土腐蚀性的评价

土中不同离子类的含量（mg/L）	埋设条件	腐 蚀 性 等 级			
		无	弱	中	强
NH_4^+	—	≤100	101～500	501～800	>800
Mg^{2+}	—	1 000	1 001～2 000	2 001～3 000	>3 000
SO_4^{2-}	—	≤250	251～500	501～1 000	>1 000
Cl^-	全浸	≤5 000	—	—	—
	间浸		≤500	501～5 000	>5 000
pH	—	>6.5	5.0～6.5	4.0～4.9	<4.0
SO_4^{2-}	干燥	≤500	501～1 000	1 001～1 500	>1 500
	湿润	≤250	251～500	501～1 000	>1 000
Cl^-	干燥	≤400	401～750	751～7 500	>7 500
	湿润	≤250	251～500	501～5 000	>5 000
总盐量	有蒸发面	≤3 000	3 001～5 000	5 001～10 000	>10 000
	无蒸发面	≤10 000	10 001～20 000	20 001～50 000	>50 000

4. 盐渍土地基的工程评价

除了在盐渍土的工程特性基础上对盐渍土进行的评价外，还应该注意盐渍土的岩土工程评价，具体内容如下。

（1）根据地区的气象、水文、地形、地貌、场地积水、地下水位、管道渗漏、地下洞室等环境条件变化对场地建筑适宜性作出评价。

（2）评价岩土中含盐类型、含盐量及主要含盐矿物对岩土工程性能的影响。

（3）盐渍土地基的承载力宜采用载荷试验确定，当采用其他原位测试方法，如标准灌入、静力触探及旁压试验等时，应与荷载试验结果进行对比。确定盐渍岩地基承载力时，应考虑盐渍岩的水溶性影响。

（4）盐渍岩边坡的坡度宜比非盐渍岩的软质岩石边坡适当放缓，对软弱夹层、破碎带及中、强风化带应部分或全部加以防护。

此外，对具有松胀性及湿陷性的盐渍土评价时，尚应按照有关膨胀土及湿陷性土等专业规范的规定，作出相应评价。

5.6.4 盐渍土地基的防护措施

土中含盐量小于 0.5%时，对土的物理力学性能影响很小，当土中含盐量大于 0.5%时，对土的物理力学性能有一定影响；含盐量大于 3%时，土的物理力学性能主要取决于盐分和含盐的种类，土本身的颗粒组成将居于次要地位。含盐越多，则土的液限、塑限越低，在含水率较小时，土就会达到液性状态，失去强度。因此在盐渍土上建筑时，尚应根据建筑物的重要性和承受不均匀沉降的能力、地基的溶陷等级及浸水的可能性等，采取相应的设计和施工措施。

1. 防水措施

（1）做好场地的竖向设计，避免大气降水、洪水、工业及生活用水、施工用水浸入地基或其附近场地，防止土中含水率的过大变化及土中盐分的有害运移，引起盐分向建筑场地及土中富聚，而造成建筑材料的腐蚀及盐胀。做好场地排水、地面防水、地下管道、沟和集水井的敷设，检漏井、检漏沟设置及地基隔水层设置等。

（2）对湿润性生产厂房应设置防渗层，室外散水应适当加宽，一般不易小于 1.5m，散水下部应做厚度不小于 15cm 的沥青砂垫层或厚度不小于 30cm 的灰土垫层，防止下渗水流溶解土中可溶盐而造成地基的溶陷。并且绿化带与建筑物距离应加大，严格控制绿化用水，严禁大水浸灌。

2. 防腐措施

（1）首先要注意提高建筑材料本身的防腐能力，如选用优质水泥，提高密实性，增大保护层厚度，提高钢筋的防腐能力等。

（2）采用耐腐蚀的建筑材料，并保证施工质量，一般不宜用盐渍土本身作防护层，在弱、中盐渍土地区不得采用砖砌基础，管沟、踏步等应采用毛石或混凝土基础，对于强盐渍土地区，室外地面以上 1.2m 墙体亦应采用浆砌毛石。

（3）隔断盐分与建筑材料接触的途径。对基础及墙的干湿交替区和弱、中、强盐渍土区，其防腐措施见表 5-32。

表 5-32　盐渍土地区干湿交替地区防腐措施

腐蚀等级	防腐等级	水泥品种	水泥用量	水灰比	干湿交替部位防腐措施
弱	3	普通水泥 矿渣水泥	280～330	≤0.60	常规防水
中	2	普通水泥 矿渣水泥 抗腐蚀水泥	330～370	≤0.50	沥青类防水涂层
强	1	普通水泥 矿渣水泥 抗腐蚀水泥	370～400	≤0.40	沥青或树脂防腐层

（4）对强、超强盐渍土地区，基础防腐应在卵石垫层上浇 100mm 厚钢筋混凝土，基础浇筑完毕后，外部先刷冷底子油一度，再刮沥青两度或贴二毡三油沥青卷材，室外贴至散水坡，室内贴至±0.00，外部回填土应用盐渍土回填分层夯实。

3．防盐胀措施

（1）清除地基表层松散土层及含盐量超过规定的土层，使基础埋于盐渍土层以下，或采用含盐类型单一和含盐量低的土层，作为地基持力层，或清除含盐多的表层盐渍土，用非盐渍土的粗颗粒土层（卵石类土或砂土垫层）来代替，割断有害毛细水的上升。

（2）铺设隔绝层或隔离层，以防止盐分向上运移。采取降排水措施，防止水分在土表层的聚集，以避免土层中盐分含水率的变化而引起盐胀。

4．地基处理措施

（1）因地制宜地采用垫层、重锤击实及强夯法处理浅部土层，可清除或减小基土的湿陷量，提高其密实度及承载力，降低透水性，阻挡水流下渗而破坏土的原有毛细结构，阻隔盐渍土中毛细水的向上运移。

（2）对于厚度不大或渗透性较好的盐渍土，可采用浸水预溶，水头高度不应小于 30cm，浸水坑的平面尺寸，每边应超过拟建房屋边缘的长度不小于 2.5m。

（3）对溶陷性高、土层厚及荷载很大或重要建筑的上部地层软弱的盐沼地，可视情况采用桩基础、灰土墩、混凝土墩或砾石墩，埋置深度应大于盐胀临界深度及蜂窝状的淋滤层或溶蚀洞穴。

（4）盐渍土边坡的坡度宜比非盐渍土的软质岩石边坡适当放缓，对软弱夹层破碎带及中、强风化带，应部分或全部加以防护。

5．施工措施

（1）适当选取施工时间，避免在冬季或雨季施工；合理安排施工顺序，消防各种不利因素的影响。

（2）做好现场排水、防洪等工作，防止施工用水、雨水流入地基或基础周围，各种用水点均应保持距离基础 10m 以上的距离，防止发生施工排水及突发性山洪浸入而引起地基事故。先施工排水管道，并保证其畅通，防止管道漏水。

（3）先施工埋置较深、荷重较大或需采取地基处理措施的基础，基坑挖好后应及时进行基础施工，完成后及时回填，并应夯实填土。

（4）换土地基应清除含盐的松散表面，不使用含盐晶、盐块或含盐植物根茎的土料分层进行夯实，并控制夯实后土的干密度不小于 $1.55g/cm^3$（对黏土、粉土、粉质黏土、粉砂和细砂）～$1.65g/cm^3$（对中砂、粗砂、砾石、卵石）。

（5）配制混凝土、砂浆应采用防腐蚀性较好的火山灰水泥、矿渣水泥或抗硫酸盐水泥，应注意使用的水不能是 pH 值大于 4 的酸性水和硫酸盐含量按 SO_4^{2-} 计超过 1%的水，在强腐蚀的盐渍土地基中，且应选用不含氯盐和硫酸盐的外加剂。

5.7　冻　土　地　基

5.7.1　冻土地基的特征与分类

冻土是指温度≤0℃，含有冰，且与土颗粒呈胶结状态的各类土。根据冻土的冻结延续时间可分为瞬时冻土、季节冻土和多年冻土三大类。瞬时冻土是指每年的冻结时间较短且冻结厚度较小的土；季节性冻土是指地壳表层冬季冻结而在夏季融化的土；多年冻土是指冻结状态持续 2 年或 2 年以上的土。其分类、特征、分布地区见表 5-33。冻土在我国总面积达约 215 万平方公里，约占我国面积的 22%。由冻土的冻胀性和融陷性引起的危害很大。

表 5-33   冻土的分类、特征、分布地区

冻土分类	特 征	分 布 地 区
瞬时冻土	冻结时间小于 1 个月，一般为数天或数小时，冻结厚度在几毫米至几十毫米之间	分布较少
季节性冻土	冬季冻结，夏季融化，每年冻融交替一次，冻结时间≥1 个月，冻结深度可达几十毫米或 1～2m	我国东北、华北、西北地区
多年冻土	冬夏季均处在冻结状态，且连续保持 3 年或 3 年以上。冻土层厚度可达几米至几十米，最厚可达 200m 左右。当温度条件改变时，其物理力学性质随之改变，并产生冻胀、融陷、热融滑塌等现象	主要分布于年平均气温均低于-2℃，冰冻期长达 7 个月以上的严寒地区，我国集中于内蒙古和黑龙江大小兴安岭一带及青藏高原和甘新高山区等两大区域

多年冻土按发展趋势又可分为发展冻土和退化冻土。发展冻土的冻土层每年散热多余吸热，则多年冻土厚度逐渐增大；退化冻土的冻土层散热小余吸热，则多年冻土层逐渐较少变薄，以至消失，清除地面草皮等覆盖可加速多年冻土的退化。

多年冻土的内部土质特征比较复杂，可参见其在剖面上的分布，如图 5-10 所示。上部土层受季节性融化与冻结作用影响，为季节性融化层；在土层上、下限之间没有局部融区的称为连续多年冻土；有局部融区的称为不连续多年冻土。

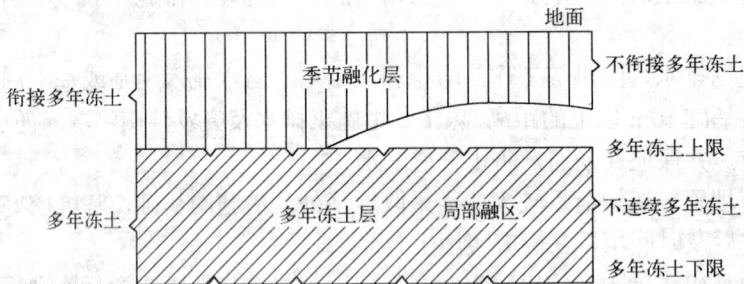

图 5-10   多年冻土剖面

冻土按照平面特征可以分为以下几个区。

① 零星冻土区：冻土面积仅占 5%～30%。

② 岛状冻土区：冻土面积占 40%～60%。

③ 断续冻土区：冻土面积占 70%～80%。

④ 整体冻土区：冻土面积>90%，且厚度高达 30m 以上。

按照冻土的竖向形态分可分为衔接的冻土和不衔接的冻土。衔接的冻土是指季节性冻层深度到达多年冻土的顶面，比如青藏高原的多年冻土；不衔接的冻土是指季节性冻层深度较浅，达不到多年冻土层顶面的土。

按照冻土变形特性区分，可分为以下三类。

① 坚硬冻土：土中未冻水含量很少，土粒被冰牢固地胶结，强度高，压缩性低，在荷载

作用下呈脆性破坏。

② 塑性冻土：土中含大量未冻水，冻土的强度不高，压缩性较大。

③ 松散冻土：土的含水率较小，土粒未被冰所胶结，仍呈冻前的松散状态。

5.7.2　冻土的物理力学性质

1. 含水率

（1）冰夹层含水率 w_i：是指土中冰夹层的质量与土骨架质量之比，%。

（2）未冻水含水率 w'_w：是指土中未冻水的质量与土骨架质量之比，%。

冻土在负温度条件下，仍有一部分水未冻结，这部分水称为未冻水。未冻水的含量与土的性质和负温度有关，可按下式计算：

$$w'_w = k'_w w_p \tag{5-25}$$

式中，w_p——塑陷，%；

k'_w——与塑陷指数和温度有关的系数，见表 5-34。

表 5-34　K_w 系数

土的名称	塑性指数	土温（℃）时的系数 k'_w					
		-0.3	-0.5	-1.0	-2.0	-4.0	-10.0
砂类土	$I_P<1$	0	0	0	0	0	0
粉砂或砂质粉土	$1<I_P\leqslant2$	0	0	0	0	0	0
	$2<I_P\leqslant7$	0.60	0.50	0.40	0.35	0.30	0.25
粉质黏土或粘质粉土	$7<I_P\leqslant13$	0.70	0.65	0.60	0.50	0.45	0.40
	$13<I_P\leqslant17$	1	0.75	0.65	0.55	0.50	0.45
黏土	$I_P>17$	1	0.95	0.90	0.65	0.60	0.55

（3）总含水率。冻土的总含水率 w_n 是指冻土中所有的冰的质量与土骨架质量之比和未冻水的质量与土骨架质量之比的和，即未冻水含水率 w'_w 与冰夹层含水率 w_i 之和。

$$w_n = w_i + w'_w \tag{5-26}$$

2. 冻土的含冰量

因为冻土中含有未被冰冻的水，所以冻土的含冰量不等于冻土融化时的含水率，衡量冻土中含冰量的指标有以下 3 种。

（1）相对含冰量 i_0，是指冻土中冰的质量 g_i 与全部水的质量 g_w（包括冰和未冻冰水）之比，即：

$$i_0 = \frac{g_i}{g_w} \times 100\% = \frac{g_i}{g_i + g'_w} \times 100\% \tag{5-27}$$

（2）质量含冰量 i_g，是指冻土中冰的质量 g_i 与冻土中土骨架质量 g_s 之比，$i_g = w_i$，即：

$$i_g = \frac{g_i}{g_s} \times 100\% \tag{5-28}$$

（3）体积含冰量 i_v，是指冻土中冰的体积 V_i 与冻土总体积 V 之比，即：

$$i_v = \frac{V_i}{V} \times 100\%$$ （5-29）

3. 冻胀作用

土的冻胀作用常以冻胀量、冻胀强度、冻胀力和冻结力等指标来衡量。

1）冻胀量

天然地基的冻胀量有两种情况：一是无地下水源补给；二是有地下水源补给。对于无地下水源补给的，冻胀量等于在冻结深度 H 范围内的自由水（$w-w_p$）在冻结时的体积，冻胀量 h_n 可按下式计算。对于有地下水源补给的情况，冻胀量与冻胀时间有关，应根据现场测试确定。

$$h_n = 1.09 \frac{\rho_s}{\rho_w}(w-w_p)H$$ （5-30）

式中，w、w_p——分别为土的含水率和土的塑限，%；

ρ_s、ρ_w——分别为土和水的密度，g/cm³。

2）冻胀强度（冻胀率）

单位冻结深度的冻胀量称为冻胀率 η 或冻胀强度，即：

$$\eta = \frac{h_n}{H} \times 100\%$$ （5-31）

根据冻胀率可对冻土进行分类，其特征及对建筑物的危害见表 5-35。

表 5-35　冻土根据冻胀率分类及其特征对建筑物的危害

冻胀分类	冻胀率	特征	对建筑物的危害
不冻胀土	$\eta \leq 1\%$	冻结时无水分转移，在天然情况下，有时地面呈冻缩现象	对一般浅埋基础均无危害
弱冻胀土	$1\% < \eta \leq 3.5\%$	冻结时水分转移极少，冻土中冰一般呈晶粒状。地表或散水无明显隆起，道路无翻浆现象	一般无危害，在最不利条件下建筑物可能出现细微裂缝，但不影响建筑物安全和正常使用
冻胀土	$3.5\% < \eta \leq 6\%$	冻结时有水分转移，并形成冰夹层，地表或和散水明显隆起，道路有翻浆现象	埋置较浅的基础，建筑物将产生裂缝，在冻深较大地区，非采暖建筑物因基础侧面受切向冻胀力而破坏
强冻胀土	$\eta > 6\%$	冻结时有大量水分转移，形成较厚或较密的冰夹层，道路严重翻浆	浅埋基础的建筑物将产生严重破坏；在冻深较大地区，即使基础埋深超过冻深，也会因切向冻胀力而使建筑物破坏

3）冻胀力

土在冻结时由于体积膨胀对基础产生的作用力称为土的冻胀力。冻胀力按其作用方向可分为在基础底面的法向冻胀力和作用在侧面的切向冻胀力。冻胀力的大小除了与土质、土温、水文地质条件和冻结速度有密切的关系外，还与基础埋深、材料和侧面的粗糙程度有关。如果基础埋深超过冻深，则基础侧面承受切向冻胀力；如果基础埋深浅于冻深，则除侧面承受冻胀力外，还在基础地面承受法向冻胀力。在无水源补给的封闭系统，冻胀力一般不大；而有水源补给的敞开系统，冻胀力就可能成倍地增加。法向冻胀力一般都很大，非建筑物自重能克服，基础冻结时，基础就要隆起；融化时，冻胀力消失，基础产生沉陷。当房屋结构和采暖情况不同时，会使房屋周边产生周期性的不均匀冻胀和沉陷，使墙身开裂、天棚抬起、门口和台阶隆起，散水坡冻裂，严重时使建筑物倾斜或倾倒。所以一般要求基础埋置在冻结深度以下，或采取消除的措施。切向冻胀力可在建筑物使用条件下通过现场或室内试验得出，也可经验来确定。

　　1）冻结力

　　冻结力是指冻土与基础表面通过冰晶胶结在一起的胶结力。冻结力的作用方向总是与外荷的总作用方向相反，在冻土的融化层回冻期间，冻结力起到抗冻胀的锚固作用；而当季节融化层融化时，位于多年冻土中的基础侧面则相应产生方向向上的冻结力，它又起到抗基础下沉的承载作用。影响冻结力的因素很多，除了温度与含水率外，还与基础材料表面的粗糙度有关。基础表面粗糙度越高，冻结力也越高，所以在多年冻土地基设计中，应考虑冻结力 S_d 的作用，其数值可经查表 5-36 确定，基础侧面总的长期冻结力 Q_d 按下式计算：

$$Q_d = \sum_{i=1}^{n} S_{di} F_{di} \tag{5-32}$$

式中，Q_d——基础侧面总的长期冻结力，kN；

　　　　F_{di}——第 i 层冻土与基础侧面的接触面积，m²；

　　　　n——冻土与基础侧面接触的土层数。

表 5-36　冻土与混凝土、木质基础表面的长期冻结力 S_d(kPa)　　　　单位：℃

土 的 名 称	土的平均温度						
	-0.5	-1.0	-1.5	-2.0	-2.5	-3.0	-4.0
黏性土及粉土	60	90	120	150	180	210	280
砂土	80	130	170	210	250	290	380
碎石土	70	110	150	190	230	270	350

5.7.3　冻土地基的融沉性及融沉变形

1. 冻土的构造

　　（1）晶粒状构造。冻结时，水分就在原来的孔隙中结成晶粒状的冰晶。一般情况下，砂土或冻结速率大、含水率小的黏性土，具有这种构造，如图 5-11（a）所示。

　　（2）层状构造。土在单向冻结并有水分转移时，形成层状构造。冰和矿物颗粒发生离析，形成冰夹层。在冻结速率小和冻结过程中有水分迁移的饱和黏性土与粉土中常见这种构造，如图 5-11（b）所示。

　　（3）网状构造。土在多向冻结条件下，分水转移形成网状构造，也称为蜂窝状构造，如图 5-11（c）所示。

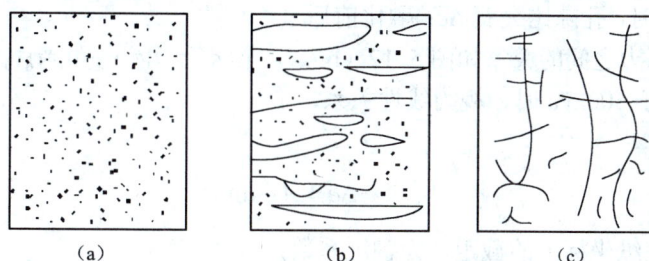

（a）　　　　　　　　（b）　　　　　　　　（c）

图 5-11　冻土构造示意图

2．冻土的融沉性

冻土在融化过程中且无外荷载条件下所产生的沉降，称为融化下沉或融陷，这种性质称为融沉性或融陷性。一般的，晶粒构造冻土融沉性小，网状构造冻土融沉性大。

1）融沉系数 A_0

融沉系数通常是表现融沉大小的物理量，经试验测定，表示为：

$$A_0 = \frac{\Delta h}{h} = \frac{h - h'}{h} \qquad (5\text{-}33)$$

式中，Δh——融沉量，mm；

　　　　h——冻土试样融化前的厚度；

　　　　h'——冻土试样融化后的厚度。

通过确定融沉系数的大小将冻土分类。冻土的融沉级别见表 5-37。

表 5-37　冻土的融沉级别

融沉级别	不　融　沉	弱　融　沉	融　　沉	强　融　沉	融　　陷
融沉系数	$A_0 \leqslant 1\%$	$1 < A_0 < 3\%$	$3\% \leqslant A_0 < 10\%$	$10\% \leqslant A_0 < 25\%$	$A_0 \geqslant 25\%$

2）融化压缩系数 a_0

冻土融化后，在外荷载作用下产生的压缩变形称为融化压缩，融化压缩系数是用来表示其压缩特性的物理量，表示为：

$$a_0 = \frac{\dfrac{s_2 - s_1}{h}}{p_2 - p_1} \qquad (5\text{-}34)$$

式中，p_1、p_2——分级荷载，MPa；

　　　　s_1、s_2——与分级荷载作用下相应的稳定变形量，mm；

　　　　h——试样高度，mm。

3．冻土地基的融沉变形

在短期荷载作用下，冻土融化前后孔隙比变化不大，冻土压缩性很低，可不计其变形。但冻土融化时，结构破坏，有的成为高压缩性的土体，产生剧烈变形。如图 5-12（a）所示，温度由 $-0\,^\circ\!\mathrm{C} \sim +0\,^\circ\!\mathrm{C}$ 时，孔隙比突变 Δe；融化前后孔隙比之差 Δe 与压力之间的关系如图 5-12（b）所示，在压力值小于 500kPa 时，视为线性关系，表示为：

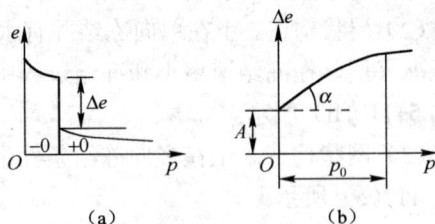

图 5-12　冻土融化前后孔隙比变化曲线

$$\Delta e = A + ap \qquad (5\text{-}35)$$

式中，A——曲线在纵坐标上的截距，为融沉系数；

　　　　a——曲线的斜率，为冻土融化时的压缩系数。

冻土地基的融沉变形量按下式计算:

$$s = \frac{\Delta e}{1+e_1}h = \frac{A}{1+e_1}h + \frac{ap}{1+e_1}h \qquad (5-36)$$

式中,e_1——冻土的原始孔隙比;

h——冻土层的融前厚度,m;

p——作用在冻土上的总压力,即土的自重压力和附加压力之和,kPa。

4. 融沉性评价

我国多年冻土地区,建筑物的基底融化深度约 3 m 左右,所以对多年冻土融沉性分级评价也按 3 m 考虑,根据计算融沉量及融沉系数 A_0 对冻土的融陷性可分成五级,其工程特性不同,见表 5-38。

表 5-38 冻土按融沉量的划分及其工程特性

融沉性分级	融沉系数 A_0	按 3m 计算的融沉量	工程特性
Ⅰ(少冰冻土)	<1	<30	为基岩以外最好的地基土,一般建筑物可不考虑冻融问题
Ⅱ(多冰冻土)	1~5	30~150	为多年冻土中较良好的地基土,一般可直接作为建筑物的地基,当最大融化深度控制在 3 m 以内时,建筑物均未遭受明显破坏
Ⅲ(富冰冻土)	5~10	150~300	这类土不但有较大的融沉量和压缩量,而且在冬天回冻时有较大的冻胀性,作为地基,一般应采取专门措施,如深基、保温、防止基底融化等
Ⅳ(饱冰冻土)	10~25	300~750	作为天然地基,由于融陷量大,常造成建筑物的严重破坏。这类土作为建筑物地基,原则上不允许发生融化,宜采用保持冻结原则设计,或采用桩基、架空基础等
Ⅴ(含土冰层)	>25	>750	这类土含有大量的冰,当直接作为地基时,若发生融化,将产生严重陷,造成建筑物极大破坏。这类土如受长期荷载将产生流变作用,所以用作地基时应专门处理

5.7.4 冻害的防治措施

1. 建筑措施

建筑场地应尽量选择地势高、地下水位低、地表排水良好的地段。设计前应查明土质和地下水情况,正确判断土的冻胀类别、冻深,合理选择基础埋深。当冻深和土的冻胀性较大时,宜采用独立基础、桩基础或砂垫层等措施,使基础埋设在冻结线以下。

建筑形体力求简单,同时增加建筑物的整体刚度和强度,如控制长高比、增加圈梁等;外门斗、门台阶等应与主体结构断开;散水坡应分段浇筑(或预制),每段长度 1.0~1.5m 为宜。对低洼场地,宜在沿建筑物四周向外一倍冻深范围内,使室外地坪至少高出自然地面 300~500mm。

2. 施工措施

在施工和使用期间,应做好排水设施,防止雨水、地表水、生产废水和生活污水等侵入地基。对建在标准冻深大于 2m、标准冻深大于 1.5m 且地基以上为冻胀土和强冻胀土上的非采暖建筑物,为防止冻切力对基础侧面的作用,可在基础侧面回填粗砂、中砂、炉渣等非冻胀性材料或其他保温材料。当基础梁下有冻胀土时,应在梁下填以炉渣等松散材料,并留 50~150mm 空隙,以防止因冻胀将基础梁拱裂;对冬季开挖的工程,要随挖、随砌、随填,严防地基受冻。还可在建筑物基础底部或四周设隔热层，增大热阻，推迟土的冻结，提高土温，降低冻深。

3. 结构措施

采用深基础，埋于当地冻深以下；采用锚固式基础，包括深桩基础与扩大基础；采用回避性措施，包括架空法、埋入法、隔离法。

复习参考题

1. 特殊土包括哪些土？为何称它们为特殊土？
2. 软土的成因类型有哪几种？软土的工程特性如何？
3. 简述特殊土的工程特性与成土环境的关系。
4. 湿陷性黄土的主要工程特性是什么？如何区分自重湿陷性黄土与非自重湿陷性黄土？
5. 如何判别湿陷性黄土地基的湿陷等级？
6. 如何确定黄土地基的地基承载力？
7. 在湿陷性黄土地基上建筑的工程措施应注意哪些问题？
8. 简述膨胀土的胀缩原理。
9. 膨胀土有何特性，对建筑有何危害？
10. 自由膨胀率与膨胀率有何区别？如何判别膨胀土地基的胀缩等级？
11. 膨胀土地基的膨胀等级如何划分？
12. 红黏土有何特性？良好与不良红黏土地基如何区分？
13. 简述盐渍土地基盐渍化的机理。
14. 盐渍土地基的溶陷等级如何划分？
15. 在盐渍土地基上建筑的工程措施应注意哪些问题？
16. 简述冻土的几种分类方法？
17. 多年冻土的融陷性等级如何划分？
18. 建筑物的冻害防治措施有哪些？
19. 试述湿陷性、溶陷性、融陷性的机理和区别。

模拟试题

A1　模拟试题一

一、填空题（本大题共 10 小题，每小题 2 分,共 10 分）

1. 建筑物在地面以下并将上部荷载传递至地基的结构称为：＿＿＿＿＿＿＿。

2. 确定钢筋混凝土基础的高度和配筋时，上部结构传来的荷载效应应取＿＿＿＿＿＿极限状态下荷载效应的基本组合。

3. 初步判断膨胀土的室内试验指标是：＿＿＿＿＿＿＿。

4. 浅层平板载荷试验确定土的变形模量采用的方法是：＿＿＿＿＿＿＿。

5. 有上覆土层的嵌岩桩，受竖向荷载作用时，持力层越软，桩土相对刚度＿＿＿＿＿＿。

二、单项选择题（本大题共 10 小题，每小题 2 分，共 20 分）

1. 采用条形荷载导出的地基界限荷载 $P_{1/4}$ 用于矩形底面基础设计时，其结果（　　）。

  A. 偏于安全　　　B. 偏于危险　　　C. 安全度不变　　　D. 安全与否无法确定

2. 无黏性土坡在稳定状态下（不含临界稳定）坡角 β 与土的内摩擦角 ϕ 之间的关系是（　　）。

  A. $\beta < \phi$　　　B. $\beta = \phi$　　　C. $\beta > \phi$　　　D. $\beta \leqslant \phi$

3. 下列不属于工程地质勘察报告常用图表的是（　　）。

  A. 钻孔柱状图　　　　　　　　B. 工程地质剖面图

  C. 地下水等水位线图　　　　　D. 土工试验成果总表

4. 对于轴心受压或荷载偏心距 e 较小的基础，可以根据土的抗剪强度指标标准值 ϕ_k、C_k 按公式（$f_a = M_b \gamma b + M_d \gamma_m d + M_c C_k$）确定地基承载力的特征值。偏心距的大小规定为（注：Z 为偏心方向的基础边长）（　　）。

  A. $e \leqslant b/30$　　　B. $e \leqslant b/10$　　　C. $e \leqslant b/4$　　　D. $e \leqslant b/2$

5. 对于含水率较高的黏性土，堆载预压法处理地基的主要作用之一是（　　）。

  A. 减小液化的可能性　　　　　B. 减小冻胀

  C. 提高地基承载力　　　　　　D. 消除湿陷性

6. 一般认为原生湿陷性黄土的地质成因是（　　）。

A．冲积成因　　　B．洪积成因　　C．冰水沉积成因　　D．风积成因

7．从下列确定基础埋置深度所必须考虑的条件中，指出错误的论述（　　）。

A　在任何条件下，基础埋置深度都不应小于 0.5m

B．基础的埋置深度必须大于当地地基土的设计冻深

C．岩石地基上的高层建筑的基础埋置深度必须满足大于 1/15 建筑物高度以满足抗滑稳定性的要求

D．确定基础的埋置深度时应考虑作用在地基上的荷载大小和性质

8．根据《建筑地基基础设计规范》（GB 50007—2011）的规定，指出下列情况中何种情况不需验算沉降（　　）。

A．5 层住宅，场地填方高度为 2m，持力层承载力 f_k=90kPa

B．6 层住宅，场地无填方，持力层承载力 f_k=130kPa

C．在软弱地基上，建造两栋长高比均为 3.5 的 5 层相邻建筑物，持力层 f_k=110kPa；基础净距为 2.5m

D．烟囱高度为 35m，持力层承载力 f_k=90kPa

9．在下列对各类基础设计条件的表述中，指出错误的观点（　　）。

A．采用无筋扩展基础时，在同一场地条件下，基础材料的强度越低，基础台阶的宽高比允许值越小；同一种材料的基础，当场地地基土的承载力越高，基础台阶的宽高比允许值也越小

B．对单幢建筑物，在地基土比较均匀的条件下，基底平面形心宜与基本组合荷载的重心重合

C．基础底板的配筋，应按抗弯计算确定，计算弯矩中计入了考虑分项系数的基础自重和台阶上土重的影响

D．对交叉条形基础，交点上的柱荷载可按静力平衡和变形协调条件进行分配

10．用分层总和法计算地基变形时，土的变形指标是采用（　　）。

A．弹性模量　　　B．压缩模量　　C．变形模量　　D．旁压模量

三、问答题（本大题共 4 小题，每小题 10 分，共 40 分）

1．解释钻探。

2．验槽的目的。

3．灌注桩如何定义？

4．哪些情况下桩产生负摩擦阻力？

四、计算题（本大题共 3 小题，共 30 分）

1．有一柱下单独基础，其基底面积为 2.5×4m²，埋深 d=2m，作用于基础底面中心的荷载为 3 000kN，地基为均质黏性土，其重度为 γ=18kN/m³，试求基础底面处的附加压力 P_0。（5 分）

2．某框架柱采用预制桩基础，如题四.2 图所示，柱作用在承台顶面的荷载标准组合值为 F_k=2 600kN，M_k=300kN·m，承台埋深 d=1m，单桩承载力特征值为 R_a=700kN。试进行单桩竖向承载力验算。（10 分）

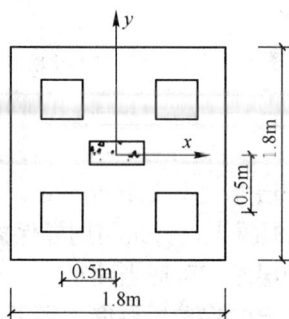

题四.2 图

3. 某工业厂房柱基础，基底尺寸 $4×6m^2$，作用在基础顶部的竖向荷载 $F=3\,000kN$，弯矩 $M=2\,100kN \cdot m$，地质条件及基础埋深如题四.3 图所示，地下水位于基础底面处，试验算该地基土承载力是否满足要求。($\gamma_w= 10kN/m^3$，$\gamma_G= 20kN/m^3$)（15 分）

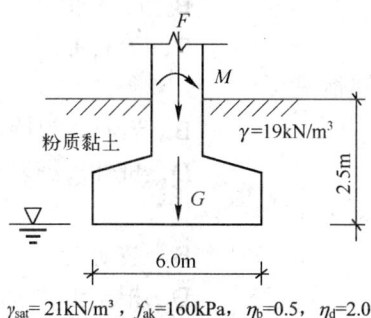

题四.3 图

A2 模拟试题二

一、填空题（本大题共 10 小题，每小题 2 分，共 10 分）

1. 为解决新建建筑物与已有的相邻建筑物距离过近，且基础埋深又深于相邻建筑物基础埋深的问题，可以采取哪项措施：_____。

2. 按《建筑地基基础设计规范》（GB 50007－2011）的规定选取地基承载力深宽修正系数时，_____等因素能影响地基承载力深宽修正系数的取值。

3. 群桩效应越强，意味着：群桩效率系数 η_____、沉降比 ζ_____。

4. 计算桩基沉降时，荷载应采用：_____。

5. 地基比例系数 m 和桩的变形系数 α 的量纲分别是：_____。

二、单项选择题（本大题共 10 小题，每小题 2 分，共 20 分）

1. 某地基的极限承载力是 200kPa，如果安全系数取 2，则地基承载力特征值为（　　）。

    A．100 kPa   B．在 200kPa 基础上需要修正

    C．200 kPa   D．以上都不是

2. 砂土承载力特征值可以（　　）。

　A. 根据标贯击数获得　　　　　B. 可以按内摩擦角查表获得

　C. 根据同类工程类比获得　　　D. 以上都可以

3. 建筑物墙下条形基础一般（　　）。

　A. 采用 C20 混凝土，保护层厚度不小于 40mm

　B. 采用和上部墙体同标号混凝土，并采用同样保护层厚度

　C. 采用 C30 混凝土，保护层厚度可适当缩小

　D. 采用 C20 混凝土，有垫层时保护层厚度不小于 40mm

4. 在下述哪种情况下可以采用 Winkler 地基模型（　　）。

　A. 地基的主要受力层为软土　　B. 地基下的塑性区相应较大

　C. 连接桩基础的地基梁　　　　D. 以上均可

5. 在深厚流塑至可塑黏性土中的桩基础根据荷载传递形式一般为（　　）。

　A. 端承桩　　　　　　　　　　B. 摩擦桩

　C. 钻孔灌注桩　　　　　　　　D. 碎石桩

6. 桩的负摩擦力发生在下述情况（　　）。

　A. 砂性土作为持力层　　　　　B. 岩石作为持力层

　C. 黏性土作为持力层　　　　　D. 桩体周围岩土介质在成桩后有沉降发生

7. 挡墙设计中的土压力要采用（　　）。

　A. 主动土压力　　　　　　　　B. 被动土压力

　C. 静止土压力　　　　　　　　D. 根据土体滑动趋势判断选取

8. 在下述土壤中修建建筑物时要注意考虑土的湿陷性（　　）。

　A. 天津软土　　　　　　　　　B. 南方红黏土

　C. 黄土　　　　　　　　　　　D. 地震中的粉细砂层

9. 控制砌体承重结构的主要变形是（　　）。

　A. 沉降量　　　B. 沉降差　　　C. 倾斜　　　D. 局部倾斜

10. 在进行地基软弱下卧软土层承载力验算中，要考虑（　　）。

　A. 上下土层的压缩模量比　　　B. 要考虑下卧软土层的厚度

　C. 要考虑基础的长度和宽度　　D. 上述都要考虑

三、问答题（本大题共 4 小题，每小题 10 分，共 40 分）

1. 简述独立基础底面尺寸和埋深的确定方法。

2. 重力式挡墙的设计包括哪些内容？

3. 简述本课程学过的几种简单的地基计算模型。

4. 简述什么是群桩，群桩设计的步骤和注意问题。

四、计算题（本大题共 3 小题，共 30 分）

1. 如题四.1 图所示，一截面为 $350 \times 350 mm^2$ 的钢筋混凝土预制桩，承台埋深 1.5m，试确定单桩竖向承载力特征值。若承台底面积为 $2.0 \times 2.0 m^2$，作用于承台上的竖向荷载 $F=2\,100kN$，确定此基础所需的最少桩数。并按构造要求，绘出桩的平面布置，并注明各部分尺寸。

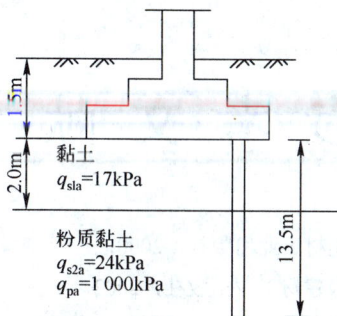

题四.1 图

2．某框架结构柱采用群桩承台基础，独立承台下采用$\phi400\times400mm$ 的钢筋混凝土预置桩，桩平面φ布置如题四.2 图所示。承台埋深 3.0m，柱居承台中心位置，截面尺寸 600×$600mm^2$。由上部结构φ传至该柱基础的荷载标准值为：$F=5000kN$，$M_x=M_y=800kN\cdot m$。承台用 C40 混凝土（轴心抗拉强度设计值$f_t=1.71N/mm^2$），混凝土保护层厚度 50mm，承台及承台以上土加权平均重度取 $20kN/m^3$。

（1）已知单桩竖向承载力特征值为 1 200kN，试对单桩竖向承载力进行验算；（2）试验算框架柱对承台的冲切。

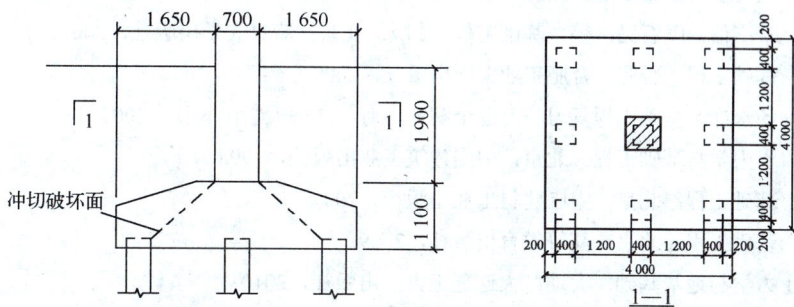

题四.2 图

3．某车间一柱下矩形基础，埋深 $d=1.5m$。作用于基础顶面的竖向荷载 $F_k=800kN$，弯矩 $M_k=200kNm$，地基的工程地质条件如题四.3 图所示，基础底面尺寸为 1.8m×3.0m，验算持力层和软弱下卧层是否安全。（假设应力扩散角 $\theta=20°$，不用查表）

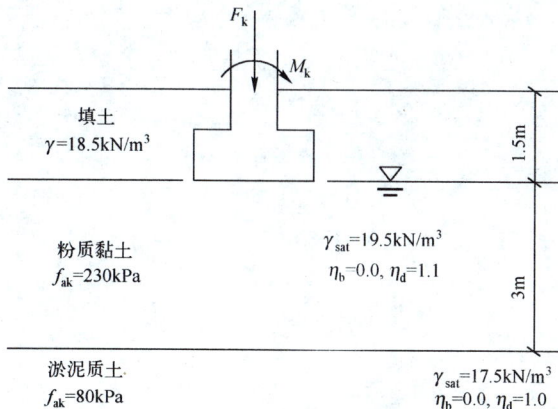

题四.3 图

参 考 文 献

[1] 郑刚. 基础工程. 北京：中国建材工业出版社，2000.

[2] 张明义. 基础工程. 北京：中国建材工业出版社，2002.

[3] 王成华. 基础工程学. 天津：天津大学出版社，2002.

[4] 华南理工大学，浙江大学，湖南大学. 基础工程. 北京：中国建筑工业出版社， 2003.

[5] 赵明华. 基础工程. 北京：高等教育出版社，2003.

[6] 朱炳寅，娄宇，杨琦. 建筑地基基础设计方法及实例分析. 北京：中国建筑工业出版社，2007.

[7] 郭抗美. 工程地质学. 北京：中国建材工业出版社，2006.

[8] 郭继武. 建筑抗震设计. 2 版. 北京：中国建筑工业出版社，2007.

[9] 莫海鸿，杨小平. 基础工程. 北京：中国建筑工业出版社，2003.

[10] 高大钊. 深基坑工程. 北京：机械工业出版社，1999.

[11] 陈希哲. 土力学与基础工程. 3 版. 北京：清华大学出版社，1998.

[12] 周景星，李广信，虞石民，等. 基础工程. 2 版. 北京：清华大学出版社，2007.

[13] 刘金龙. 基础工程. 合肥：合肥工业大学出版社，2009.

[14] 袁聚云，汤永净. 基础工程复习与习题全解. 上海：同济大学出版社，2005.

[15] 高大钊. 土力学与基础工程. 北京：中国建筑工业出版社，1998.

[16] 刘熙媛. 基础工程. 北京：中国建材工业出版社，2009.

[17] 张建勋. 基础工程. 北京：高等教育出版社，2009.

[18] 郭莹. 土力学与地基基础. 大连：大连理工大学出版社，2010.